Open Building Research

Paolo Brescia / Tommaso Principi

Birkhäuser Basel

Introduzione

Abbiamo sempre inteso l'architettura interconnessa ad altri mondi e discipline.

A distanza di venti anni dalla fondazione di OBR abbiamo sentito l'urgenza di reagire alle sfide della contemporaneità – dai cambiamenti climatici alle regressioni civili, politiche e sociali – coinvolgendo alcuni dei nostri *maîtres à penser,* con i quali unire le forze e avviare un dibattito attorno ad alcuni temi fondamentali del nostro vivere. Riteniamo, infatti, che sia come viviamo che deve determinare il nostro abitare, non viceversa.

La finalità di questo libro non è soltanto mettere in discussione la nostra attività ragionando su quello che ci è capitato di comprendere facendo architettura, ma soprattutto promuovere una più ampia riflessione che indaghi il vivere contemporaneo alla luce di molteplici prospettive, dalle arti alle scienze, dal paesaggio alla mobilità del futuro.

Ciò non poteva non avvenire se non attraverso una conversazione polifonica con esponenti di discipline diverse dall'architettura, i quali lasciano emergere non solo le tematiche sulle quali ci siamo confrontati, ma anche un pensiero necessariamente più esteso sulla realtà, soprattutto quella che verrà.

Georges Amar, Giovanna Borasi, Michel Desvigne e Roni Horn sono gli attori di questo dialogo a più voci. Con loro abbiamo pensato ad una sorta di "team immaginario" per un progetto di architettura ideale, inteso come *common task*, non tanto l'obiettivo o il risultato, quanto un processo collettivo, evolutivo, cooperativo.

Il libro è un intreccio aperto tra ricerca e costruire, che come trama e ordito formano insieme la struttura della narrazione. La ricerca è declinata attraverso quattro temi rilevanti per l'approccio di OBR: la molteplicità delle identità nella comunità, lo spazio pubblico come bene comune, i luoghi della cultura, il rapporto tra globalità e specificità locali. Il costruire consiste, invece, nella presentazione di alcuni progetti significativi di OBR, realizzati, non realizzati o in corso di realizzazione.

I capitoli riflettono i quattro temi indagati trasversalmente nei dialoghi, successivamente approfonditi attraverso alcuni progetti di OBR (6 progetti per capitolo, per un totale di 24 progetti) con immagini, disegni e testi stesi durante la loro ideazione, da cui deriva un certo pluralismo di rappresentazione. Ogni capitolo si chiude con un'anamnesi, una sorta di reminiscenza che ricostruisce il percorso compiuto sul tema specifico del capitolo.

Lavorando insieme, abbiamo consolidato l'idea che l'architettura è un processo collettivo, un lavoro di squadra che si avvale del talento di tutti, ibridando saperi ed esperienze diverse, contaminando il progetto con i diversi punti di vista. Vogliamo rendere merito a tutti coloro che hanno fatto parte di OBR dal 2000 ad oggi. A loro va il nostro ringraziamento.

One < > Many

Dialogo con Roni Horn

RH   Roni Horn
PB   Paolo Brescia
TP   Tommaso Principi

PB   Il tuo lavoro è di grande ispirazione per noi. Ci interessa profondamente la tua consapevolezza di ciò che è in costante mutazione, o come direbbe Gilles Deleuze, della "variazione universale, oscillazione universale, sciabordio universale"[1]. I fenomeni in continua evoluzione, nella tua poetica, sono inscindibili dal tema identitario. Identità come qualcosa di mutevole, in trasformazione continua, qualcosa che non può essere afferrato nella sua interezza. Non appena si pensa di averne intravisto il volto, ha già cambiato faccia.

Lavorando in OBR, abbiamo sempre orientato la nostra ricerca progettuale verso un'integrazione tra artificio e natura, per creare ambienti sensibili in continua trasformazione, cercando di favorire – attraverso l'architettura – l'espressione di diverse identità individuali all'interno di un tutto, promuovendo in questo modo il senso di comunità.

In *Portrait of an Image (with Isabelle Huppert)* (2005-06), ricerchi un certo equilibrio instabile tra differenza e somiglianza, mettendo il dito proprio nel cuore della questione identitaria. Nel tuo approccio, questa idea di identità può contribuire a un senso di comunità?

RH   Credo che l'idea di comunità possa essere estremamente problematica quando si basa sulla conformità. C'è una tendenza a considerare la visione prevalente come quella normale, per quanto anormale possa essere. Al momento, per esempio, mi chiedo se riuscirò a restare un membro della società americana, perché i suoi valori e la sua idea di qualità di vita sono completamente estranei ai miei.

Tornando all'identità, penso che sia qualcosa di estremamente complesso, relazionale e dialettico. Credo di avere almeno tante identità quante persone, luoghi e cose conosco, perché questi entrano in contatto con diversi aspetti di me stessa. Non appena sono capace di riconoscerli, ecco che la condivisione può avvenire.

A questo proposito, l'Islanda è stata importante perché mi ha permesso di scoprire precisamente questo. La mia esperienza in Islanda non si basa sulla comunità, ma piuttosto su una relazione uno a uno, un dialogo solitario. Il contenuto di questo dialogo ha a che fare con il mutare della mia stessa identità anno dopo anno. Ogni volta che torno in Islanda, trovo un nuovo punto di connessione che mi colpisce fortemente. Non riesco mai ad afferrarla. Ma quello che ho davvero imparato lì è stato il valore dell'empirico. L'importanza del reale è soprattutto presente nella mia scultura. Il reale non è più popolare; il virtuale oggi sta acquisendo un forte ruolo nella società e nella comunità. Non lo dico criticamente, ma riconosco di appartenere a un altro tempo. Credo ci sia molta responsabilità personale coinvolta nella comunità.

In un certo senso, l'Islanda mi ha aiutata a trovare un equilibrio fra quello che mi è stato dato come persona e chi volevo essere. Sono arrivata a un'accettazione di me stessa. È il potere del deserto, che è un ambiente meraviglioso per imparare a conoscere sé stessi. Non ti dà altro che una straordinaria chiarezza, che viene dai termini semplificati, radicali, del suo linguaggio. Stare in un deserto molto freddo o molto caldo: queste qualità dominano in un modo tale da determinare tutto il resto. Ecco perché considero la mia relazione con l'Islanda l'aspetto più influente della mia formazione.

Un altro aspetto dell'identità che trovo affascinante e che ho esplorato nel mio lavoro è l'androginia, con cui mi sono dovuta confrontare fin da bambina, attraverso il nome che mi è stato dato. Non tutti sanno che lo spelling R-O-N-I è di fatto quello femminile. La grafia maschile, che è più comune, è R-O-N-N-I-E. Quando ho cominciato a ricevere delle lettere indirizzate a Mr. Ronnie Horn, ho pensato che forse avrei potuto abitare anche quello spazio.

Erano coinvolti molti elementi, ma non avevano solo a che fare con la sessualità o il *gender*. Mi ponevo piuttosto la domanda perché non posso essere *tutto*? Per me l'idea di androginia è integrare differenze, non escluderle.

Quando si è androgine, si viene buttate fuori dai bagni, come se non si potesse essere dove si è. Quindi mi sono creata un *milieu* nel mondo che intanto è molto scomodo. E credo che questo mi abbia preparata per il disagio in cui si sviluppa il mio lavoro. È molto importante avere questa resistenza. E credo anche che si debba essere un po' perversi. Aiuta sempre. La perversione è buona... L'identità è davvero nel cuore di come io vedo me stessa, identità come qualcosa di fluido, non fisso.

PB   Un'altra tematica che ricorre nella tua poetica e che ci stimola da anni è quella della ripetizione. Numerose tue opere, da *You are the Weather* (1994-96) a *Some Thames* (2000), vertono sulla ripetizione come espediente per rivelare l'identità. Ancora una volta, la ripetizione è soggetta a variazioni, generate dalla reiterazione di un'irripetibile ripetizione. Questo tuo modo di concepire la ripetizione ha ispirato l'approccio alla molteplicità che abbiamo adottato nel progetto Lehariya[2], attualmente in corso a Jaipur. In mancanza di un'industria edilizia locale, l'intenzione progettuale è quella di riconnettere l'architettura contemporanea all'artigianato tradizionale, rinforzandone le radici locali, promuovendo le identità individuali delle persone coinvolte nel processo costruttivo e quindi il senso di comunità.
Combinando una progettazione parametrica con i metodi costruttivi locali, stiamo cercando di compiere la trasposizione dalla piccola scala dell'artigianato alla grande scala dell'edificio. Il colore di ognuna delle *baguette* in ceramica che compongono le facciate dell'edificio, configurate in un pattern ispirato al *lehariya* – un tessuto *tie-dye* tradizionale del Rajasthan –, è stato scelto da colui che l'ha modellata. Gli artigiani locali, con la loro sensibilità, hanno infatti selezionato i colori e la loro disposizione nel pattern generale. Il loro coinvolgimento non è quindi solo nella produzione, ma anche nel processo progettuale, fin dalle fasi iniziali. Le 60.000 *baguette* in ceramica incarnano quindi il valore della molteplicità come ripetizione (manuale), anziché mera moltiplicazione (industriale), per dimostrare la magnificenza dei materiali e dell'iconografia locale. In altre parole, 1+1+1+1+... è molto diverso da 1x...

RH   Assolutamente. Anziché ripetizione, possiamo dire che esiste una "identità nella differenza". Non ho inventato io questa formula, è una frase comune, ma è precisa in quanto parla dell'opportunità che la ripetizione consente di osservare le sottigliezze della differenza.

Questo comporta una complessità che ha un suo valore intrinseco come forma di coinvolgimento, come accesso a un'esperienza. A che punto la differenza diventa una nuova identità? Quanto è grande il ventaglio di sottili differenze prima di oltrepassare un confine?

PB   Questo ha a che fare anche con l'idea di relazione con l'altro, che è un ulteriore modo di investigare il tema dell'identità che troviamo estremamente interessante nel tuo lavoro. La tua idea di acqua come "forma di relazione perpetua" è emblematica di questo punto di vista[3]. L'acqua è un materiale non autonomo, ma plasmato dalle sue circostanze. L'acqua si definisce attraverso la sua relazione con il suo contenitore, le sue correnti, i suoi movimenti, il vento che la increspa, le onde, la luce che vi penetra o che vi viene riflessa...
Senza queste relazioni, l'acqua non è. Potremmo fare un ragionamento analogo con gli esseri umani, che esistono nella loro relazione con l'altro, ma ne possiamo anche fare un tema architettonico: il costruito, benché statico, esiste e acquisisce significato sono nella sua relazione dinamica con il mondo e con le persone che lo abitano. In OBR concepiamo l'architettura come un organismo che agisce e reagisce con la realtà, esprimendo ciò che è in costante mutamento. Ecco perché il tuo discorso sull'acqua ci tocca da vicino. Pensiamo che il tuo *Another Water (The River Thames for Example)* (2000) sia un meraviglioso pezzo di architettura.

RH   Una delle proprietà notevoli dell'acqua è che è intrinsecamente una relazione attiva, un verbo più che un oggetto o un nome.
Mentre lavoravo a *Another Water*, *Still Water* e *Some Thames*, ho capito che guardando l'acqua non facevo che guardare me stessa e tutto ciò che mi circondava. L'acqua include tutto, è la sua natura. Chimicamente, ma anche otticamente. Questo ha significato molto per me. Sono affascinata da questo paradosso: quanto l'acqua possa apparire così coerente, eppure includere tutto.
C'è una domanda che mi pongo continuamente: *quando vedi il tuo riflesso nell'acqua, riconosci l'acqua in te*? Questa questione continua a

tornarmi in mente in diversi contesti. Dice tutto, per me.

PB È una frase molto potente. Mi fa pensare al progetto che abbiamo sviluppato a Milano per il Complesso Residenziale di Milanofiori[4].

RH Ricordo quell'edificio. Ho pensato che avrei potuto viverci bene. Ho davvero apprezzato la transizione dall'interno all'esterno.

PB Hai proprio centrato il punto. Per questo edificio abbiamo provato a creare il senso dell'abitare a partire dal senso del luogo. È così che abbiamo deciso di aprire l'edificio verso il contesto circostante, che è diventato parte dell'esperienza abitativa. In altre parole, la facciata, da semplice superficie verticale, ha assunto una terza dimensione, quella della profondità, diventando uno spazio da abitare, dove frammenti di paesaggio vengono portati all'interno e nuovi modi di vivere si estendono verso l'esterno. Gli abitanti hanno imparato a utilizzare la facciata come spazio ibrido, tra dentro e fuori, ma anche come spazio personalizzabile, come luogo che esprima il loro modo di abitare, coniugando individuale-collettivo, privato-pubblico. Se incontri qualcuno nel giardino e gli chiedi dove abita, ti risponde: "Abito lì, dove c'è quell'acero e quel tavolino…" e non "Abito al secondo piano, terza finestra a sinistra…".
Credo che questo abbia molto a che fare con quello che dicevi: "quando vedi il tuo riflesso nell'acqua, riconosci l'acqua in te".
La sovrapposizione di trasparenza e riflessione della facciata vetrata evoca in qualche modo la dimensione collettiva del vicinato e l'espressione individuale di ogni abitante, che si fondono l'uno con l'altro.
L'espressione personale della propria casa da parte degli abitanti stessi ci riporta alla tua descrizione di *Portrait of an Image*: "the viewer is voyeurized by the view"[5].
Come sosterrebbe Sartre, potremmo anche dire che è la vista dell'altro che mi permette di diventare me stesso come *io*, ma mi rende simultaneamente un oggetto.

RH Tutto il mio lavoro si sviluppa sul presupposto e con la consapevolezza dello spettatore. In *Portrait of an Image*, Isabelle Huppert entrava nello studio ogni mattina e tirava fuori dal cappello un'identità, un certo personaggio… Utilizzare un'attrice per dare un'idea di molteplicità, di possibilità, mi interessava molto. Con *This is Me*, *This is You* (1997-2000) era completamente diverso. Lì c'era una bambina che esplorava sé stessa con i suoi

ritmi, cercando di capire chi fosse: provava una cosa, provava l'altra, approfittava davvero della possibilità di essere questo o quello, anche se per un tempo limitato. Mi sento bene così? Sto bene così? Prima o poi troverà una sua identità. Quell'idea di identità sarà ovviamente legata alla maturità, ma anche all'aspettativa: a cosa la società si aspetterà da lei. In queste opere, quindi, ciò che uno scorge di fatto sono possibilità, e hanno a che fare con quello che la società è disposta a riconoscere come immagine. Alcune cose sono troppo radicali, troppo in anticipo per i loro tempi.
Ovviamente, questo mi fa pensare alla situazione attuale negli Stati Uniti. Trump è stato senza dubbio un fenomeno preparato dai tempi, dalla storia che ha consentito a una larga parte di popolazione di immedesimarsi in un certo tipo di comportamento. Credo che ciò corrisponda in parte a quello che è un'immagine: è la capacità dello spettatore di riconoscerti. Ed esiste una gamma così grande di immaginario che non è riconoscibile in un certo periodo storico, per qualunque motivo, o che non è capibile… Per esempio, tornando all'identità, oggi la società si aspetta che tu rientri nella colonna A o B. Certo, potremmo anche provare ad aggiungere le colonne C e D, ma non credo che ciò costituisca davvero un aumento di opzioni. È un'ulteriore categorizzazione e frammentazione. Se pensiamo alla comunità LGBTQ, essa non rappresenta di certo l'intera gamma di possibilità! Continuando ad aggiungere lettere per includere un ulteriore "altro", di fatto se ne escludono molti altri ancora.
Sono giunta a credere che la storia non sia progressiva. L'umanità non va avanti, non impara dal passato come farebbe un artigiano, nella sua comprensione del materiale con cui lavora. Dopo alcune generazioni, quando la storia prevalente scompare dalla memoria, la nuova generazione torna alla stessa curva di apprendimento. Come l'ontogenesi che riassume la filogenesi. Si potrebbe dire lo stesso di come distruggiamo ciò che ci dà la vita. È esattamente quello che stiamo facendo con il nostro pianeta. Ho paura che ce ne accorgeremo quando l'equilibrio sarà già rotto irreparabilmente. Quindi sono passata da un'idea di comunità molto positiva a un grande scetticismo. Credo infatti che la comunità abbia anche un'influenza problematica sull'individuo, se non altro per la sensazione di doversi conformare, nella propria identità: o sei questo o sei quello. Se l'umanità fosse capace di superare o rifiutare le categorizzazioni e le gerarchie, staremmo molto meglio. Utilizziamo male il linguaggio. Dovrebbe permetterci di condividere idee e cose, ma perlopiù lo si impiega per organizzare la società in modi problematici.

TP   Vorrei continuare a parlare di linguaggi, ma questa volta per approfondire quello artistico. Ci sembra di aver capito che il disegno occupi uno spazio privilegiato nella tua poetica. L'hai persino paragonato al respirare. Alcuni anni fa, quando abbiamo scoperto alcuni tuoi disegni al pigmento, della serie *Else*, *If, Such*, *Put*, *Or*, *Yet*, ci abbiamo visto delle città possibili, la stratificazione del tempo, la prossemica dei segni... Sono stati di grande ispirazione per noi. Potresti raccontarci il processo che segui per questi disegni e la loro relazione con il tempo?

RH   Il disegno è effettivamente fondamentale per me. Lo vedo come qualcosa di attivo in tutti i miei lavori. I miei disegni sono *palinsestici*: quando sono finiti, resta una traccia di ogni gesto compiuto nel lavoro. È un accumulo di tracce. Non tolgo niente. I disegni delle serie al pigmento iniziano sempre con due disegni. Sono fatti a mano libera, quindi sono simili, ma diversi. Poi, con il tempo li ritaglio e li unisco in una cosa sola, e la disposizione o composizione evolve da questa interazione. Tutta la mia attenzione si concentra sulla differenza. L'analogia migliore per questi disegni è quella di un processo di costruzione, come in architettura, e anche la scala ha a che fare con questo ambito, specialmente date le dimensioni sempre più grandi dei disegni.
Quello che è estremamente importante nel disegno, come hai detto, è il tempo. Esiste un passato in ogni disegno: è essenziale in quello che vedi. Ogni linea è un atto, e allo stesso tempo è un limite, non solo un'entità grafica. Quindi in fin dei conti per me un disegno è più un atto che un oggetto. Considero il disegno come un'attività dialettica. Sono io che guardo qualcosa, cambio qualcosa, mi allontano, torno dentro... Non inizio mai visivamente. Non ho un'immagine in testa, o una metafora. Cerco di non sapere il più a lungo possibile, finché a un certo punto le carte sono scoperte, ed è finito. Un altro aspetto è il colore. Utilizzo esclusivamente pigmenti puri, che poi sono i materiali originari da cui si ottiene il colore. Ogni pigmento, dal cadmio al titanio, ha proprietà fisiche e chimiche molto diverse. In un disegno, queste proprietà o caratteristiche si conservano, diversamente che nella pittura, ad esempio, che diventa solo colore. Ma non considero il colore molto importante nel mio lavoro. È fortemente presente e molto potente, ma non penso di essere particolarmente selettiva, perché entro in sintonia con tutti i colori. Quando un colore è utilizzato nel modo giusto, è splendido, e non mi importa di che colore si tratti. Non dico mai di no a un colore.
Disegnare ha un ruolo molto importante nella mia vita, a livello spirituale. Ho disegnato tutta la vita in solitudine, non necessariamente con l'intento di mostrarne i risultati. Infatti, per molto tempo non l'ho fatto. Non dipendevo dall'idea di condividere i miei disegni con il pubblico, ne avevo bisogno per me stessa. Disegnare era una priorità assoluta e potevo farlo senza dover cercare un rapporto educativo da parte del pubblico, di cui invece ho piacere e bisogno per le installazioni fotografiche, per le sculture, o anche per i libri d'artista, per esempio. Si tratta proprio di educazione, per me, per fare il prossimo passo. Con i disegni non ho affatto questo *loop* dei riscontri; succede tutto dentro di me.

TP   Se pensiamo alle opere che invece condividi con il pubblico, nel visitare le tue mostre abbiamo sempre avuto l'impressione che tu avessi una determinata intenzione spaziale, nella relazione tra le opere, tra le opere e lo spazio, e tra le opere e lo spettatore. Sembra che nelle tue installazioni l'oggetto esista sempre in una relazione molto precisa. Che fattori consideri quando disegni lo spazio?

RH   È una domanda interessante perché lo spazio è un aspetto molto importante per me, ed è attivo fin dall'inizio e durante tutto lo sviluppo di un'opera. Quando progetto un'installazione, penso per episodi. Quanti episodi ci sono? Quanto sono grandi? In che sequenza si verificano? Per esempio, il percorso della mostra al Whitney mi ha dato l'opportunità di dilatare *This is Me, This is You* su due piani, provocando una relazione ricorrente con quell'opera[6]. Nella mostra alla Tate, invece, il percorso si svolgeva attorno a uno spazio centrale che conteneva l'installazione *Pi*[7]. Diverse installazioni la circondavano poi in una serie di sale consecutive. Dopo aver percorso questi spazi periferici si giungeva a *Pi*, che per me era una metafora di un viaggio al centro, forse al centro della Terra... Fin dall'inizio, ogni opera contiene l'idea di come verrà installata, è parte integrante della sua stessa forma.
Un altro esempio è *Some Thames*. Il direttore dell'Università di Akureyri, nell'Islanda del nord, legata alla pesca e all'agricoltura, mi ha invitata a installare ottanta immagini di *Some Thames* nell'intero complesso della scuola, dal refettorio, alle classi, ai bagni. Ciò che ho amato di quest'esperienza è l'assenza di una gerarchia tra i luoghi dove abbiamo collocato le opere, quindi la signora delle pulizie che veniva di notte vedeva una versione dell'opera, gli studenti un'altra versione e i docenti un'altra ancora, perché abitavano parti diverse dell'edificio. C'è una continuità nell'installazione, e in un certo

senso una sorta di monumentalità, perché la sua scala è inaccessibile. E allo stesso tempo non puoi carpirla nella sua integrità, ma non sai ciò che non sai. Ci sono voluti anni affinché gli studenti e gli insegnanti mi dessero un riscontro. All'inizio non ne capivano la presenza, ma poi hanno cominciato a diventare curiosi, a entrare in sintonia con il fiume, che poi è diventato il loro fiume, in un certo senso. Questo tipo di riscontro è davvero significativo per me.

Alcuni anni fa, ho installato la stessa opera, *Some Thames,* all'Art Institute di Chicago, che ha una collezione meravigliosa di dipinti del ventesimo secolo. Il curatore mi permise di installare l'opera in venti sale diverse, quindi decisi di rimuovere selettivamente alcune opere per sostituirle con il fiume. In una stanza scelsi di togliere un Picasso. Una delle guardiane venne da me, e non dimenticherò mai quello che mi disse: "Ha tolto il mio quadro preferito. All'inizio ero arrabbiata, ma ora vedo tutte le altre opere diversamente". Ero così toccata dalla profondità di quella cognizione. Piccoli cambiamenti possono provocare grandi differenze nella consapevolezza individuale.

È davvero sorprendente.

TP Nella serie di libri *To Place*[8], che ruota attorno all'Islanda, sottolinei la natura non statica dei luoghi, scardinando il nome *place* e proponendo il verbo *to place*. Così il luogo perde il suo significato statico in favore di un'azione dinamica. Questo ci interessa molto, perché abbiamo recentemente fatto una chiacchierata con il *prospettivista* francese Georges Amar, che ha proposto l'ossimoro *mobile place*: vivendo oggi in un mondo dove la vita non avviene più in luoghi fissi ma costantemente in movimento, possiamo abitare il tempo del movimento. Tornando a *To Place*, qual è secondo te la relazione tra luogo e identità, luogo e mutabilità?

RH Mi ci è voluto molto tempo per capire che l'Islanda stava cambiando. So che può sembrare ovvio – le cose cambiano – ma siamo soliti pensare ai luoghi geografici come fissi. Nell'esperienza che facciamo di un luogo durante la vita ci sono alcuni riferimenti che non cambiano, almeno non in modo evidente. Un albero, per esempio. Credo che decidere di diventare una sorta di turista permanente in Islanda, di tornare ancora e ancora, mi abbia dato l'opportunità di connettermi con il luogo ogni volta in un modo diverso, perché il luogo *era* diverso. E questo è stato un momento di illuminazione per me. Direi che l'identità dipende assolutamente dal luogo, e il luogo dipende assolutamente anche dalle condizioni climatiche. Ho pubblicato recentemente un libro con

Princeton University Press intitolato *Island Zombie*[9], che parla della mia vita in Islanda. Quando mi è stato chiesto di scrivere un'introduzione, mi sono ritrovata a parlare dell'Islanda in un modo che non avevo mai fatto prima, partendo da quando è entrata nella mia biografia e ripercorrendo perché sia necessaria per me. Scrivendo, ho capito quanto cambi un luogo se si è attenti. L'Islanda, in particolare, è molto vulnerabile alla presenza umana. È piccola, la sua ecologia è estremamente giovane, quindi sono consapevole che ciò con cui sono cresciuta è sempre meno presente. Ho anche avvertito un cambiamento psicologico nel recarmici: sono sempre andata in Islanda per perdermi, per stare da sola, ma molte di queste cose non sono più possibili, vuoi per il GPS o per il turismo di massa... È la psicologia a distruggere quel rapporto, non necessariamente la tecnologia in sé. Il fatto di essere guardati, da un satellite, un drone, o altri turisti, rende impossibile sentirsi soli, rischiare di perdersi. Non mi piace necessariamente perdermi, ma mi piace avere la possibilità di perdermi.

TP Il divenire dei nostri territori è un tema centrale nella tua ricerca e in un certo senso ha molto a che vedere con il cambiamento climatico. L'azione umana sulla natura ha un impatto gigantesco sul nostro pianeta. Secondo te come possiamo passare da una visione riduzionistica, che mette l'uomo al centro adattando l'ambiente a sé, a una visione olistica, che pone al centro la nostra relazione con l'ambiente, adattando l'uomo all'ambiente? Cosa fare?

RH Credo che abbiamo minato l'integrità e l'equilibrio della natura, al punto che la nuova generazione non ne percepisce appieno la connessione. E ciò segna l'inizio della sua fine, perché il bisogno di natura si fa sempre più labile. È quasi un'autocancellazione. Quando sentiamo Elon Musk parlare di colonizzare Marte, o si ipotizza lo sfruttamento della Luna per i suoi minerali, è facile capire come lo spazio stia per subire la stessa sorte del nostro pianeta. Prendiamo un paese come gli Stati Uniti, per esempio, che ha provocato danni immensi alle altre nazioni. Forse il cuore del problema è il linguaggio. Non che non parliamo lo stesso linguaggio, tecnicamente: siamo tutti umani, abbiamo più o meno un'esperienza condivisa, ma che in realtà non siamo disposti a condividere. Insistiamo nell'imporre il *nostro* modo di fare, necessariamente migliore di tutti gli altri. Credo che questo bisogno di gerarchizzare e ordinare le cose verticalmente, per cui ci deve sempre essere un "meglio" e un "peggio", abbia a che fare con una delle tante imperfezioni umane. Non credo che possiamo avere una nuova visione comune a meno che non riusciamo a riunirci nel rispetto reciproco e nell'uguaglianza.

Evidentemente, la nostra conversazione si chiude senza che io riesca a sentirmi a mio agio con il mondo. Al momento i problemi tendono a essere troppo dominanti, specie in relazione al sovrappopolamento, tema apparentemente insormontabile. Non so come li si possa affrontare. Le grandi questioni sono davvero enormi, e i sistemi in cui sono invischiate infinitamente complessi. Non è una risposta, ne sono consapevole.

1. Gilles Deleuze, *L'immagine-movimento. Cinema 1*, Milano, Ubulibri, 1989.

2. Lehariya, Jaipur, p. 68.

3. Matthew Barney, Iwona Blazwick, Anne Carson, Hélène Cixous, et al., *Roni Horn aka Roni Horn*, Göttingen e London, Steidl Verlag e Tate Modern, 2009.

4. Complesso Residenziale, Milanofiori, p. 16.

5. Barney M. et al., *Roni Horn aka Roni Horn* (v. nota 3., p. 195).

6. "Roni Horn aka Roni Horn", Whitney Museum of American Art, New York, 6 novembre 2009-24 gennaio 2010.

7. "Roni Horn aka Roni Horn", Tate Modern, London, 24 febbraio 2009-25 maggio 2010.

8. Roni Horn, collezione *Ísland. To Place*, Göttingen, Steidl, 1990-2011.

9. Roni Horn, *Island Zombie. Iceland Writings*, Princeton, NJ e Oxford, UK, Princeton University Press, 2020.

01 Complesso Residenziale Milanofiori

Project team:
OBR, Favero & Milan Ingegneria, Studio Ti,
Buro Happold, Vittorio Grassi

OBR design team:
Paolo Brescia e Tommaso Principi,
Laura Anichini, Silvia Becchi,
Antonio Bergamasco, Paolo Caratozzolo Nota,
Giulia D'Ettorre, François Doria,
Julissa Gutarra, Leonardo Mader,
Andrea Malgeri, Elena Mazzocco,
Margherita Menardo, Gabriele Pitacco,
Chiara Pongiglione, Paolo Salami,
Izabela Sobieraj, Fabio Valido, Paula Vier,
Francesco Vinci, Barbara Zuccarello

OBR design manager:
Chiara Pongiglione

Direzione artistica:
Paolo Brescia e Tommaso Principi

Committente:
Milanofiori 2000 S.r.l., Gruppo Cabassi

Project management:
Luigi Pezzoli

Direttore lavori:
Alessandro Bonaventura

Impresa:
Marcora Costruzioni S.p.A.

Luogo:
Assago, Milano

Programma:
residenze

Dimensioni:
area di intervento 30.000 mq
superficie costruita 27.400 mq

Cronologia:
2010 fine lavori
2007 progetto esecutivo
2006 progetto definitivo
2006 progetto preliminare
2005 concorso di idee (1° premio)

Premi:
2014 Architizer A+Awards, finalisti, London
2013 Premio Ad'A per l'Architettura Italiana, Roma
2012 Green Good Design Award, Chicago
2012 WAN Awards, Residential, London
2011 LEAF Awards, Overall Winner, London
2011 Residential Building of the Year, London
2010 European 40 Under 40 Award, Madrid

L'area di Milanofiori all'estremità sud di Milano è caratterizzata da un mix di funzioni – uffici, hotel, ristoranti, cinema, retail, residenze – che definiscono un *cluster* di nuova costruzione.

Il progetto del complesso residenziale è l'esito di un concorso a inviti, il cui obiettivo era quello di creare un ambiente abitativo in un contesto che non aveva ancora trovato una propria identità urbana.

La nostra scelta è stata quella di recuperare il senso dell'abitare dalla specificità del luogo, caratterizzato da un boschetto preesistente sopravvissuto alla recente espansione dell'area metropolitana di Milano. Quel boschetto rappresentava per noi il paradigma di quell'area indefinita tra città e campagna. Abbiamo quindi pensato di creare una simbiosi tra l'architettura e quel paesaggio specifico, affinché dalla sintesi degli elementi artificiali e naturali si generasse la qualità dell'abitare, favorendo il senso di appartenenza da parte degli abitanti.

Il campo di applicazione di questa sintesi è dato dall'impianto a "C" del complesso che abbraccia il parco pubblico e dalla facciata che qualifica tutte le 110 abitazioni, pensata come interfaccia tra pubblico-privato, vicinato-alloggio, comunità-individuo. Verso la strada esterna, la facciata assume un carattere urbano, con un disegno che individua con chiarezza le logge delle singole unità abitative, definite dalla composizione dei marcapiani orizzontali e dei setti verticali, e da elementi lignei scorrevoli di diversa densità, scuri totali o filtri parziali. Verso il parco pubblico la facciata è invece costituita da un sistema continuo di terrazze e serre bioclimatiche che produce effetti caleidoscopici dati dalla sovrapposizione della riflessione del parco pubblico esterno con la trasparenza dei giardini privati interni.

La geometria dell'edificio è articolata da leggere traslazioni in sezione dei livelli più alti in relazione all'irraggiamento solare, e da minime rastremature in pianta delle terrazze esterne, a favore di una maggiore privacy tra gli abitanti.

La serra bioclimatica che caratterizza ogni appartamento ha una doppia valenza: ambientale di termoregolazione e architettonica di estensione dello spazio interno verso il paesaggio esterno. Secondo questo approccio, la facciata non funziona più come un semplice involucro, ma assume una terza dimensione, la profondità, diventando uno spazio di transizione tra dentro e fuori, in cui includere frammenti di paesaggio all'interno, ma anche estendere nuovi modi di abitare all'esterno. In altre parole, la facciata non è più un *layer* bidimensionale che separa l'interno *dall*'esterno, ma un *buffer* tridimensionale *tra* interno ed esterno, da abitare con modalità differenti in funzione delle stagioni.

Così, il progetto ricerca una sorta di olismo naturale, un sistema in cui l'interazione tra i vari livelli da pubblico a privato produce all'interno degli appartamenti un paesaggio intensivo unico, personalizzabile direttamente dall'abitante. Attraverso il sistema dei giardini il senso dell'abitare viene evocato a partire dal suo significato originario di *aver cura*, simile a quello che sviluppa un giardiniere verso il proprio giardino. Oggi possiamo dire che quella facciata è effettivamente abitata, diventando uno spazio vivo, vissuto, in cui l'abitante diventa il soggetto del proprio modo di abitare, e non più l'oggetto di un modello abitativo.

È significativo osservare che gli abitanti del complesso, quando interrogati su quale sia il proprio alloggio, spesso rispondano identificandolo a partire da ciò che loro stessi hanno deciso di mostrare del proprio alloggio attraverso la facciata "abitata", dicendo: "abito là, dove c'è *quel* tavolo e *quell'*acero".

In linea con le mutazioni dei modi di abitare contemporaneo, le residenze di Milanofiori sono abitazioni in perpetua evoluzione, un organismo che interagisce con i propri abitanti in virtù degli scambi dinamici che avvengono tra uomo e ambiente.

Immagine pagina successiva: il sistema delle serre bioclimatiche verso il parco. (001)

La facciata urbana con le logge
a doppia altezza.
(002)

Le logge e gli elementi scorrevoli frangisole
filtranti e oscuranti.
(003)

Le logge inquadrate dalla struttura
corrispondente alle unità abitative.
(004)

Facciata nord-ovest verso il parco pubblico.
(005)

Facciata nord verso il parco pubblico.
(006)

Facciata est verso il parco pubblico.
(007)

La terrazza esterna in continuità con la
serra bioclimatica.
(008)

Continuità tra la terrazza esterna, la serra
bioclimatica e gli spazi abitativi interni.
(009)

La serra bioclimatica come estensione
degli ambienti interni verso l'esterno e del
paesaggio esterno verso l'interno.
(010)

Gradiente da spazio privato a semi-privato
a semi-pubblico.
(011)

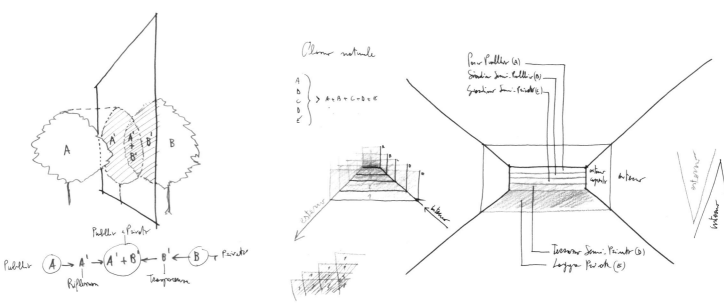

Disegni di Paolo Brescia.
(012)

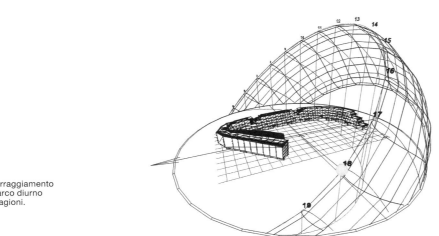

Diagramma dell'irraggiamento
solare durante l'arco diurno
nelle differenti stagioni.
(013)

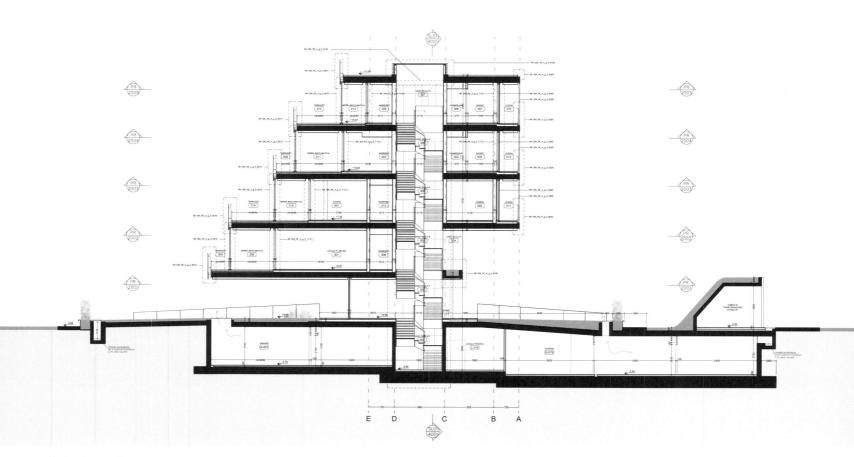

Sezione trasversale.
(014)

5 m

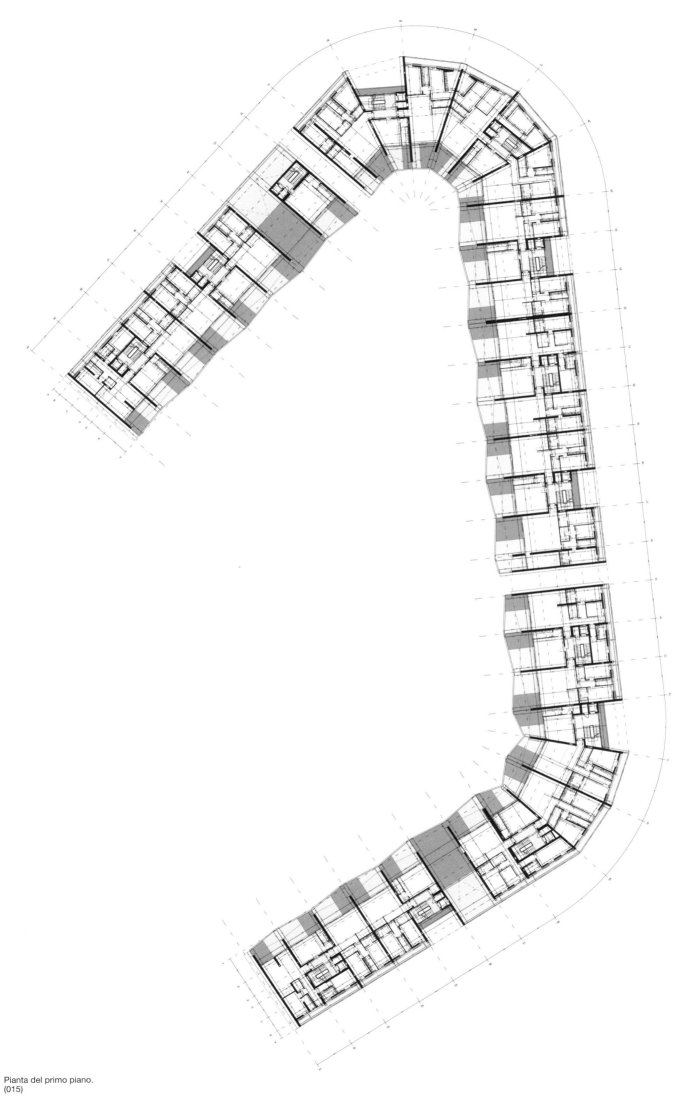

Pianta del primo piano.
(015)

10 m

Dettaglio esecutivo del
parapetto delle terrazze.
(016)

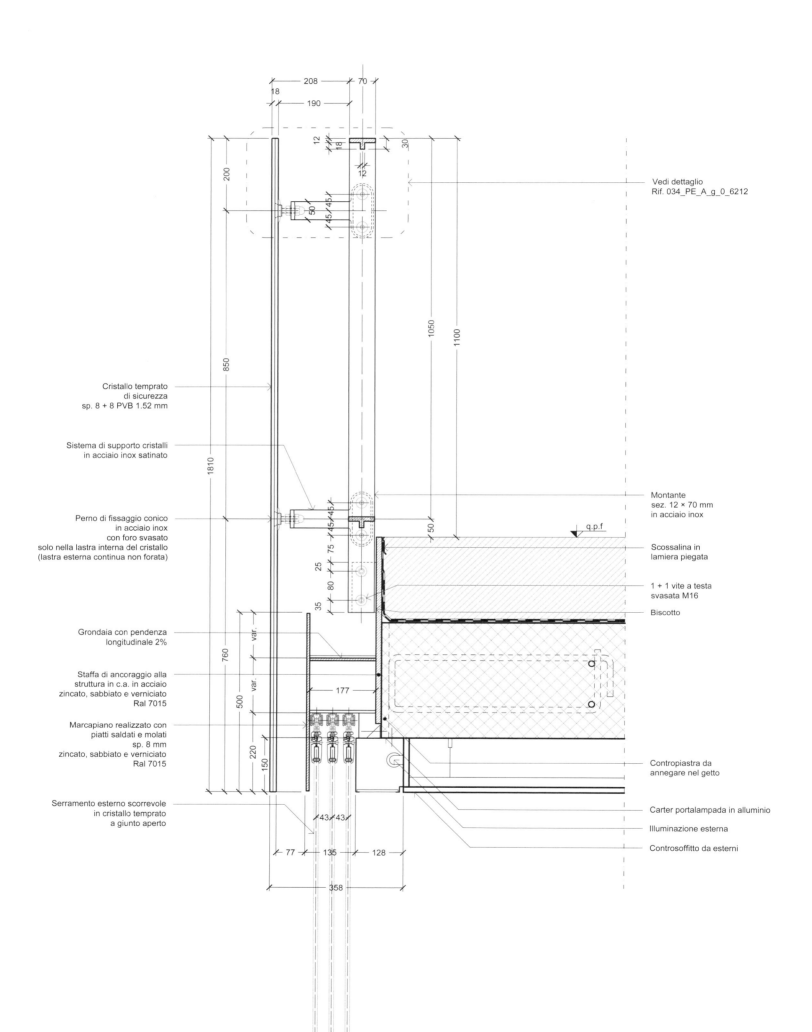

Cristallo temprato
di sicurezza
sp. 8 + 8 PVB 1.52 mm

Sistema di supporto cristalli
in acciaio inox satinato

Perno di fissaggio conico
in acciaio inox
con foro svasato
solo nella lastra interna del cristallo
(lastra esterna continua non forata)

Grondaia con pendenza
longitudinale 2%

Staffa di ancoraggio alla
struttura in c.a. in acciaio
zincato, sabbiato e verniciato
Ral 7015

Marcapiano realizzato con
piatti saldati e molati
sp. 8 mm
zincato, sabbiato e verniciato
Ral 7015

Serramento esterno scorrevole
in cristallo temprato
a giunto aperto

Vedi dettaglio
Rif. 034_PE_A_g_0_6212

Montante
sez. 12 × 70 mm
in acciaio inox

q.p.f

Scossalina in
lamiera piegata

1 + 1 vite a testa
svasata M16

Biscotto

Contropiastra da
annegare nel getto

Carter portalampada in alluminio

Illuminazione esterna

Controsoffitto da esterni

Sezione della serra bioclimatica.
(017)

Parapetto di vetro con cristalli
temprati di sicurezza
sp. 8 + 8 PVB 1,52 mm

Supporto puntuale
in acciaio inox 3 × 50 mm,
interasse 1600 mm

Pavimento esterno in doghe di legno

Strato drenante

Impermeabilizzazione

Grondaia con pendenza
longitudinale 2%

Vetrata esterna a giunto aperto
della loggia bioclimatica, lastre
scorrevoli temprate
1600 × 3000 mm

Pannello radiante tinteggiato

Zanzariera a rullo incassata a
soffitto

Tenda a rullo incassata a
soffitto

Vetrata a taglio termico

TERRAZZA

SERRA
BIOCLIMATICA

trasmittanza termica K
vetro esterno +
vetro interno = 1

INTERNO

Manto erboso

Daku Roof Soil

Daku stabifilter

Daku FSD

impermeabilizzazione
+ tessuto antiradice

Struttura in C.A.

Pavimentazione in doghe di legno 20 mm

Massetto 50 mm

Calcestruzzo alleggerito isolante 100 mm

Solaio in c.a. 360 mm

1 m

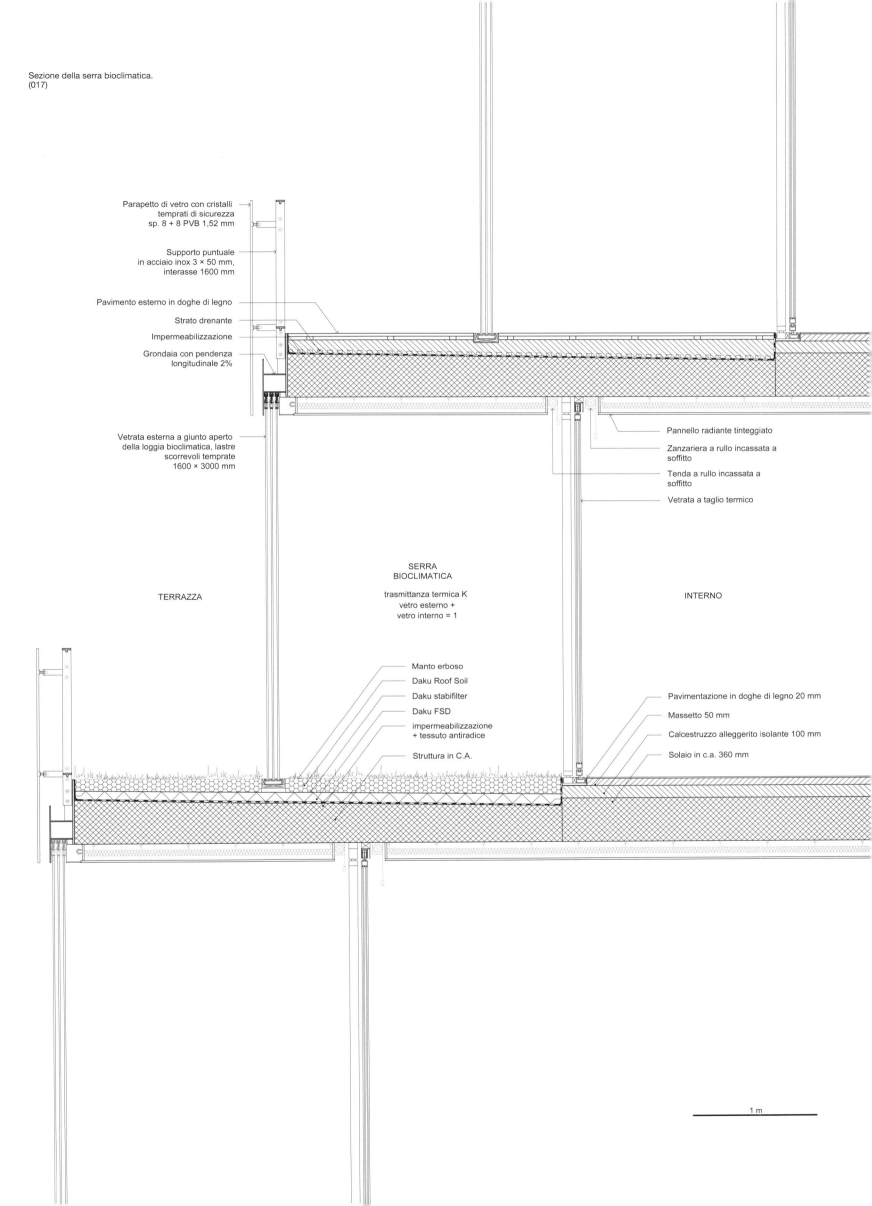

02 LH1 & LH2 London

Project team:
OBR, Buro Happold

OBR design team:
Paolo Brescia e Tommaso Principi,
Giorgia Aurigo, Sidney Bollag, Andrea Casetto,
Gema Parrilla Delgado, Arlind Dervishi,
Nicola Ragazzini, Izabela Sobieraj, Paula Vier

OBR design manager:
LH1 – Andrea Casetto
LH2 – Nicola Ragazzini

Direzione artistica:
Tommaso Principi

Committente:
Privato

Impresa:
360 Property Services Ltd
City Development UK Ltd

Luogo:
London

Programma:
residenza

Dimensioni:
LH1 – area di intervento 384 mq
  superficie costruita 423 mq
LH2 – area di intervento 333 mq
  superficie costruita 353 mq

Cronologia:
LH1 – 2012 fine lavori
  2012 direzione artistica
  2011 progetto esecutivo
  2011 progetto definitivo
  2011 progetto preliminare
LH2 – 2014 fine lavori
  2014 direzione artistica
  2013 progetto esecutivo
  2012 progetto definitivo
  2011 progetto preliminare

LH1 & LH2 sono il progetto di rigenerazione di due residenze situate a Londra, a sud del Tamigi, nelle vicinanze del Clapham Common, un parco di 90 ettari contornato da residenze vittoriane.

Il nostro obiettivo è stato quello di valorizzare l'architettura vittoriana alla luce dei nuovi modi dell'abitare contemporaneo. Pur attenendoci a un restauro rigoroso per le facciate sul fronte urbano, abbiamo ripensato più liberamente il mondo interno in relazione al giardino sul retro.

Secondo la tipologia vittoriana, entrambe le case sono costruite su un piano seminterrato – *lower ground floor* – destinato originariamente agli spazi di servizio, con l'ingresso di rappresentanza rialzato di mezzo piano – *upper ground floor* – rispetto alla strada e al giardino.

Nel riconfigurare gli spazi residenziali, abbiamo cercato una maggiore connessione con il giardino, non solo all'*upper ground floor*, ma anche al *lower ground floor*, stabilendo una continuità tra interno ed esterno e realizzando, secondo modalità differenti, una sorta di "camera all'aperto" immersa nel verde.

La casa LH1 presenta un nuovo ambiente al *lower ground floor* realizzato con dei setti in mattoni riciclati e protetto da una copertura in vetro sorretta da travi in legno, che si apre verso il giardino con un sistema di serramenti completamente impacchettabile. Le travi in legno della nuova copertura hanno lo stesso passo delle travi dei solai vittoriani e creano un effetto *brise-soleil*, disegnando un gradiente progressivamente più luminoso dall'interno verso l'esterno.

La casa LH2 configura una leggera modificazione della topografia del terreno, che permette agli spazi del *lower ground floor* di aprirsi verso il giardino terrazzato. Il *conservatory* preesistente è stato trasformato in un nuovo spazio vetrato sospeso sul giardino.

Gli ambienti che nella casa vittoriana erano di servizio, in LH1 e LH2 accolgono gli spazi più vissuti della casa, come la cucina, il dining e il living informale, che assumono un nuovo significato abitativo in continuità con il giardino.

Per affrancarsi dalla presenza ipertrofica del domicilio riteniamo che occorra rendere manifesta, al posto dell'abitazione come spazio fisico, la totalità del luogo. Ciò non vuol dire semplicemente sfumare la distinzione tra interno/esterno, ma ricercare quel *continuum* in cui spazio e tempo si unificano in un'entità non separabile. Nel giardino spazio e tempo si unificano, diventano continui, recuperando – evocandolo – il significato essenziale di abitare nel senso di *aver cura*.

Immagine pagina successiva:
LH1, la copertura in vetro dell'estensione del lower ground floor.
(018)

LH1, estensione del lower ground floor
verso il giardino.
(019)

LH1, vista notturna della facciata
dal giardino.
(020)

LH1, vista diurna della facciata
dal giardino.
(021)

LH1, vista zenitale dell'estensione
del lower ground floor.
(022)

LH2, vista diurna della facciata
dal giardino.
(023)

LH2, il lower ground floor
verso il giardino terrazzato.
(024)

LH2, upper ground floor verso il giardino.
(025)

LH2, vista notturna della facciata
dal giardino.
(026)

LH1, sezione longitudinale.
(027)

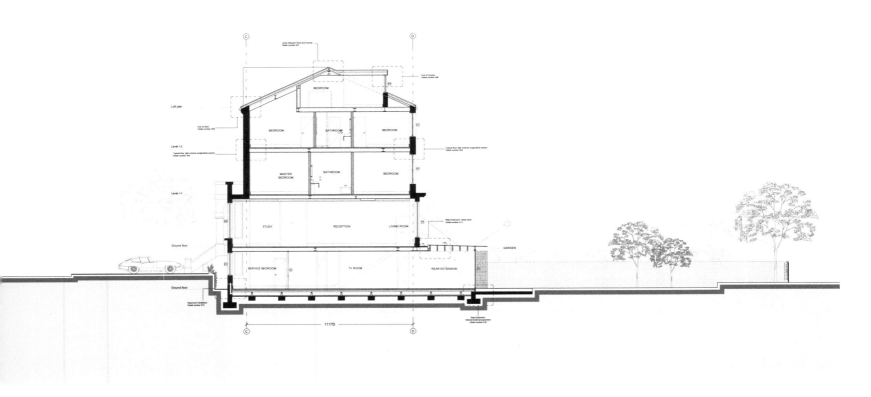

LH1, pianta del *lower ground floor.*
(028)

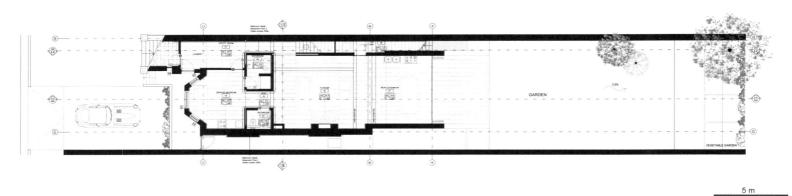

5 m

LH2, sezione longitudinale.
(029)

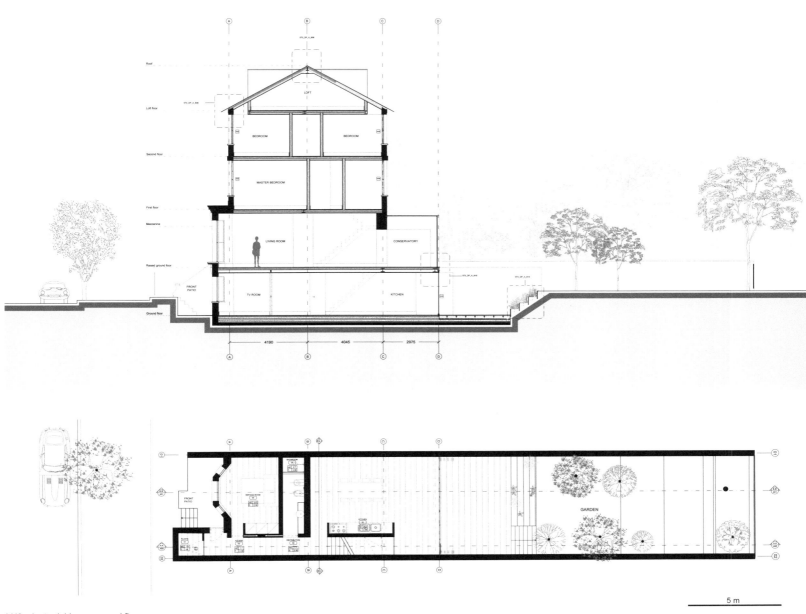

LH2, pianta del *lower ground floor*.
(030)

03 Campus Unimore Modena

Project team:
OBR, Openfabric, Politecnica

OBR design team:
Paolo Brescia e Tommaso Principi,
Edoardo Allievi, Sebastiano Beni,
Paola Berlanda, Andrea Casetto,
Maria Elena Garzoni, Michele Marcellino,
Cristina Testa, Daria Trovato, Anna Veronese

OBR design manager:
Edoardo Allievi

Direzione artistica:
Tommaso Principi

Committente:
Unimore
Università degli Studi di Modena e Reggio Emilia

RUP:
Claudio Pongolini

Luogo:
Modena

Programma:
università

Dimensioni:
area di intervento 1.300 mq
superficie costruita 2.946 mq

Cronologia:
2021 inizio lavori
2020 progetto esecutivo
2019 progetto definitivo
2019 progetto preliminare
2018 concorso di progettazione (1° premio)

Quando abbiamo partecipato al concorso per il nuovo padiglione didattico del Dipartimento di Ingegneria "Enzo Ferrari" dell'Università degli Studi di Modena e Reggio Emilia (Unimore), abbiamo pensato a una nuova idea di campus dalla forte vocazione urbana, connesso alla città, dove pensiero e conoscenza si trasmettono tra i membri di una comunità di talenti integrata con il contesto locale del quartiere. Coniugando *genius loci* e collettività, umanesimo e innovazione, abbiamo pensato al campus come una sorta di *hortus universalis* aperto alla città, dove le idee possano fertilizzarsi, facilmente circolare e incontrarsi.

Il padiglione didattico – che prevede cinque aule per 1.100 studenti – è stato progettato insieme con l'Università come uno spazio condiviso, luogo di vita e di studio. Fin da subito l'intenzione era di promuovere attraverso l'architettura una rinnovata arte civica che elevasse il campus a paradigma di eccellenza e convivenza, all'insegna dell'inclusione e della "policultura".

Rispettando l'allineamento con gli edifici esistenti, come previsto dal masterplan di Antonio Andreucci, il nuovo padiglione si protende sulla strada pubblica con un generoso aggetto, sotto il quale si crea uno spazio di aggregazione aperto che favorisce nuove dinamiche sociali tra l'università e la città, divenendo il nuovo ingresso del campus.

Il cuore pulsante del padiglione è l'atrio centrale a tutta altezza, illuminato naturalmente con luce zenitale. L'atrio è lo spazio comune per eccellenza, luogo di incontro in cui avere il piacere di ritrovarsi.

Il padiglione si sviluppa su tre livelli, ospitando le aule didattiche e le funzioni ancillari di supporto. Tutte le aule beneficiano dell'illuminazione naturale indiretta e della vista verso il parco circostante. In copertura si trova la grande aula comune, luogo di studio e di ritrovo, che si estende naturalmente all'esterno sulla grande terrazza panoramica, belvedere aperto a tutti.

La facciata esterna è caratterizzata da un sistema di *brise-soleil* verticali che filtra l'irraggiamento diretto del sole e apre la vista alla vibrante vita collettiva universitaria.

Nella sequenza di spazi esterni e interni, dalla piazza coperta, all'atrio centrale, fino alla terrazza belvedere, passando dal sistema di scale incrociate dove l'incrocio delle rampe favorisce l'incontro fra gli studenti, si configura una visione dell'ambiente universitario comunitario, in cui si dissolve la soglia tra campus e città.

Immagine pagina successiva: la piazza pubblica e l'ingresso del padiglione.
(031)

La prominenza del padiglione
che caratterizza lo spazio pubblico.
(032)

L'aula didattica sospesa
sullo spazio pubblico.
(033)

Il padiglione lungo il percorso pedonale
del campus.
(034)

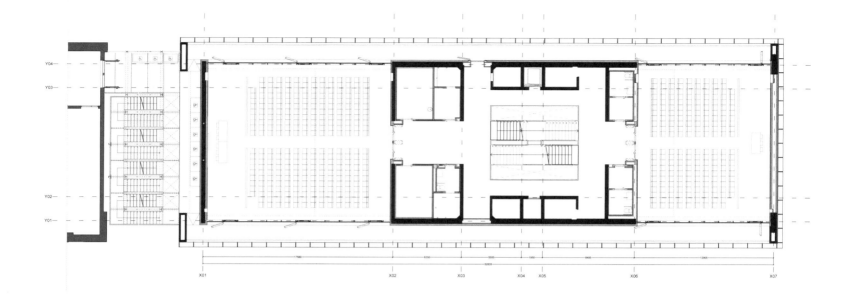

Pianta del piano primo.
(035)

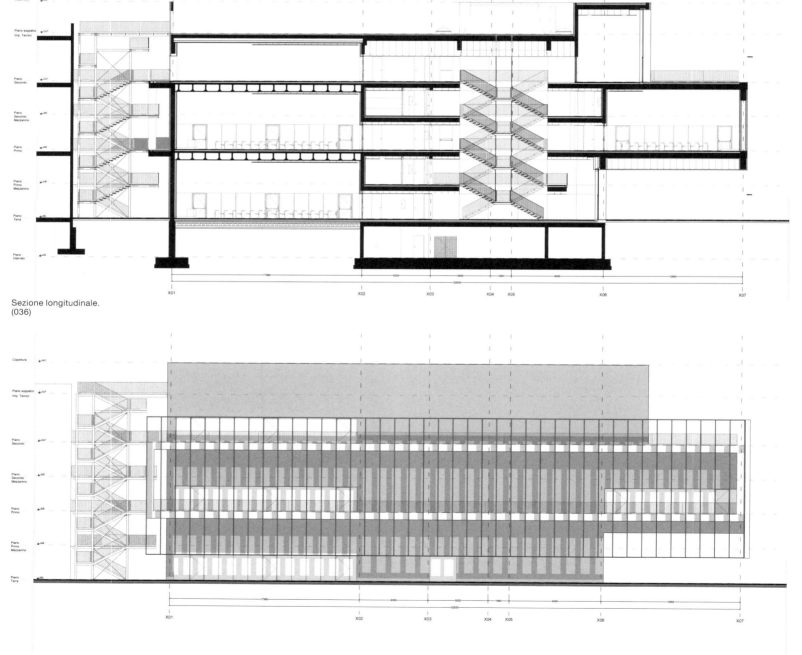

Sezione longitudinale.
(036)

Prospetto laterale.
(037)

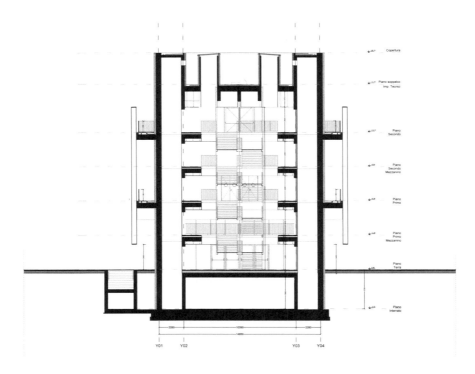

Sezione trasversale
in corrispondenza delle risalite
(038)

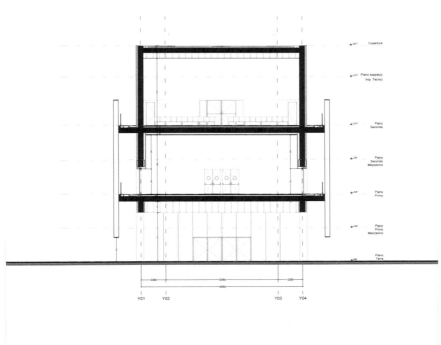

Sezione trasversale
in corrispondenza delle aule.
(039)

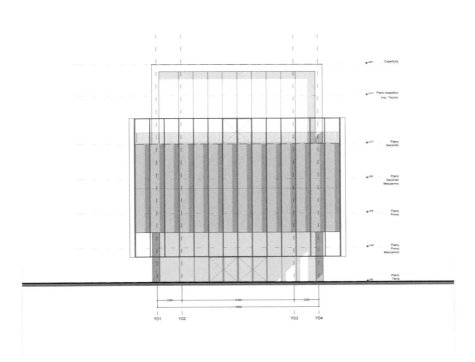

Prospetto verso lo spazio pubblico.
(040)

5 m

04 Piazza del Vento Genova

Project team:
OBR, Artkademy, Enter Studio, Matteo Orlandi, Roberto Pugliese, Rina Consulting, Valter Scelsi, Ivan Tresoldi

OBR design team:
Paolo Brescia e Tommaso Principi,
Edoardo Allievi, Paola Berlanda, Gabriele Boretti,
Francesco Cascella, Andrea Casetto,
Biancamaria Dall'Aglio, Riccardo De Vincenzo,
Paride Falcetti, Chiara Gibertini, Alessio Granata,
Lisa Henderson, Martina Mongiardino

OBR design manager:
Edoardo Allievi

Direzione artistica:
Paolo Brescia

Committente:
I Saloni Nautici S.r.l.

Comune di Genova:
Sindaco Marco Bucci

SPIM:
Presidente Stefano Franciolini

Ucina Confindustria Nautica:
Carla De Maria, Marina Stella,
Alessandro Campagna, Maurizio Grosso,
Stefano Pagani Isnardi

Gruppo di lavoro:
Carlo Croce, Max Procopio, Nemo Monti

Donatore dell'installazione:
Capoferri

Partner:
Boris Production, Fuselli, Gottifredi Maffioli,
Harken, Ivela, Mure a Dritta, North Sails,
One Sails, Quantum Sails

Imprese:
Aster, Giplanet, Rs Service, Vernazza

Con la partecipazione di:
Università degli Studi di Genova
Facoltà di Architettura

Luogo:
Genova

Programma:
installazione urbana

Dimensioni:
area di intervento 500 mq

Cronologia:
2017 fine lavori
2017 progetto esecutivo
2017 progetto preliminare

La Piazza del Vento è un'installazione collettiva, che nasce da un'idea condivisa con Renzo Piano per celebrare un rinnovato rito di urbanità di Genova sul mare. L'opera rappresenta l'eredità del Salone Nautico alla città, restituendo ai genovesi un nuovo spazio pubblico all'ingresso dell'area ex Fiera. Concepita per un evento temporaneo, il 57° Salone Nautico, è diventata un'opera permanente.

All'ingresso del porto, là dove il grande asse urbano di Viale Brigate Partigiane raggiunge il mare, abbiamo immaginato un campo di 57 alberi in legno di acero rosso e acciaio bianco, alti 12 metri e strallati tra loro con sartie tessili, su cui sono inferite delle vele (fiocchi) in Dacron. Sulla sommità degli alberi è installata una moltitudine di segnavento (Windex) realizzati con fettucce di spinnaker di diversi colori, che danno evidenza della direzione e dell'intensità del vento. Tra alcuni alberi sono ricavate delle altalene con la seduta doppia, da utilizzare in coppia, all'ombra delle vele e con vista mare.

La Piazza del Vento è anche un'opera collettiva che ha visto il coinvolgimento del musicista Roberto Pugliese con Enter Studio e Matteo Orlandi, i quali hanno ideato il campo sonoro "Melodie Mediterranee" suonato dal vento. Un sistema di canne d'ottone di diversa lunghezza con all'interno dei batacchi di legno, disposto secondo un preciso schema spaziale tra gli alberi, restituisce le sonorità del *mare nostrum,* con degli accordi che seguono una scala musicale mediterranea attivata dal vento.

Frutto di una collaborazione tra OBR e Artkademy, la Piazza del Vento vede anche il coinvolgimento del poeta e artista di strada Ivan Tresoldi, che ha realizzato con il pubblico del Salone la performance "A.mare" creando l'anamorfosi "Chi getta semi al vento farà fiorire il cielo".

La Piazza del Vento è stata disinstallata nel 2021 per consentire lo sviluppo del cantiere del Waterfront di Levante ed essere successivamente riposizionata in corrispondenza della futura Casa Vela, a evocare i "bandieroni"

della Fiera degli anni Settanta, che garrivano con il vento di tramontana che ancora oggi soffia lungo il grande asse urbano di Viale Brigate Partigiane.

Immagine pagina successiva: l'installazione degli alberi con i segnavento. (041)

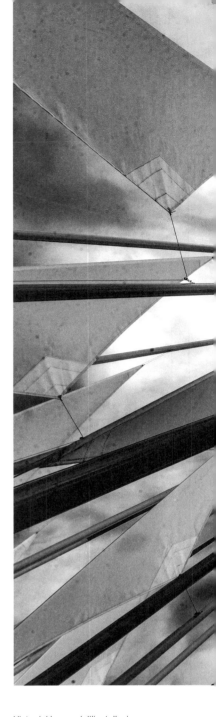

Vista dal basso dell'installazione multisensoriale.
(043)

Le ombre proiettate dai fiocchi e dagli alberi.
(042)

Il nuovo spazio pubblico.
(044)

Verifica del funzionamento
dei segnavento (Windex).
(045)

Le altalene e le installazioni sonore.
(046)

Montaggio delle penne in acero rosso
sugli alberi.
(047)

Montaggio delle corone calate dall'alto
alla base degli alberi e installazione dei
segnavento Windex.
(048)

Planimetria con studio delle ombre.
(049)

Dettaglio del segnavento e sviluppo in
piano del tessuto del Windex.
(050)

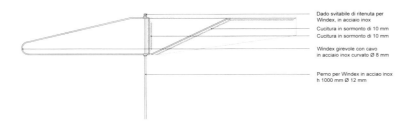

Dado svitabile di ritenuta per
Windex, in acciaio inox

Cucitura in sormonto di 10 mm
Cucitura in sormonto di 10 mm

Windex girevole con cavo
in acciaio inox curvato Ø 8 mm

Perno per Windex in acciao inox
h 1000 mm Ø 12 mm

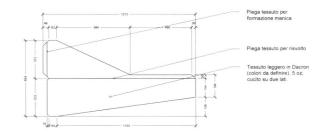

Piega tessuto per
formazione manica

Piega tessuto per risvolto

Tessuto leggero in Dacron
(colori da definire), 5 oz,
cucito su due lati.

Prospetto dell'installazione.
(051)

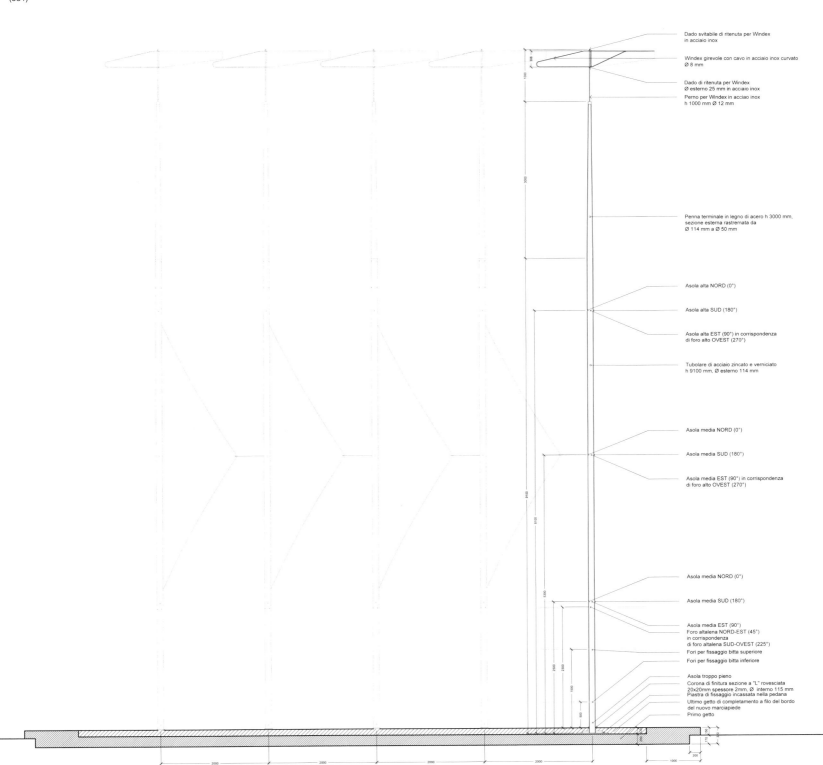

Dado svitabile di ritenuta per Windex
in acciaio inox

Windex girevole con cavo in acciaio inox curvato
Ø 8 mm

Dado di ritenuta per Windex
Ø esterno 25 mm in acciaio inox

Perno per Windex in acciaio inox
h 1000 mm Ø 12 mm

Penna terminale in legno di acero h 3000 mm,
sezione esterna rastremata da
Ø 114 mm a Ø 50 mm

Asola alta NORD (0°)

Asola alta SUD (180°)

Asola alta EST (90°) in corrispondenza
di foro alto OVEST (270°)

Tubolare di acciaio zincato e verniciato
h 9100 mm, Ø esterno 114 mm

Asola media NORD (0°)

Asola media SUD (180°)

Asola media EST (90°) in corrispondenza
di foro alto OVEST (270°)

Asola media NORD (0°)

Asola media SUD (180°)

Asola media EST (90°)
Foro altalena NORD-EST (45°)
in corrispondenza
di foro altalena SUD-OVEST (225°)

Fori per fissaggio bitta superiore

Fori per fissaggio bitta inferiore

Asola troppo pieno

Corona di finitura sezione a "L" rovesciata
20x20mm spessore 2mm, Ø interno 115 mm

Piastra di fissaggio incassata nella pedana

Ultimo getto di completamento a filo del bordo
del nuovo marciapiede

Primo getto

05 Ospedale dei Bambini Parma

Project team:
OBR, Policreo, Studio Nocera, Sogen,
Studio Q.S.A., Studio Tecnico Zanni, Engeo,
Carlo Caleffi, Paolo Bertozzi, Giuseppe Virciglio

OBR design team:
Paolo Brescia e Tommaso Principi,
Pelayo Bustillo, Andrea Casetto, Giulia D'Ettorre,
François Doria, Elena Martinez, Elena Mazzocco,
Laura Mezquita Gonzàles, Aleksandar Petrov,
Alessandro Piraccini, Michele Renzini,
Barbara Zuccarello

OBR design manager:
François Doria

Direzione artistica:
Sergio Beccarelli e Paolo Brescia

Committente:
Fondazione Ospedale dei Bambini di Parma

Direttore lavori:
Stefano Soncini

Direttore sanitario:
Dott. Giancarlo Izzi

Impresa:
Pizzarotti & C. S.p.A.

Luogo:
Parma

Programma:
ospedale

Dimensioni:
area di intervento 6.000 mq
superficie costruita 13.000 mq

Cronologia:
2013 fine lavori
2007 progetto esecutivo
2006 progetto definitivo
2006 progetto preliminare

Premi:
2014 Building Healthcare Award, London

Il progetto per l'Ospedale dei Bambini "Pietro Barilla" a Parma è frutto di un'intensa cooperazione multidisciplinare con l'équipe sanitaria e la Fondazione Barilla. Ispirato a criteri di umanizzazione delle cure e di psicologia ambientale, il progetto riflette l'idea di creare un luogo disegnato attorno ai bambini. Più in particolare, la visione che ha guidato fin dall'inizio il progetto è quella che abbiamo condiviso con il direttore Giancarlo Izzi, secondo la quale per curare occorre partire dalla vita, più che dalla malattia: "Non tutto del bambino malato è malato". Per questo abbiamo pensato a un luogo che, proprio per celebrare la vita, fosse aperto alla natura circostante, benché igienicamente protetto e sicuro.

Secondo questo approccio, il progetto coniuga esigenze sanitarie e funzionali con tematiche psicologiche e percettive. Il disegno della facciata mira a stabilire una relazione visiva – e psicologica – con il giardino, incrementando la percezione dall'interno dei cambiamenti dei fenomeni naturali esterni: il movimento del sole al trascorrere delle ore del giorno, i colori del fogliame che cambiano a seconda delle stagioni, le chiome degli alberi mosse dal vento che proiettano ombre dinamiche negli spazi interni.

Ovviamente, essendo il budget mirato prioritariamente agli spazi di cura, le risorse dedicate allo sviluppo della facciata erano da contenere. Per questo motivo, abbiamo ottimizzato il sistema della facciata, immaginando un involucro interno in semplice muratura tinteggiata di nero e una pelle esterna parzialmente vetrata. Grazie allo sfondo scuro retrostante, le lastre di vetro esterne riflettono come uno specchio il contesto, creando al contempo un *buffer* di termoregolazione.

I colori dei montanti verticali esterni richiamano la palette cromatica dell'intorno che circonda l'ospedale. In accordo con il movimento dell'osservatore, i colori sfumano dinamicamente, donando al fronte una superficie in continuo mutamento.

Il cuore pulsante dell'Ospedale è la grande corte interna, sulla quale affacciano tutti gli spazi comuni del personale sanitario, dei visitatori e dei giovani pazienti. Tutte le stanze della degenza sono invece rivolte verso i giardini esterni e disegnate per ricreare un ambiente familiare per i bambini che abitano temporaneamente l'ospedale. Analogamente, gli spazi della distribuzione orizzontale e verticale sono pensati per consentire alla luce naturale e a frammenti di paesaggio di entrare visivamente all'interno dell'ospedale, favorendo l'orientamento dei visitatori e la vita quotidiana dei suoi "abitanti".

Immagine pagina successiva:
i colori dei montanti della facciata e il vetro creano effetti di riflessione dinamici.
(052)

Gli spazi comuni illuminati
con luce naturale.
(053)

La facciata e il contesto
ospedaliero esistente.
(054)

Il gradiente cromatico dei montanti
verticali esterni.
(055)

Lo sfondo scuro della facciata consente
alle lastre di vetro di riflettere il contesto.
(056)

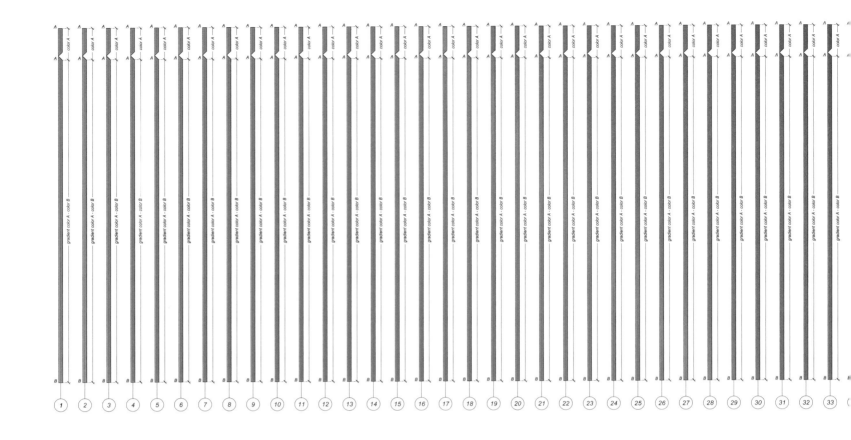

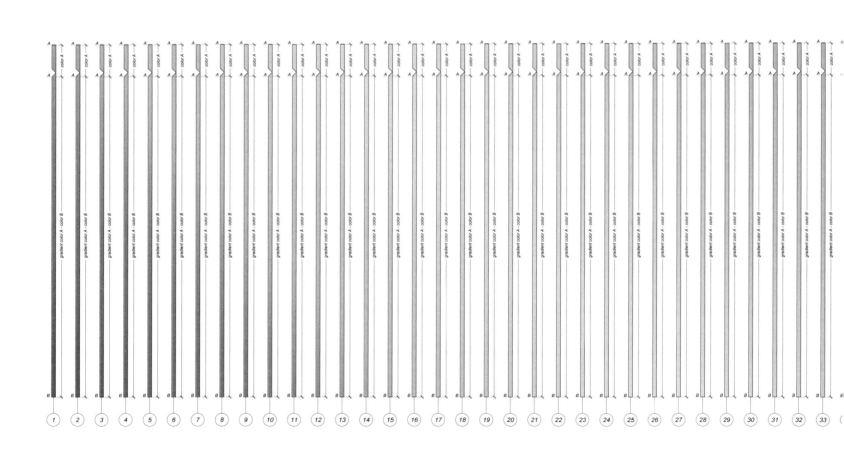

Palette del gradiente cromatico delle lesene
verticali che presenta sulla stessa lesena
colori complementari.
(057)

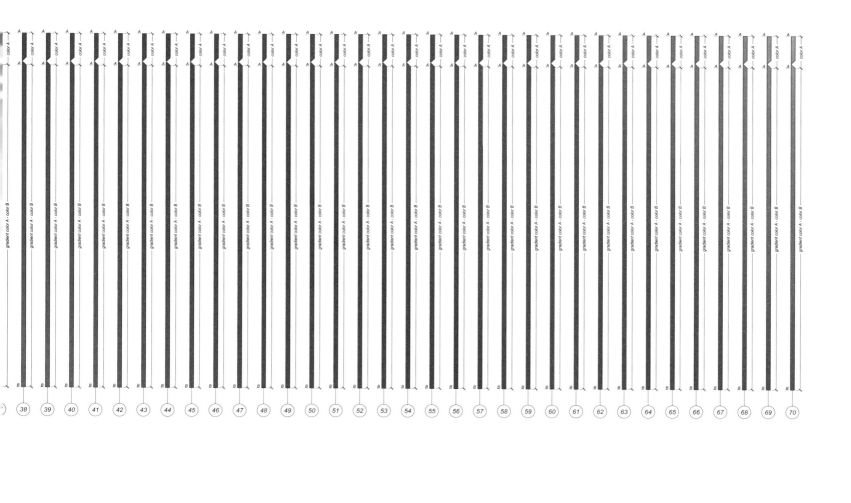

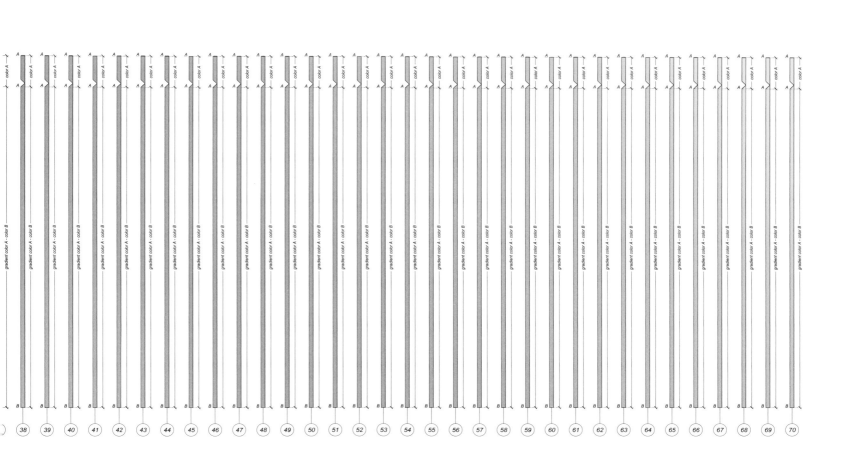

06 Lehariya Jaipur

Project team:
OBR, MA Architects, Aecom, Buro Happold,
Facet Construction Engineering,
Vijay Tech Associates, Kamal Cogent Energy,
Maddalena D'Alfonso, Antonio Perazzi

OBR design team:
Paolo Brescia e Tommaso Principi,
Ludovico Basharzad, Giovanni Carlucci,
Andrea Casetto, Andrea Debilio, Maria Lezhnina,
Ipsita Mahajan, Gema Parrilla Delgado,
Michele Renzini, Elisa Siffredi, Mikko Tilus,
Ludovic Tiollier

OBR design manager:
Ipsita Mahajan

Direzione artistica:
Paolo Brescia

Committente:
Shri Kalyan Buildmart Private Limited

KGK Vice Chairman:
Sanjay Kothari

Project manager:
Rajesh Jain

Project Director:
Human Project, Rajeev Lunkad

Luogo:
Jaipur

Programma:
uffici, hotel, commercio, galleria d'arte

Dimensioni:
area di intervento 34.614 mq
superficie costruita 46.864 mq

Cronologia:
2016 inizio lavori
2013 progetto esecutivo
2012 progetto definitivo
2012 progetto preliminare

Il progetto di Lehariya a Jaipur è l'esito di un processo cooperativo di un team transculturale tra Italia e India, che unisce architetti, artisti e artigiani, coordinati tra loro da Rajeev Lunkad di Human Projects.

La finalità condivisa con il committente era di dimostrare che, in mancanza di una vera e propria industria dell'edilizia locale, è possibile concepire un progetto di *real estate* con un alto grado di sostenibilità sociale, contribuendo allo sviluppo dell'economia del territorio. Per questo motivo abbiamo vissuto qualche tempo in India, per comprendere insieme a Rajeev la cultura materiale e artigianale locale direttamente nei luoghi di produzione, ma anche per renderci conto dei nefasti esiti della globalizzazione nel paesaggio urbano delle grandi città.

L'intento progettuale è promuovere la comunità delle maestranze locali, valorizzando al contempo le identità individuali delle persone coinvolte nel processo ideativo e costruttivo: artigiani, produttori e progettisti. L'obiettivo che stiamo perseguendo non è intervenire da lontano, ma lavorare dall'interno cooperando attivamente con la comunità locale.

Abbiamo immaginato un *cluster* articolato in quattro corpi collegati tra loro che formano tre corti aperte sul paesaggio. Il piano terra è totalmente trasparente e accoglie atelier, gallerie d'arte e funzioni a uso pubblico aperte alla città, mentre i piani superiori ospitano spazi per uffici in pianta libera.

Sui lati lunghi gli edifici sono caratterizzati da schermature verticali che si estendono oltre gli edifici stessi, creando una protezione dalla strada e filtrando l'irraggiamento del sole. Le schermature sono realizzate con un intreccio composto da *Tana* (ordito) e *Bana* (trama), formato da 60.000 *baguette* verticali di ceramica prodotte artigianalmente e montate su barre metalliche appese ai marcapiani, creando un macro-tessuto a protezione degli edifici.

Il disegno dell'intreccio è stato sviluppato rielaborando il pattern del *lehariya*, tessuto storico del Rajasthan, mentre la *palette* cromatica vede l'uso dei colori tradizionali scelti dagli artigiani locali, diversificando le facciate e le corti interne. Lavorando con gli artigiani locali, abbiamo perseguito la trasposizione dalla piccola scala dell'artigianato a quella più ampia dell'architettura, combinando una progettazione digitale parametrica con la tecnica costruttiva locale.

L'approccio è quello della *molteplicità*, intesa come ripetizione (artigianale), e non come moltiplicazione (industriale), dimostrando, come avviene per le opere corali "biro" di Alighiero Boetti, che 1+1+1+1... è diverso da 1X...

Immagine pagina successiva:
il fronte caratterizzato dalle schermature solari secondo il disegno del *lehariya*.
(058)

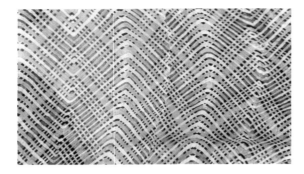

Lehariya (XVIII secolo).
(059)

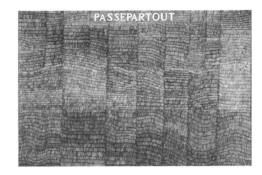

Alighiero Boetti, *PASSEPARTOUT*, 1974,
penna biro blu su carta intelata, 70 x 100 cm.
(060)

La sovrapposizione degli aggetti delle
schermature solari alle estremità.
(062)

Tessuti, Jaipur.
(061)

Mock-up delle *baguette* in ceramica.
(063)

Riunione di cantiere.
(064)

Vista della struttura in costruzione.
(065)

Diagramma cromatico delle 60.000 *baguette* in ceramica secondo il pattern e i colori del *lehariya*.
(066)

	Tower 4			Tower 3				Tow
	West	East		West		East		West

East

West

East

Pianta del piano tipo.
(067)

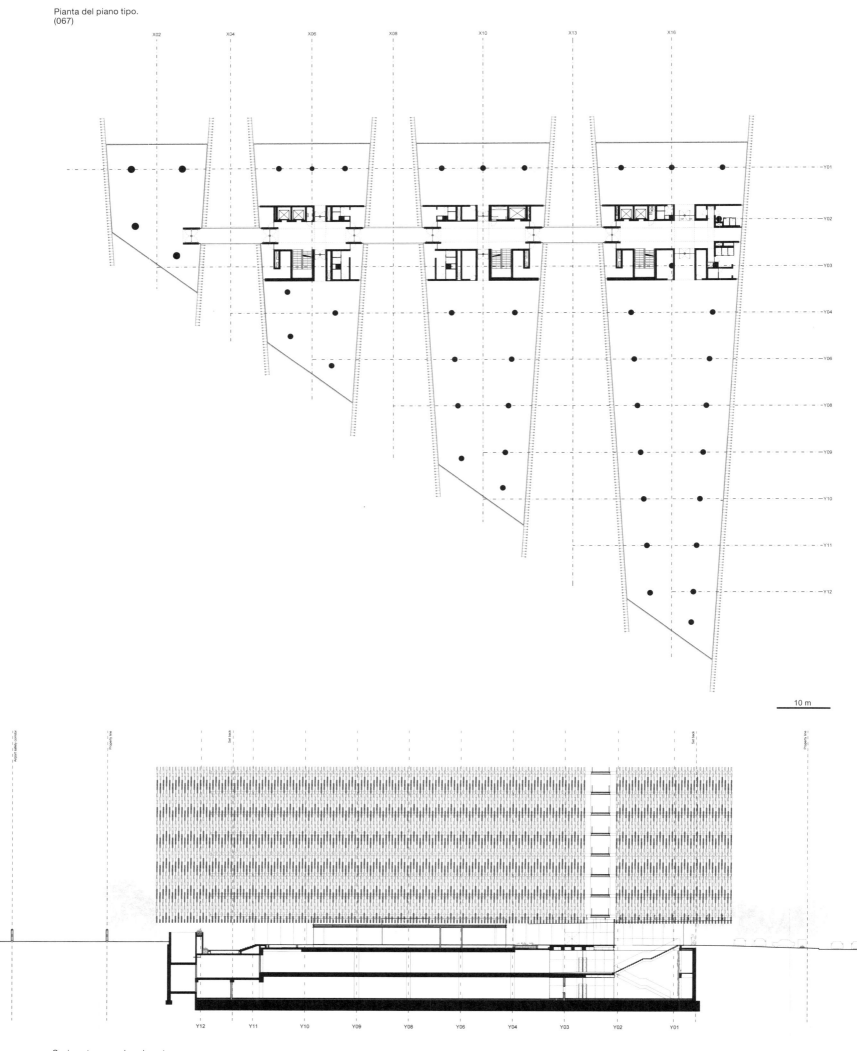

10 m

Sezione trasversale sul ponte
di collegamento.
(068)

Dettaglio del sistema di facciata.
(069)

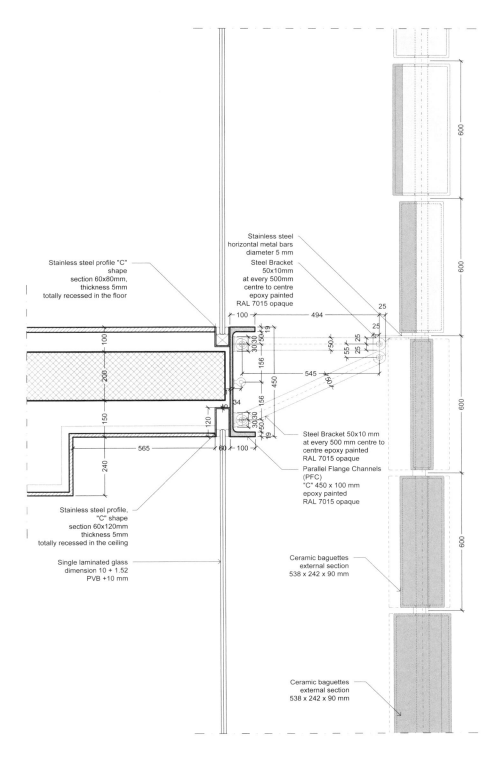

Stainless steel profile "C"
shape
section 60x80mm,
thickness 5mm
totally recessed in the floor

Stainless steel
horizontal metal bars
diameter 5 mm

Steel Bracket
50x10mm
at every 500mm
centre to centre
epoxy painted
RAL 7015 opaque

Steel Bracket 50x10 mm
at every 500 mm centre to
centre epoxy painted
RAL 7015 opaque

Parallel Flange Channels
(PFC)
"C" 450 x 100 mm
epoxy painted
RAL 7015 opaque

Stainless steel profile,
"C" shape
section 60x120mm
thickness 5mm
totally recessed in the ceiling

Single laminated glass
dimension 10 + 1.52
PVB +10 mm

Ceramic baguettes
external section
538 x 242 x 90 mm

Ceramic baguettes
external section
538 x 242 x 90 mm

50 cm

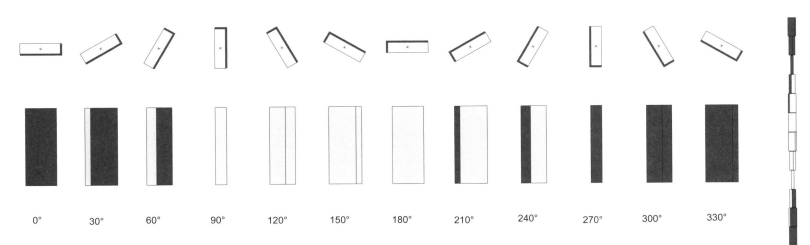

| 0° | 30° | 60° | 90° | 120° | 150° | 180° | 210° | 240° | 270° | 300° | 330° |

Schema per il montaggio delle *baguette* in
ceramica con i diversi orientamenti/colori
in funzione del pattern.
(070)

Anámnēsis:
One < > Many

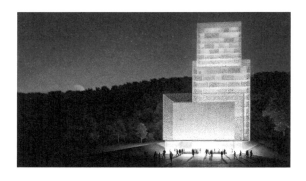

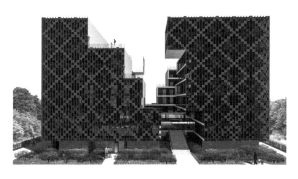

Shantou University, Shantou, 2010
Come creare uno spazio fisico che stimoli l'incontro con la stessa
facilità di un social media, ma risolvendo quel paradosso per
il quale siamo tutti digitalmente connessi, ma senza una vera
relazione sociale? Con il progetto per la Shantou University,
oltre alle residenze per studenti e professori, volevamo creare
un centro – fisico e simbolico – per la comunità del campus con
l'obiettivo di dare vita a un forum, nella sua doppia accezione di
spazio che tiene insieme e di situazione che stimola lo scambio
di idee differenti. Per questo abbiamo pensato ad un'architettura
sospesa su una grande "piazza-contenitore", dove studenti e
docenti possano ritrovarsi uniti da interessi appartenenti a uno
stato di ricerca comune. Lo abbiamo immaginato come un luogo di
de-compressione rispetto alla vita universitaria, al centro del quale
vi è l'auditorium interamente apribile lungo tutto il suo perimetro,
diventando esso stesso palcoscenico di un teatro più esteso
all'aperto in totale continuità con il campus, del quale diventa il
cuore pulsante.
(071)

Baye's Mansion, Accra, 2013-2014
È possibile riconnettere l'architettura contemporanea alle
tradizioni locali, rinforzando le identità individuali delle persone
che partecipano al processo costruttivo? Nel progetto di Baye's
Mansion abbiamo coinvolto artigiani e artisti ghanesi, attivando un
processo partecipato, il cui esito è stato un disegno condiviso che
coniuga nuovi modi di abitare con la cultura materiale tradizionale,
favorendo una micro economia locale e la trasmissione di un
nuovo approccio corale all'architettura. Il paradigma di questa
cooperazione è la facciata del complesso abitativo, le cui
schermature solari in legno, disegnate con chi le ha effettivamente
prodotte localmente, contribuiscono alla privacy degli ambienti
privati, definendo al contempo l'identità pubblica del complesso.
(073)

Magenta House, Milano, 2007-2009
La casa si articola tra il paesaggio privato dell'abitare e il contesto
vitale della città. Magenta House, situata all'ultimo piano dell'ex
convitto dell'Ospedale Principessa Jolanda affacciato sulla
Basilica di Santa Maria delle Grazie, definisce un mondo intimo e
protetto, organizzando gli ambienti domestici intorno a due piccoli
giardini a cielo aperto che evocano tipologicamente i chiostri
storici della basilica. Pur mantenendo un carattere introverso, i
giardini stabiliscono una forte comunicazione visiva con il tiburio
bramantesco, la cui presenza entra a far parte del paesaggio
privato della casa attraverso l'alternarsi di effetti di riflettenze e
trasparenze prodotti dai vetri a tutta altezza che definiscono il
perimetro dei due giardini interni.
(072)

Social Housing, Milano, 2009
La casa di ringhiera della tradizione milanese, con la sua corte a
ballatoio, favorisce le occasioni di incontro e relazione. In questo
progetto di social housing in Via Cenni la corte celebra il vicinato,
che viene ulteriormente stimolato dalla condivisione degli orti a
uso comune degli abitanti, ricavati lungo i percorsi di distribuzione
e sulle coperture piane del complesso. Celebrando la funzione
agricola della cascina preesistente, la coltivazione degli orti
comuni incentiva un rinnovato senso dell'aver cura, contribuendo
al contempo alla formazione di un paesaggio domestico collettivo
personalizzabile direttamente dagli abitanti, il quale si inserisce
nella sequenza degli spazi aperti del quartiere alla più ampia scala
urbana.
(074)

Archidiversity Design for All, Milano, 2015

Valorizzare le diversità, annullando le differenze. Siamo tutti diversi e differenti a modo proprio, con i propri limiti, tempi e modi, per questioni fisiche, culturali, sociali o semplicemente anagrafiche. Siamo il contrario dello standard. *Design for All* ricerca una maggior consapevolezza delle specificità, proclamando il diritto di tutti all'inclusione sociale e coinvolgendo le diversità umane nel processo progettuale. In questo senso crediamo che si dovrebbe parlare di "design for each": se sapremo valorizzare le diversità di ognuno, allora terremo insieme tutti, superando le differenze. Questo assunto presuppone due accezioni distinte tra diversità e differenza, secondo cui la diversità si riferisce a fattori soggettivi, qualitativi e socioculturali, e quindi a scelte personali, mentre la differenza si riferisce alla dimensione oggettiva, quantitativa e fisica. Due persone sono ad esempio diverse per educazione e genere, ma differenti per età e capacità motorie. A questo punto emerge la questione nodale dell'identità. L'identità di ognuno si costituisce in forza del confronto con l'altro più attraverso le scelte soggettive, e quindi la diversità, che attraverso le differenze fisiche. Questo progetto vuole valorizzare le identità tramite l'espressione delle diversità, cercando di annullare le differenze. Vogliamo promuovere un nuovo diritto all'ambiente, verso una sempre maggiore democratizzazione dell'ambiente in cui viviamo.
(075)

Royal Ensign, Jaipur, 2012-2013

L'*haveli* unisce diverse generazioni all'interno della stessa corte, sviluppandosi organicamente a seconda dell'evoluzione del nucleo familiare esteso. Nel complesso residenziale di Royal Ensign di Jaipur, abbiamo voluto riproporre l'idea dell'*haveli*, attraverso una macro-corte comune (macro-*haveli*), sulla quale affacciano le singole unità abitative, unite a loro volta da micro-corti più intime (micro-*haveli*). Si realizza in questo modo una progressione spaziale da semi-pubblico a semi-privato. La macro-corte valorizza il senso della comunità, mentre le micro-corti assicurano la privacy. Per questo motivo, benché lo spazio delle micro-corti sia continuo in sezione tra più unità, la percezione delle micro-corti è psicologicamente individuale.
(077)

Campus Piave Futura, Padova, 2019

Il mito del campus universitario in cui la conoscenza si trasmette tra i membri di una comunità isolata in un contesto bucolico si sta ripensando in funzione di un maggior scambio tra la comunità accademica e la vita urbana. La nostra proposta per il nuovo campus universitario delle Scienze Sociali dell'Università di Padova nell'area dell'ex caserma Piave mira a dissolvere i propri confini per creare un campus aperto alla città. Le otto corti della ex caserma si articolano in una rete di spazi aperti, cuciti insieme da un unico grande asse pedonale in continuità con la città, lungo il quale vi sono gli spazi di distribuzione, ma anche di incontro e di relazione, volti a incoraggiare lo scambio tra gli studenti, i professori e gli abitanti. Il grande asse conduce al *Gymnasium*, pensato come uno spazio ipostilo definito da una grande copertura leggera, un *flying carpet* energetico attivo e passivo insieme: genera energia proteggendo dal sole diretto. Come un ideale prolungamento della strada, tutto il piano terra è permeabile: il recinto militare della ex caserma viene progressivamente dissolto, trasformando l'ateneo in un motore di sviluppo urbano, manifestando quella coevoluzione continua tra università e città, per la quale l'università ha sempre più bisogno della città e viceversa.
(076)

II

Common < > Public

Dialogo con Michel Desvigne

MD   Michel Desvigne
PB   Paolo Brescia
TP   Tommaso Principi

PB   Vorremmo iniziare dall'idea di spazio aperto nell'era contemporanea. Il concetto di *parco* è un'invenzione del XIX secolo, sostanzialmente per compensare l'alta densità delle grandi città. Il parco era inizialmente inteso come oasi di natura in contrapposizione alla città.

Il parco urbano contemporaneo, invece, assume il ruolo di attrattore, punto nodale della vita urbana con nuovi motivi di frequentazione, d'incontro, di scambio, quasi più urbano della città stessa. Spazio aperto, quindi, che non si pone in antitesi all'urbano, ma che, anzi, diventa l'ode alla città. Del resto, quando abbiamo lavorato insieme al progetto del Parco Centrale di Prato[1], tu hai sempre detto che quei tre ettari liberati dalla demolizione del vecchio ospedale non potevano essere considerati un vuoto, ma in continuità con la struttura urbana. Lavorando con te abbiano capito quanto lo spazio aperto contemporaneo assurga a luogo super-urbano, dove può esserci e avvenire tutto il pensabile, forse ancor più che in città.

MD   Voi avete una certa distanza dal *métier*. Non siete paesaggisti e dunque vi ponete domande che mi sorprendono e che mi obbligano a riflettere, e questo mi piace. Da lungo tempo in Europa le amministrazioni delle città sono frazionate: il dipartimento che si occupa del verde è separato da quello incaricato della viabilità, cioè di strade e piazze. E questo spiega già molto del problema: secondo questa logica uno spazio o è un parco o è una strada, non ci sono sfumature. Questa distinzione ha storicamente prodotto, nelle città europee, delle caricature del parco ottocentesco pseudo-naturalista. In America la situazione è diversa: nei campus universitari, ad esempio, è stata inventata una tipologia intermedia. Abbiamo tutti in mente Harvard, con i suoi prati, alberi e percorsi a zig-zag, con una presenza umana continua: questi sono davvero spazi pubblici urbani, ma possiamo dire che costituiscono una tipologia intermedia, sono piazza e giardino insieme. E questo mi interessa molto.

È da vent'anni che con il mio lavoro cerco di proporre delle tipologie intermedie. Confesso che tra gli architetti c'è spesso invece una specie di automatismo che li spinge a lavorare solo con la tipologia della piazza. Eppure non sempre funziona, soprattutto nei quartieri di nuova formazione, dove la piazza rimane disperatamente vuota. Eppure anche il giardino da solo sarebbe insufficiente perché non accoglierebbe le attività che ci si aspetta. E allora vale la pena di incoraggiare la ricerca di tipologie intermedie, come stiamo proponendo insieme a Prato: luoghi definiti dal disegno della città, ma anche dalla presenza della natura.

D'altronde lavoriamo sempre su luoghi urbani in trasformazione: *brownfield* ex industriali, commerciali e portuali sempre più in disuso, che diventano serbatoi di città. Qui nascono gli spazi pubblici del futuro. In questi progetti di trasformazione il tempo è importante: si parla di decenni, e noi dobbiamo accompagnare questi cambiamenti con gli spazi pubblici. L'idea di processo è quindi fondamentale, e la definizione di questi luoghi ha a che fare con il divenire di un pezzo di città. È quello che succederà a Prato: le tracce urbane accumulate con il tempo permangono nella trasformazione dello spazio pubblico.

È anche il caso di quelle che io chiamo *préfiguration*. La riqualificazione dell'Île Seguin, che abbiamo sviluppato con Jean Nouvel dove un tempo c'era lo stabilimento Renault, prevedeva la costruzione di uno spazio pubblico, con un cantiere della durata di dieci anni. In questo arco di tempo abbiamo creato un *giardino di prefigurazione* che lavorava con le tracce della storia, invitando il pubblico alla scoperta di questo luogo e del suo passato. Sono proprio queste prefigurazioni che attivano la trasformazione dell'immagine mentale che ci si costruisce dei luoghi, e quindi anche del loro uso. L'introduzione della vegetazione in questo sito è stata oggetto di molte riflessioni. Ci si può chiedere quale sia il senso profondo di immettere la natura in uno spazio pubblico in trasformazione. Come giustamente sottolinei nella tua domanda, si tratta di un processo ben diverso dalla creazione dei parchi naturalistici ottocenteschi: stiamo parlando della trasformazione di uno spazio pubblico nel tessuto urbano. Sull'Île Seguin volevo rifiutare lo sguardo romantico che racconta di una "buona" natura che riconquista la "cattiva" città industriale: è un cliché insensato. Quello che mi interessava era "abitare" lo zoccolo esistente, il basamento in cemento che conservava la memoria dell'industria nella città. Dunque, abbiamo riempito i grandi bacini industriali con la vegetazione, la quale, proprio per la sua temporaneità, era importante perché non si poneva come una "riconquista", ma come una realtà effimera.

Un altro progetto che lavora con le tracce della memoria è l'università a Esch-sur-Alzette in Lussemburgo, costruita in un'ex fornace siderurgica, di cui abbiamo disegnato gli spazi pubblici. Anche qui sarebbe stato naïf imporre il romanticismo della natura salvifica che si oppone all'industria. Abbiamo deciso invece di creare delle piccole foreste urbane con un suolo minerale composto da una pavimentazione di mattoni in terracotta.

Abbiamo voluto inoltre evocare il complesso sistema di circolazione dell'acqua che veniva usato per raffreddare la vecchia fornace, introducendo grandi vasche nelle quali cresce una vegetazione acquatica. Per gli studenti della Cité des Sciences non pensavamo tanto a un luogo bucolico, quanto a un luogo eccitante, con un carattere che restituisse il pathos dell'industria, della costruzione, con un angolo di vegetazione, ma soprattutto mettendo in evidenza il suolo. I mattoni non costituiscono un rivestimento, ma piuttosto una geografia: per questo sono posati annegati direttamente nella sabbia, una tecnica simile a quella utilizzata per la pavimentazione storica di Siena.

Il suolo è fondamentale anche nel progetto di riqualificazione del porto di Marsiglia che abbiamo realizzato con Norman Foster. Si tratta di un progetto a grande scala, che non riguarda solo il porto, ma anche una catena di spazi pubblici nel centro della città. Nel ripensare il vecchio porto io non vedevo alberi. D'altronde, in tutto il porto esistente abbiamo trovato solo un vecchio fico, tenuto in vita dalle perdite d'acqua di un bagno pubblico, che ovviamente abbiamo tenuto. Per il resto, abbiamo deciso di non piantumare nessun albero nell'area del porto vecchio: sarebbe stato troppo "manierato" pensare di rendere quell'enorme spazio – che ha la struttura geografica di una cava di pietra – un semplice parco. L'ho sempre visto come uno spazio assolutamente minerale: bianco, caldo, luminoso. Chi arriva al porto di Marsiglia è colpito dalla luce abbagliante, dal caldo torrido: è bellissimo così. Poiché il progetto comprende non solo il porto, ma una rete di spazi pubblici nella città, abbiamo proposto un sistema di parchi su grande scala, della stessa lunghezza del porto. E allora, per tornare alla tua domanda: a Marsiglia dov'è il parco? Il parco non è quello ottocentesco, ma è la catena dei parchi, è un pezzo di geografia che si insinua nel porto, è una "geografia amplificata".

Dunque, per riassumere: innanzitutto, siamo stupidamente condizionati dalle strutture amministrative, confini da cui si può uscire. Poi il cliché della natura in città non è un'evidenza, e dunque per me deve veramente far parte del tessuto urbano. Infine, ho accennato al tema del suolo, che riveste un'importanza fondamentale per me. Sono affascinato dalla città di Milano: penso alle grandi lastre di granito annegate nella sabbia come a una parte del patrimonio della città. Mi piace il fatto che le pietre rimangano, che la gente le accetti, anche se non sono certo comode… Questo tipo di terreno non è un rivestimento, ma un suolo geologico, una geografia.

PB   Ascoltandoti sembrerebbe che la comune nozione di "parco" sia insufficiente per esprimere ciò che stai descrivendo. Il parco mi rimanda a uno spazio disciplinato da una serie di regole (e divieti), spesso recintato, in cui ci sono orari e codici comportamentali. È ancora un mondo ottocentesco. Non trovi, invece, che la nozione di "giardino", benché più romantica e forse un po' alla buona, portando con sé l'idea di rituale, di pratica, di coltivazione, di manutenzione, di giardinaggio appunto, cioè di "aver cura", sia più adatta a rappresentare le basi concettuali della *res publica*, del bene comune, insomma dello spazio pubblico?

MD   Il mestiere di architetto-paesaggista è recente: nella cultura postbellica rinasce con architetti come Michel Corajoud. Per la nostra generazione il giardino era un tabù: perché era esattamente quello che ci si aspettava da noi. L'architetto-paesaggista era chiamato a progettare il "giardino carino", il piccolo pezzo di natura in città, con la recinzione e la panca: un oggetto. Non era portatore di una visione urbana. Esattamente come per voi l'architettura vista come oggetto è terribile, perché nega la visione della città. Pensiamo al lavoro di Renzo Piano: se qualcuno gli commissiona un edificio, ancora oggi, lui disegna il quartiere, non riesce a fare a meno di collocare il singolo edificio all'interno di una prospettiva urbana o paesaggistica. Quasi simmetricamente, per me il semplice giardino era vietato. Per quelli della mia generazione, spinti dal desiderio di partecipare alla trasformazione della città e del suo territorio, i giardini erano visti come una cosa borghese, leggera. Per questo ho sempre ammirato e sono stato influenzato dai sistemi dei grandi parchi americani, che seguono elementi geologici, per esempio i fiumi. Come il Riverside Park di Manhattan o il Central Park di Olmsted. Mi affascina il modo in cui in America abbiano saputo dare intensità e importanza alla geografia naturale, che diventa struttura territoriale. L'archetipo assoluto del mio lavoro è la griglia ortogonale di Thomas Jefferson. Nei grandi progetti sul territorio ho sempre cercato di pensare alla geografia naturale come un *framework* per la città. Naturalmente lavoriamo in un contesto storico diverso da quello di Olmsted: lui costruiva città, noi trasformiamo luoghi. Per cui, per molto tempo, giardini niente, tabù! Ora, però, l'interesse per la trasformazione del territorio non mi impedisce di pensare ai giardini. Come hai detto, il giardino è legato a una pratica. Quando penso al giardino, mi viene in mente quello dell'antico Egitto, o quello romano, che in francese chiamiamo *jardin vivrier*, dove sono concentrate le materie essenziali dell'alimentazione: gli ortaggi, i pesci nelle vasche d'acqua, gli alberi da frutta... È anche un luogo di grande lavoro: la terra va dissodata, fertilizzata, irrigata, gli ortaggi vanno ripiantati ogni anno, gli alberi da frutta vengono sfruttati. È un giardino in cui si mettono in atto delle pratiche. Per me il giardino è il luogo del fare. Devo ammettere che in questo periodo sono affascinato dai giardini. Durante il lockdown ho fantasticato su quello che potrebbe essere per me il giardino ideale: un piccolo universo in cui è possibile vivere in autonomia, con queste "pratiche".

PB　Queste tue parole sul giardino mi fanno venire in mente un passaggio di *Collezione di sabbia*[2], in cui Italo Calvino fa una paradigmatica descrizione del giardino di Katsura, sottolineando come i sentieri siano composti da 1716 pietre, che impongono 1716 passi, 1716 punti di vista: "ogni pietra corrisponde a un passo, e a ogni passo corrisponde un paesaggio. E di passo in passo lo sguardo incontra prospettive diverse…". [2]
Ma cosa succede se accostiamo all'occhio strutturalista del Calvino degli anni '70 lo sguardo vitalistico del XXI secolo? Scopriremo probabilmente che è cambiata l'idea di movimento: da una concezione "energetica" del movimento, inteso come applicazione di una forza su un punto di origine o di appoggio, a una interpretazione più "rizomatica" di movimento, inteso come inserimento dentro un flusso energetico preesistente. Pensiamo

per esempio agli sport contemporanei (il surf, il deltaplano, la vela…), che presuppongono l'immissione su un'onda preesistente, in cui collocarsi *dentro*, opponendo meno resistenza possibile, e non tanto essere all'origine di uno sforzo.
In pratica: il giardino "discreto" di Calvino *versus* il giardino "continuo" contemporaneo. Oppure, se vogliamo un'interpretazione alla Gilles Deleuze come ci suggerisce Pierluigi Nicolin ne "I due giardini"[3], un nuovo campo di immanenza articolato da un linguaggio eterogeneo, in cui sentirsi parte di un tutto. Può essere una chiave di lettura del paesaggio contemporaneo?

MD　Provo a rispondere alla tua domanda con il concetto di scale diverse per lo stesso fenomeno. Vorrei portare l'esempio del progetto che abbiamo fatto con KPF a Ōtemachi, a Tokyo. Ōtemachi è un quartiere finanziario con edifici molto alti, adiacente al Palazzo Imperiale e ai suoi grandi giardini. Recentemente il piano regolatore ha permesso di aumentare la densità abitativa, a condizione di inserire nel contesto urbano un appezzamento di foresta primaria. All'inizio non capivo cosa volesse dire, ma poi ho appreso che negli anni '80 l'Imperatore del Giappone, intuendo che la città di Tokyo avrebbe assunto una dimensione gigantesca a discapito delle antiche foreste, ha deciso di portare un pezzo di queste foreste primarie nei giardini del Palazzo Imperiale. Hanno letteralmente trasferito tutto quello che era possibile smuovere – alberi, terra, radici, microorganismi – ripiantandolo nei giardini del palazzo. Qualunque progetto venga sviluppato oggi a Ōtemachi deve fare lo stesso: riprodurre l'ambiente naturale della foresta primaria che un tempo circondava Tokyo. Quindi anche noi, dovendo prevedere la demolizione e ricostruzione di una torre a Ōtemachi, abbiamo dovuto piantumare quasi un ettaro di foresta. Siccome per il progetto occorrevano anni, abbiamo deciso, lavorando con gli esperti botanici dei giardini imperiali, di sfruttare i tempi lunghi del progetto pre-coltivando questa piccola foresta in montagna, fuori Tokyo, pre-figurando l'intero giardino, con ogni albero sistemato al suo posto secondo la pianta definitiva. Poi abbiamo trasferito tutto nel centro di Ōtemachi in un giorno: ai piedi di questa nuova torre vicina al Palazzo Imperiale c'è la nostra foresta primaria. Cosa significa questo? Significa che il piccolo spazio pubblico su cui abbiamo lavorato è in relazione con i grandi giardini imperiali, che a loro volta sono in relazione con il paesaggio intorno: può sembrare un'osservazione puramente teorica, ma in fondo non lo è, perché stiamo parlando di materia concreta. Infatti, dal punto di vista ecologico, possiamo dire che queste foreste costituiscono dei "passi giapponesi", per riprendere la tua metafora di Calvino, su un'altra scala: quella biologica, di esseri viventi – insetti, uccelli, uomini... – che circolano da un giardino all'altro. D'altronde, i giardini giapponesi rivelano una profonda consapevolezza del territorio: pensiamo a Kyoto, dove in genere i giardini appartengono a una rete di monasteri, collegati da sentieri, e dove la grande scala del territorio viene evocata all'interno dei giardini stessi. Nel giardino giapponese coesistono scale di grandezza simultanee: si osserva un paesaggio in miniatura e, al di sopra del muro, si scorge il paesaggio vero.

Un altro progetto che ci permette di parlare di scale, che sono una parte della risposta alla tua domanda, è quello di Saclay, vicino a Parigi, su cui stiamo lavorando da molti anni con l'urbanista belga Xaveer de Geyter, con un incarico relativo a grandi spazi pubblici anche all'interno della struttura urbana. All'inizio ero limitato dalla mia predilezione per la geografia amplificata: volevo dare maggiore ampiezza ai boschi preesistenti, ma non trovavo altre prospettive. Qualche anno dopo ci siamo accorti che era necessario aggiungere una struttura al territorio, una spina dorsale. Gli urbanisti hanno quindi progettato dei quartieri più compatti uniti da un sistema di parchi lungo sette chilometri, ma ho capito che questo non bastava: occorreva una scala più piccola di spazi pubblici veri e propri. Dopo trent'anni di lavoro, ho compreso come non ci sia un rapporto omotetico tra le diverse scale del paesaggio: ciò che ha senso alla scala del territorio non funziona automaticamente alla scala del sistema di parchi, o alla scala dello spazio pubblico. Sono relazioni quasi indipendenti. Non è il grande che si fa piccolo, o viceversa; sono scale diverse, che presuppongono attenzioni, precisioni e scritture diverse. Esiste comunque una qualche relazione reciproca tra le diverse scale del paesaggio. Per esempio: ci incontriamo nello spazio pubblico, camminiamo all'interno del sistema di parchi per raggiungere l'università e poi prendiamo la metropolitana nella geografia amplificata del territorio per tornare a casa. Il paesaggio deve quindi avere una coerenza in tutte le sue scale: quest'ultima esprime una certa permanenza del territorio. Accetto l'idea che un edificio possa avere una vita ridotta, o che una panchina debba essere sostituita ogni dieci anni, ma non posso assumere che la geografia di un territorio cambi radicalmente. Quando vivevo a Villa Medici, a Roma, ero affascinato dal pensiero che il pavimento del mio studio al Muro Torto avesse duemila anni. Ero sedotto dalla percezione che quel suolo fosse sempre stato lì. L'idea che il disegno sia fatto dalla trasformazione permanente delle tracce, del preesistente, anzi, del persistente, è fantastica. Come stiamo facendo insieme a Prato.

TP   Passiamo ora a un argomento più propriamente urbano. Ci interessa molto il tuo concetto di *lisière*, bordo, confine: è un concetto che hai cominciato a definire nel momento in cui studiavi il passaggio tra lo spazio urbano e lo spazio agricolo. Non si tratta semplicemente di un parco, ma di un sistema articolato composto di orti, serre, specchi d'acqua... Pensi che questo sistema possa ridefinire le connessioni tra il mondo agricolo e il mondo urbano, per prevenire l'*urban sprawl* delle città diffuse?

MD   Oggi osserviamo i danni perpetrati dall'*urban sprawl* dal dopoguerra in poi, specialmente in Francia, dove l'idea che ognuno dovesse essere proprietario della propria casa ha prodotto danni irreparabili: quasi la metà della popolazione francese vive in piccoli *pavillon* fuori città, lontano dai negozi, dalle scuole e dagli uffici. È un problema serio, tipico delle società complesse. In Francia abbiamo da un lato le metropoli con una visione urbanistica a lungo termine di trasformazione delle zone industriali e commerciali, e dall'altro la città diffusa caratterizzata dall'*urban sprawl* che rimane una bomba sociale: basta pensare ai *gilet jaune*. Quando queste aree sono state costruite, per fortuna, c'erano già norme e limiti precisi che regolavano il rapporto tra città e campagna. Ma il risultato è la totale assenza di spazio pubblico e collettivo: è una somma di piccoli oggetti privati, privi di una dimensione collettiva, in cui manca totalmente l'orgoglio di appartenere a qualcosa di più grande.

Occorre trovare delle soluzioni. Non parlo solo di soluzioni politiche, ma anche degli strumenti che abbiamo come architetti e paesaggisti. L'idea della *lisière* non può essere applicata alle infrastrutture o al tessuto abitato, ormai troppo consolidati e troppo onerosi da trasformare. Dove possiamo operare con maggior effetto è lungo i margini, tra mondo agricolo e mondo urbano, creando una nuova scala intermedia. Lo *sprawl* si è diffuso con l'industrializzazione dell'agricoltura, con la formazione di appezzamenti di terreno giganteschi necessari alla meccanizzazione. Il risultato è che non c'è più nessuna relazione tra campagna e città. Trasformando, invece, le pratiche agricole lungo i confini della città, allora è possibile creare una scala intermedia, uno spazio pubblico alla scala corretta. Ma non necessariamente la piazza: quante nuove piazze inutilmente vuote vediamo in periferia! Questa campagna addomesticata e fruibile può invece diventare il nuovo spazio pubblico. Ci sono abitazioni, scuole, percorsi pedonali, aree sportive, frutteti collettivi, orti urbani... È un paesaggio intermedio, con funzioni urbane e dispositivi ambientali, come la gestione dell'acqua piovana, i bacini di fitodepurazione, la produzione di biomasse... Stiamo applicando questa visione a Saclay, un grande campus di scienze dell'ingegneria che è diventato un laboratorio fantastico.

Ci sono i bacini per raccogliere l'acqua piovana, tutte le compensazioni ecologiche da attuare quando si costruisce un nuovo quartiere per l'impatto sull'ambiente, aree sperimentali per le scuole, spazi pubblici, piccole zone dedicate all'agricoltura.

Così si costruisce evitando la sindrome da edilizia popolare, quella che abbiamo coltivato in Francia negli anni '70, costruendo enormi edifici accanto a campi deserti. Sono convinto che questo potrebbe addirittura diventare un progetto sociale: lavorando al Grand Paris, la metropoli che riunisce Parigi con i suoi 130 comuni circostanti, abbiamo individuato centinaia di chilometri di *lisière* su cui intervenire.

PB Per noi questa idea di bordo è quasi un manifesto: la tua urgenza di concepire un progetto su scala geografica per ridefinire il limite tra mondo agricolo e periurbano per noi è l'occasione di affermare che occorre ripartire dal bordo, cioè dalla periferia. Il "bordo spesso" che proponi ci ricorda la distinzione ecologica di Stephen Jay Gould tra due tipi di margini, il "confine" e il "bordo": il confine sarebbe un margine chiuso che permette alle specie di preservarsi senza contaminarsi, mentre il bordo sarebbe un margine poroso dove interagiscono gruppi diversi e proliferano gli scambi. Il confine (con-fine) sancisce una fine, mentre il bordo mette in relazione. Se invece pensassimo al bordo come "limite" nel senso classico di *limes*, ovvero come l'inizio – e non la fine – di qualcosa, potremmo individuare un possibile approccio per valorizzare lo scambio tra mondo urbano e mondo agricolo a partire dalla periferia, cioè dal bordo spesso della città.

MD In una seconda vita vorrei essere geografo. Mi rendo conto che è difficilissimo *vedere* la realtà: la nostra costruzione mentale del reale, infatti, ci rende spesso ciechi. Qual è la periferia rispetto alla città? Oggi diremmo che è quasi l'80%. Pensiamo a Parigi, per esempio: la città è di due milioni di abitanti, ma il suo intorno urbano di recente formazione è di dieci milioni. Siamo talmente abbagliati dal centro, che quasi non pensiamo alla periferia. Per cui, quando dici che è su questo "limite" che la città inizia, hai ragione: è lì che dovremmo lavorare.

Vorrei raccontarvi un aneddoto legato al lockdown per Covid. Da un anno vivo sull'Île Saint-Louis, a Parigi, sulla Senna. Durante il lockdown il lungofiume era ovviamente deserto. Ai miei occhi, senza una scala umana, era diventato un paesaggio senza limiti. Finito il lockdown, tutto si è rapidamente ripopolato. Il fatto che la gente ci ritorni così facilmente fa capire che lo spazio pubblico non richiede tanta programmazione. Dopo il lockdown la gente era felice di essere all'aperto, insieme, ritrovandosi lungo il fiume. Devo dire che in quei giorni ho fatto una cosa che non avevo mai fatto nei vent'anni che ho vissuto a Parigi, ossia prendere la mia bicicletta e seguire il fiume controcorrente per cinquanta chilometri, e, attraversando l'Île-de-France, ho capito che, però, il lungofiume non è sempre visto come uno spazio pubblico, ma come il *backyard* dei posti più desolati della periferia.

A Parigi sono stati fatti progressi: la sindaca Anne Hidalgo ha eliminato il traffico automobilistico a favore dello spazio pubblico, ma siamo ancora lontano dal sistema dei parchi "geologici" americani o dalla "geografia amplificata" di cui parlavamo prima. Secondo me è un progetto che dovrebbe essere messo in cantiere immediatamente: dare spazio al paesaggio per decine di chilometri del lungofiume può generare un sistema di parchi e una potenziale *lisière*.

Serve una visione geografica e un interesse per lo spazio pubblico. In questo modo il retro può diventare un nuovo fronte. È ciò che abbiamo fatto con Christian de Portzamparc per il Louvre a Lens: abbiamo rovesciato la città ri-iniziando dal retro.

TP A Milano abbiamo una situazione che è esattamente l'inverso, ma che comunque non funziona. La pista ciclabile che parte dal centro della città e si snoda lungo il Naviglio della Martesana, per esempio, incrocia una serie di piccoli centri urbani, come Cernusco sul Naviglio o Gorgonzola, che hanno effettivamente il fronte principale sul Naviglio. Purtroppo, però, arrivandoci in auto, non ne apprezzi più l'aspetto storico e naturalistico. Questo perché il Naviglio non è più il sistema di trasporto di uomini e merci, e l'autostrada ha rovesciato il meccanismo.

Ma, tornando a parlare della tua poetica e in particolare di come ti relazioni con la dimensione vivente del paesaggio, mi viene in mente quando ci siamo conosciuti, a Parigi, nel 2002. Tra le tante cose di cui abbiamo parlato in quel *café* di fronte al Centre Pompidou, mi ricordo che del tuo periodo di collaborazione con Renzo Piano ci dicesti che ciò che avevi portato con te, nella tua esperienza, era l'idea che un progetto è un *processo* che non è mai finito, che va accompagnato e accudito anche dopo la sua realizzazione. Nel nostro caso, il progetto di architettura si costruisce, ma nel tuo, il progetto di paesaggio si *fa* col tempo, e con il tempo muta. È un perenne divenire.

MD È chiaro che lavorare con la vegetazione, ossia con elementi vivi, introduce inevitabilmente il fattore tempo, necessario per vedere crescere le piante: un giardino appena realizzato è diverso da un giardino con un passato alle spalle. L'aspetto "organico" è indiscutibile quando si tratta di materia viva, ma questa dimensione è operante anche nei processi: se esiste questa consapevolezza del tempo che agisce sulla crescita di un luogo, diventa impossibile progettare tutto in un unico passaggio. Dobbiamo concepire il progetto tenendo conto della dimensione temporale: dunque non un disegno finito, ma aperto e adattabile.

Per chiarire: se si fa un giardino dove gli alberi cresceranno, bisognerà tenere conto di questa crescita. Dobbiamo procedere per strati, dalla topografia, alla vegetazione: il progetto non è un'immagine fissa, ma un processo. Anche la città non è fissa, ma è in costante divenire. E questo vale per i territori e gli edifici: la dimensione "organica" è pervasiva. Dobbiamo quindi avere più interesse nella consapevolezza della trasformazione che nella permanenza. Si potrebbe pensare che sia frustrante perdere il controllo totale del processo, ma per me è quasi più stimolante il piacere dell'osservazione, dell'imprevisto, che diventa la consapevolezza che non si può controllare tutto. Allo stesso tempo, c'è un paradosso: la topografia – come la geografia – conserva anche una certa permanenza: l'orientamento del sole, l'acqua che segue la pendenza, il basso e l'alto, il sud e il nord. Questi sono elementi assoluti che mantengono una certa stabilità nel processo di trasformazione. Come ho detto, non sopporterei una città in cui non esistesse una permanenza.

Dunque, i progetti di paesaggio sono processi dalla doppia dimensione, di trasformazione e permanenza insieme, che significa lavorare sulle invarianti, ma anche lasciare spazio alle variabili, accettando evoluzioni non lineari, imprevedibili, mutevoli.

TP   In Islanda, Roni Horn ha lavorato proprio sul senso di stratificazione del tempo, come si può vedere nelle sue immagini di geologia, gli "affioramenti" …

MD   Sì, io credo che per osservare il territorio sia necessaria una certa sensibilità. Ogni sito dispensa una specifica magia. C'è qualcosa che non ha a che vedere con il ragionamento, ma con la sensibilità di sentire la scala, di intuire le proporzioni, di capire di cosa si tratta. Percepire le radici e i caratteri elementari di un territorio richiede questa sensibilità: sono cose un po' tabù nella teoria del nostro lavoro. Invece è fondamentale e richiede attenzione e allenamento. Il progetto potrà essere più o meno bello, ma un bel disegno nella scala sbagliata è semplicemente stupido. Può essere fotogenico, ma per me non ha nessun valore.

TP   Trovo molto interessante l'accostamento che fai del tuo processo progettuale con la pittura e la scultura. Alberi, erba, acqua, pavimentazioni sono gli elementi che, differentemente declinati, generano infiniti paesaggi. Ricerca della leggerezza, definizione esatta della scala e rinuncia della compiutezza ci sembrano alcuni dei presupposti con cui declini gli elementi nei tuoi progetti. Ci sono altri principi portanti?

MD   Il fatto che ci siano pochi elementi ma con infinite possibilità combinatorie è un aspetto presente anche negli ambienti viventi, nei quali gli elementi ricorrenti si ricompongono all'infinito. Quindi, se parliamo del paesaggio, alla fine capiamo che è realizzabile con poco e che, proprio per questo, è ancora più importante il progetto, che alla fine è un disegno. I nostri disegni non sono come quelli degli architetti. Non esistono il pieno o il vuoto; noi abbiamo una materia più complessa, con una porosità e una densità variabile, anche se si tratta sempre di spazio e di proporzioni, che sono le variabili che mi interessano di più. Nell'architettura, ma anche nel paesaggio, ci sono spazi che per le loro proporzioni provocano un piacere fisico o un'emozione particolare. Alla fine è semplicemente la bellezza… è difficile parlarne. Discutendone con un amico filosofo di estetica, Gilles Tiberghien, ho rilevato che è un tabù, un po' come la sensibilità di cui parlavamo prima. Ci sono spazi in cui c'è qualcosa, e altri in cui quel qualcosa non c'è. Quando riconosci quel *quid*, il piacere è immenso. Abbiamo appena finito un progetto a Le Havre, che è un porto ricostruito da Auguste Perret. Perret aveva uno straordinario controllo delle proporzioni; la bellezza della città che ha ricostruito è legata proprio a questo suo perfetto senso delle proporzioni. Il nostro intervento è una banchina: un chilometro quadrato di erba, asfalto e cemento. Abbiamo lavorato otto anni su questo progetto e sono molto soddisfatto del risultato: ogni elemento è in un rapporto di scala con il porto, il mare e la città. La proporzione è giusta, il disegno è preciso. Io continuo a esercitarmi per capire le dimensioni: cerco di capire quanto sia lontana una montagna, quanto sia alto un edificio, quanto sia largo un fiume, o distante l'altra costa di un lago. È un esercizio permanente di misurazione. Utilizzo questa biblioteca di riferimenti per capire che spazio verrà prodotto in un progetto, facendo dei paragoni. È un allenamento permanente dell'occhio. Ormai con i computer e la fotografia rischiamo di perdere questo sguardo. In ufficio, per esempio, abbiamo sviluppato un automatismo: utilizziamo sistematicamente Google Earth per paragonare il progetto che stiamo sviluppando con le piazze di dimensioni simili. Si hanno delle indicazioni, che però non corrispondono alla percezione fisica dello spazio e per questo torno sempre nei luoghi, per eseguire a mano i disegni e riprendere il controllo della percezione. Questa consapevolezza e questo controllo delle proporzioni sono alla fine quello che determina la bellezza. Renzo Piano ora parla molto della bellezza: non in modo commerciale, ma con pudore e onestà, e penso che sia un insegnamento importante.

Se penso poi al progetto che stiamo sviluppando insieme per il Parco Centrale di Prato, sappiamo entrambi che ci sarà ancora da lavorare sulle proporzioni: abbiamo pensato a un sistema di "stanze" seguendo le tracce urbane, e questo funziona, ma dovremo verificare sul posto le proporzioni. In Svizzera, per esempio, prima di edificare una nuova costruzione è obbligatorio disporre sul sedime del futuro edificio dei pali che rappresentino il volume finale, una specie di fantasma volumetrico che permette a tutti di avere piena consapevolezza dell'impatto visivo, ed eventualmente di opporsi al progetto. Poter osservare in anticipo una simulazione reale del volume da edificare è fondamentale. È quello che vorrei fare insieme a voi a Prato, come quando nel XVIII secolo in Inghilterra si disegnavano i giardini pittoreschi, simulando sul posto il progetto utilizzando pali e tessuti per percepirne la spazialità. Disegnare il progetto in scala 1:1, direttamente sul terreno, sarebbe una buona pratica anche per noi. Spesso lavoriamo troppo in astratto. Abbiamo bisogno del reale. Per questo sono interessato alla relazione tra la realtà e la sua rappresentazione. Per controllare l'emozione spaziale.

PB   Quello che dici introduce un tema molto importante per noi architetti: quello tra la visione e la sua rappresentazione. Quando cominciamo un nuovo progetto, ci riuniamo intorno allo stesso tavolo e insieme cominciamo a elaborare una certa visione. Essendo un processo collettivo dialogico basato sull'ascolto reciproco, i risultati sono in genere più interessanti delle aspettative individuali iniziali. Poi, quando si tratta di rappresentare quella data visione, cominciamo a registrare una certa distanza tra quello che vuoi dire e come lo dici, ovvero tra il *cosa* e il *come*. Siamo ancora troppo legati a un vocabolario canonico della rappresentazione dell'architettura che ormai non è più in grado di rappresentare la realtà, specie se la realtà che indaghi è quella che verrà.
Ciò che cerchiamo è la coincidenza tra la visione e la sua rappresentazione, un po' come farebbe un artista, che la *pensa* e la *fa*. Per questo, noi diciamo che l'architetto deve essere un esperto di realtà, che non è solo quella che è, ma quella che sarà. In questo modo, l'architettura sarà "già lì da sempre": un'architettura che appartiene al nostro tempo, ma che è percepita come se ci fosse sempre stata, sovrapponendo il presente al passato e al futuro.

MD   A me sembra che tutte le rappresentazioni siano sbagliate, ma necessarie: i modelli, le prospettive, le piante, le sezioni... Serve tutto, ma dobbiamo incrociare questi strumenti e, insisto, dobbiamo trovare il modo di lavorare di più sul sito reale. Dobbiamo lavorare con flessibilità, perché

ogni sito presenta delle sorprese. Per come è organizzato oggi il mondo, mantenere un certo grado di flessibilità non è scontato. Certo, c'è una maggiore efficienza, forse data dal digitale o dal nostro pensiero, che è sì più organizzato, ma anche più cristallizzato.

PB   Qualche anno fa abbiamo partecipato a un concorso per un complesso residenziale a Milanofiori[4], il cui obiettivo era creare il senso dell'abitare in un ambito che all'epoca non era ancora urbano, nella periferia sud di Milano. La nostra scelta fu di recuperare il senso dell'abitare dalla specificità di quel luogo particolare, caratterizzato da un boschetto che per noi rappresentava il paradigma di quell'area indefinita tra città e campagna. Pensammo quindi di creare una simbiosi tra l'architettura e quel paesaggio specifico, affinché dalla sintesi degli elementi artificiali e naturali si generasse la qualità dell'abitare e il senso di appartenenza per gli abitanti. Il campo di applicazione di questa sintesi è la facciata, pensata come spazio di interscambio pubblico-privato. In pratica, la facciata non funziona più come un semplice involucro, ma assume una terza dimensione (la profondità) diventando uno spazio di transizione tra dentro e fuori, in cui includere frammenti di paesaggio all'interno, ma anche estendere nuovi modi di abitare all'esterno. In altre parole, non è più un *layer* verticale bidimensionale, ma un *buffer* che si dilata fino a diventare uno spazio tridimensionale da abitare. Oggi possiamo dire che quella facciata è diventata uno spazio vivo, vissuto, in cui ci sono i giardini d'inverno, ma anche ambienti abitati, che stimola il senso dell'aver cura, che poi è il significato profondo dell'abitare. Il che ci riporta a quanto dicevi a proposito delle *pratiche* che avvengono nel giardino. Il senso dell'abitare concepito come aver cura, simile a quello che tu teorizzi per il paesaggio, potrebbe forse essere applicabile non solo all'abitazione o al giardino, ma addirittura alla città, se pensi al *common ground*. Devo dirti che abbiamo cominciato a formulare queste ipotesi dopo averti conosciuto, assimilando l'*aver cura* come attitudine verso il paesaggio.

MD   Il concetto che racconti, della facciata come uno *spazio* tra l'interno e l'esterno per me è fondamentale, e credo che a oggi non sia ancora sufficientemente affrontato. In molti progetti contemporanei troviamo un'incredibile povertà nel passaggio tra dentro e fuori, muri bucati senza alcuna transizione.
Il vostro concetto di *buffer* come dilatazione della facciata mi rimanda ad alcune architetture asiatiche, come quella giapponese, dove l'interazione tra pubblico-privato e tra esterno-interno è assicurata da una serie di soglie progressive tra il paesaggio

e l'architettura. La vostra idea di una facciata come "bordo spesso" dell'edificio mi piace. È un approccio che si può estendere alla città.

PB   Nel tempo abbiamo sviluppato un'idea di abitare che ha sempre più a che fare con un senso pratico, attivo, sostanziale, per cui cerchiamo di spostare il ragionamento dall'oggetto abitazione al soggetto che la abita. Il modo migliore per esprimere questo concetto credo sia stabilendo l'equazione secondo la quale l'abitante sta alla propria abitazione come il giardiniere sta al proprio giardino (Abitante : Abitazione = Giardiniere : Giardino). Così come il giardiniere è trattenuto *dentro* al proprio giardino (che, senza l'opera del giardiniere, non sarebbe che una sterpaglia), allo stesso modo l'abitante è chiamato a intervenire nella propria abitazione (che ha bisogno della cura da parte del proprio abitante, altrimenti non sarebbe la sua casa, ma una stanza d'albergo). Come vedi questa corrispondenza tra abitante e giardiniere, o tra abitazione e giardino?

MD   Credo che questo debba essere il cuore di un progresso nell'architettura. Ci sono ormai generazioni di architetti francesi affascinati dalla facciata, ma seguono solo le mode, limitandosi a soluzioni puramente stilistiche. Oggi il concetto di sostenibilità produce un nuovo accademismo, ma vedo poca generosità intellettuale verso il tema che stiamo trattando. Ci sono ammirevoli esempi nell'architettura degli anni '70 francese, come le architetture di Jean Renaudie, che proponeva grandi spazi aperti in continuità con la geografia e la topografia dei luoghi. A volte si può trovare un buon rapporto con l'esterno anche nell'architettura vernacolare, come nel Ticino, dove mi trovo adesso: qui ho trovato delle situazioni storiche interessanti in cui le generazioni che hanno abitato questi luoghi hanno progressivamente aggiunto un piccolo tetto, un cortile, una loggia, creando un rapporto sempre maggiore tra interno ed esterno, cosa che spesso manca nell'architettura contemporanea.

TP   Michel, vorremmo concludere questa conversazione partendo dalla riflessione secondo cui nell'era moderna abbiamo immaginato la Terra come uno spazio usufruibile dall'uomo per sfruttarne le risorse e trarne il massimo profitto, come se il suo utilizzo potesse durare in eterno. Ora, invece, sembra che la Terra si ribelli a questa situazione; vediamo lo scioglimento dei ghiacciai, fenomeni atmosferici violenti sempre più frequenti… Tu lavori con lo spazio vivente del paesaggio, quindi sei costretto a fare i conti con una realtà vivente *altra* rispetto all'uomo. Cosa fare?

MD   Sono quasi certo che, a partire dai miei maestri, come Michel Corajoud, ai miei colleghi,

abbiamo tutti lavorato e stiamo lavorando nella direzione giusta, che tiene sempre presente l'ambiente, senza necessariamente accodarsi al pessimismo catastrofista che predice la fine del mondo. Il piacere di vivere in una certa armonia con l'ambiente fa parte del nostro mestiere di paesaggisti, benché la realtà sia un po' diversa, e piena di contraddizioni. Per citare un piccolo aneddoto, ho ricevuto di recente un messaggio da Air France che mi annunciava che con i loro voli sono andato sulla Luna e tornato. È paradossale pensare che ho viaggiato così tanto per piantumare centinaia di migliaia di alberi! Spero che questo renda la mia impronta ecologica un po' meno disastrosa… Queste sono ovviamente battute, ma è chiaro che c'è una contraddizione di fondo: condivido totalmente il discorso sulla situazione ambientale e, quindi, lavoro nella giusta direzione, ma il mio modo di vivere, invece, è assurdo e totalmente incoerente. La sensazione di abitare il mondo è straordinaria e non dovremmo rinunciarvi, perché prima di tutto vuol dire incontrare culture diverse. Si sostiene che la globalizzazione impoverisca le culture: certamente è un rischio mostruoso, ma se si entra nelle specificità locali, come spesso facciamo noi architetti, può essere un valore.
Quindi, certamente dobbiamo migliorare i nostri comportamenti, ma senza rinunciare alle relazioni. Ho una grande fiducia nell'intelligenza cognitiva e nella creatività umana, che sarà capace di trovare nuove modalità di vita. Temo, invece, il pessimismo: la paura della catastrofe non è una guida. Abbiamo bisogno di invenzione e creatività volte a ripensare i nostri modi di vivere, adattandoli all'ambiente. Quando ho iniziato a insegnare a Harvard, più di venti anni fa, ho notato che i giovani avevano con l'ecologia un atteggiamento creativo perché non la consideravano un sistema di protezione, ma molto pragmaticamente una possibilità di sviluppo. Non avevano una visione ideologica, e neanche morale, ma creativa. Ora sta succedendo anche qui, perché abbiamo maturato una migliore relazione con l'ecologia, che è diventata parte dei nostri progetti. Credo che questa sia la chiave: non il divieto, non la morale, ma la creatività. Dunque, fare le cose bene, ma farle.

1. Parco Centrale, Prato, p. 134.

2. Italo Calvino, "I mille giardini", in *Collezione di sabbia*, Milano, Garzanti, 1984.

3. Pierluigi Nicolin, "I due giardini", in *Lotus International* n.88, Milano, Elemond, 1996.

4. Complesso Residenziale, Milanofiori, p. 16.

07 Area ex Fiera Genova

Project team (Waterfront di Levante):
Renzo Piano (donatore del masterplan),
RPBW, OBR, Starching, AG&P greenscape

OBR design team (Waterfront di Levante):
Paolo Brescia e Tommaso Principi,
Edoardo Allievi, Francesco Cascella,
Biancamaria Dall'Aglio, Paolo Fang,
Maddalena Felis, Giulia D'Angeli,
Chiara Gibertini, Luca Marcotullio,
Lorenzo Mellone, Silvia Pellizzari

OBR design manager:
Edoardo Allievi

Committente:
CDS Holding S.p.A., CDS Waterfront Genova S.r.l.

Project team (concorso Blueprint):
OBR, Baukuh, Arup, D'Appolonia,
Acquatecno, Oliviero Baccelli, Silvia Bassi,
Margherita Del Grosso, Michel Desvigne, HMO,
Mario Kaiser, Openfabric, Matteo Orlandi,
Giulia Poggi, Valter Scelsi, Studio Viziano

OBR design team (concorso Blueprint):
Paolo Brescia e Tommaso Principi,
Edoardo Allievi, Paola Berlanda,
Francesco Cascella, Riccardo De Vincenzo,
Paride Falcetti, Chiara Gibertini, Anna Graglia,
Zayneb Hassani, Nika Titova,
Edita Urbanaviciute, Giulia Zatti

Impresa:
CDS Costruzioni S.p.A.

Luogo:
Genova

Programma:
servizi pubblici, residenze, uffici, commercio,
arena sportiva, parco urbano, passeggiata
pubblica

Dimensioni:
area di intervento 122.000 mq
superficie costruita 113.000 mq

Cronologia:
2022 progetto esecutivo e inizio lavori
2021 progetto definitivo
2020 progetto preliminare
2020 piano urbanistico operativo
2016 concorso Blueprint

Il progetto dell'ex Fiera di Genova rappresenta per noi una delle esperienze più lunghe e complesse. La storia comincia nel 2013, quando un operatore privato ci ha chiesto di sviluppare uno studio di fattibilità per ripensare le volumetrie in disuso della Fiera di Genova all'ingresso del porto. Era chiaro fin da subito che eravamo in una delle aree in corso di dismissione più sensibili della città. Per questo motivo, ci è sembrato doveroso condividere una visione comune con Renzo Piano che, con le Colombiadi del 1992 e l'Affresco del 2004, aveva affrontato il tema della relazione città-porto, a partire dalla città (e non viceversa).

La decisione è stata quella di sviluppare insieme uno studio per riqualificare le aree retroportuali, con lo scopo di realizzare una forte urbanità di Genova sul mare, là dove l'accrescimento del porto del dopoguerra l'aveva indebolita, togliendo, anziché aggiungendo, e trasformando ciò che prima era il retro del porto in un nuovo fronte della città sul mare.

Così come la rigenerazione del Porto Antico del 1992 ha permesso al centro storico di recuperare il proprio affaccio al mare, lo studio prevedeva di risolvere la cesura tra città e mare grazie a un nuovo canale tra il Porto Antico e la Fiera. Anziché conquistare spazio al mare, si prevedeva un processo inverso, per il quale è l'acqua a ritornare dov'era lungo le mura storiche della città, creando l'isola del porto-fabbrica. Inoltre, agendo sul *brownfield* della Fiera, si immaginava di dimezzare la volumetria costruita dei padiglioni dismessi della Fiera, realizzando una nuova prominenza di Genova sul mare con funzioni pubbliche e private: un porto canale, un grande parco urbano, residenze, uffici, studentato, retail, hotel e il recupero del Palasport.

A seguito dell'alluvione di Genova del 2014, Renzo Piano decide di donare alla città la sua visione come apporto libero e gratuito per il futuro urbano, portuale, industriale e sociale di Genova: il Blueprint.

Nel 2016 viene bandito un concorso di idee, al quale partecipiamo formando un gruppo con Arup, Baukuh, D'Appolonia, HMO, Michel Desvigne Paysagiste, Openfabric, Mario Kaiser, Valter Scelsi, Oliviero Baccelli, Margherita del Grosso, Matteo Orlandi. La nostra proposta, redatta conformemente alla visione del Blueprint di Renzo Piano, partiva dai vuoti, ricercando la qualità dell'intervento in una profonda attenzione verso gli spazi aperti sul mare, ma anche verso le grandi coperture piane (tipicamente genovesi) da dove disvelare vedute sorprendenti sulla città: l'affaccio diventava sutura tra città e mare. La proposta prevedeva anche una grande piazza pubblica aperta sul mare – la Piazza del Mare – caratterizzata da una grande copertura che offriva riparo e creava un luogo super-urbano a pelo d'acqua.

A seguito del concorso di idee, che non determinò un progetto vincitore, il Comune di Genova optò per redigere un bando pubblico per ricercare un operatore capace di acquisire le volumetrie in dismissione, sviluppandole secondo le linee guida del Blueprint. Parallelamente, il Comune di Genova avrebbe realizzato le aree pubbliche, tra cui il porto canale e le connessioni con la città.

Nel 2017 la visione di Renzo Piano diventa il Waterfront di Levante. Nel 2020 OBR collabora alla stesura del piano urbanistico operativo su incarico del gruppo CDS Holding, concessionario delle aree private, e cura il progetto di rigenerazione del Palasport nell'interfaccia con la città. Nel 2021 Renzo Piano coinvolge OBR nella progettazione del lotto residenziale. Nel 2021 il Sindaco di Genova Marco Bucci avvia i lavori delle aree pubbliche.

Immagine pagina successiva: planimetria generale del Waterfront di Levante. (078)

Waterfront di Levante, vista aerea.
(079)

L'ingresso del Palasport.
(080)

Waterfront di Levante, vista del porto-canale
da ponente.
(081)

Waterfront di Levante, le residenze
affacciate sul porto-canale.
(082)

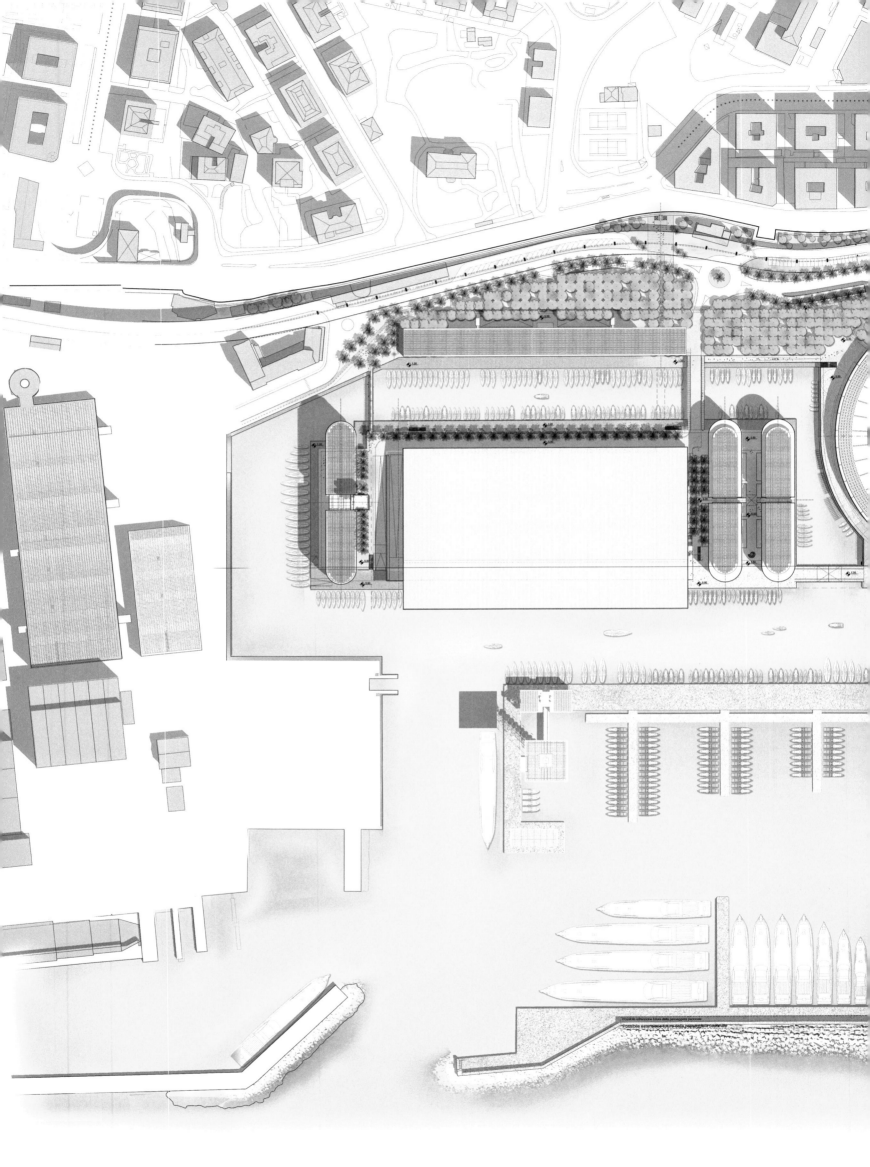

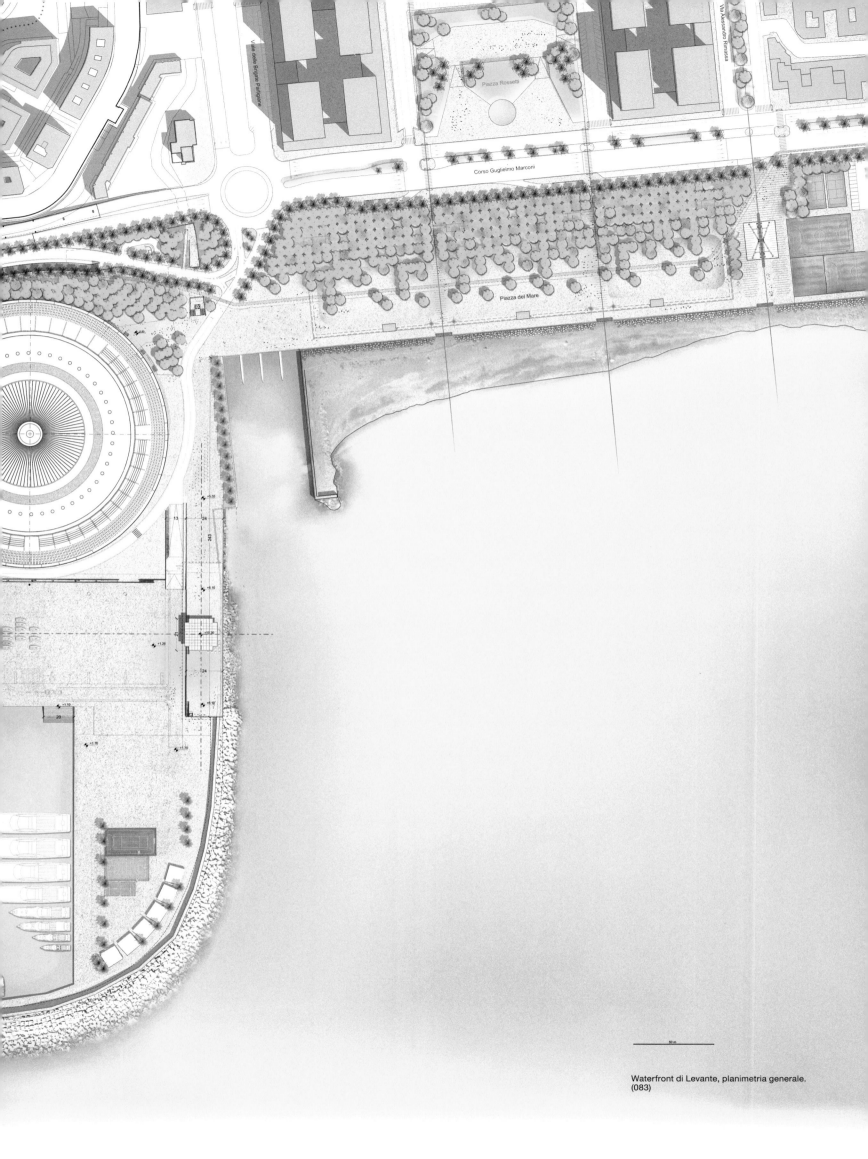

Waterfront di Levante, planimetria generale.
(083)

Concorso Blueprint: il porto-canale.
(084)

Concorso Blueprint: la Piazza del Mare e l'hotel.
(085)

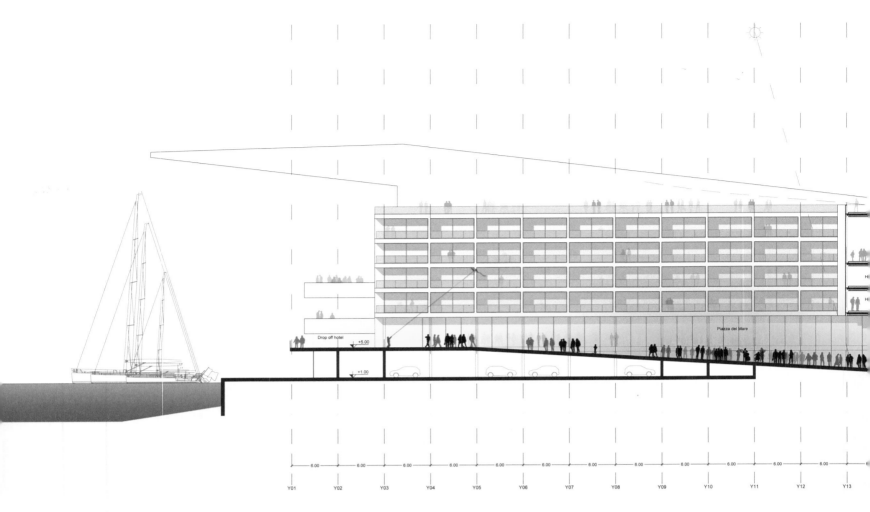

Concorso Blueprint:
sezione della Piazza del Mare
e del porto-canale.
(086)

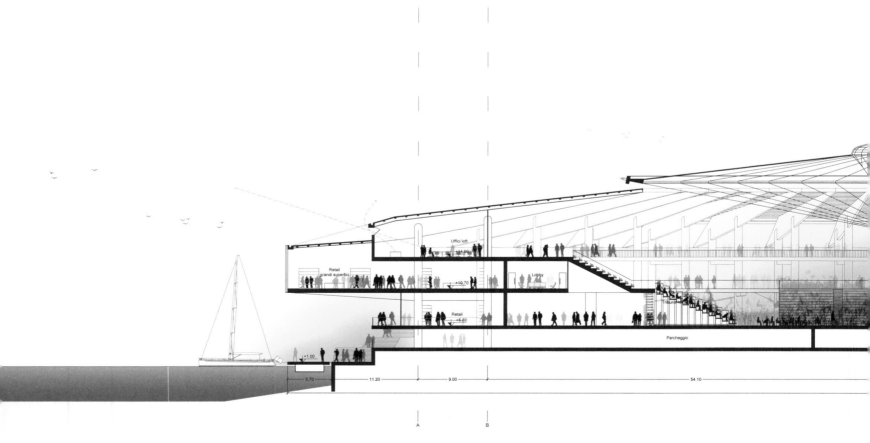

Concorso Blueprint:
sezione del Palasport.
(087)

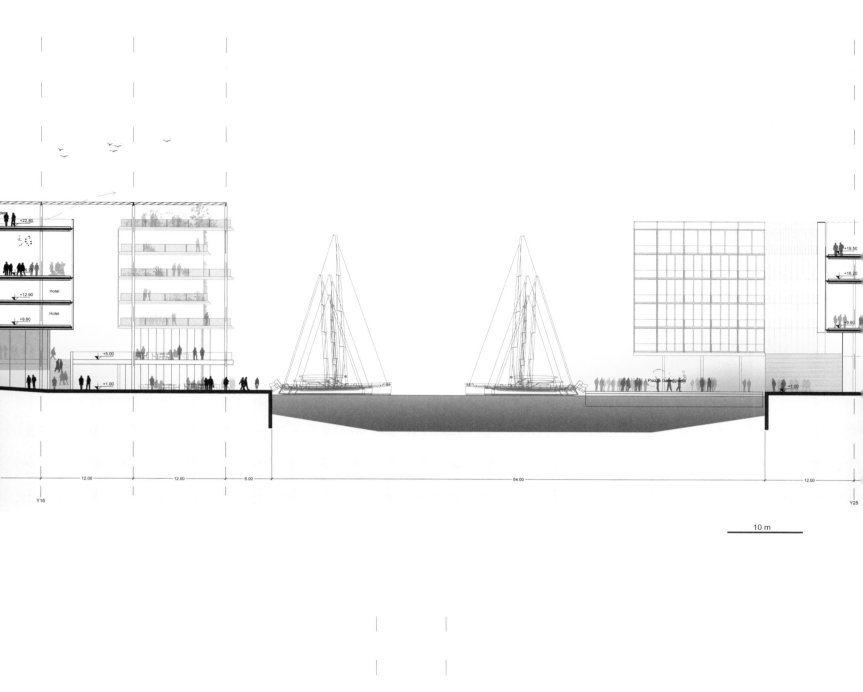

+22.80

+12.90 Hotel

+9.60 Hotel

+5.00

+1.00

+19.50

+16.20

+9.60

Piazza

+1.00

12.00   12.00   6.00   64.00   12.00

Y16   Y25

10 m

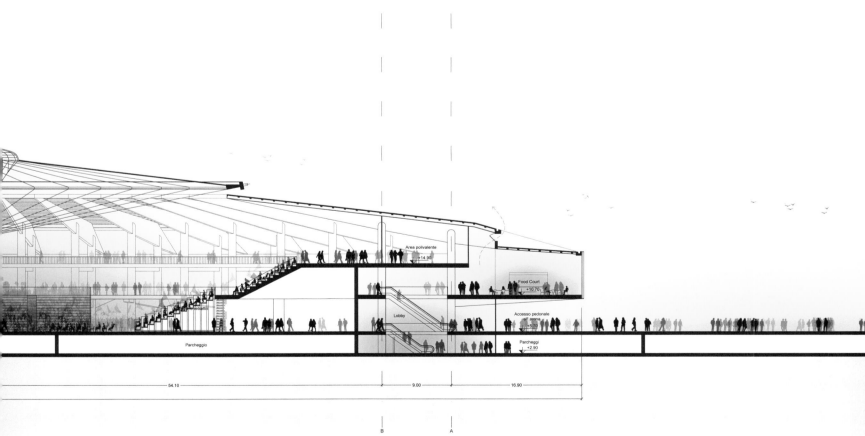

Area polivalente
+14.90

Food Court
+10.70

Lobby   Accesso pedonale
all'arena

Parcheggio   Parcheggi
+2.90

54.10   9.00   16.90

B   A

08 Casa Vela
Genova

Project team:
OBR, Ariatta, Milan Ingegneria, GAD,
Geologo Debellis

OBR design team:
Paolo Brescia e Tommaso Principi,
Edoardo Allievi, Ludovico Basharzad,
Viola Bentivogli, Pietro Blini, Gaia Calegari,
Francesco Cascella, Andrea Casetto,
Luigi Di Marino, Paolo Dolceamore,
Giacomo Fabbrica, Paolo Fang, Maddalena Felis,
Aaryaman Maithel, Michele Marcellino,
Luca Marcotullio, Giorgia Marigo, Clemente Nativi,
Giulia Ragazzi, Silvia Pellizzari

OBR design manager:
Edoardo Allievi

Direzione Artistica:
Paolo Brescia

Committente:
Comune di Genova
Porto Antico di Genova S.p.A.

RUP:
Ferdinando de Fornari

Impresa:
Sirce S.p.A.

Progettista Progetto Definitivo ed Esecutivo:
Neostudio
Signorelli Evaso Moncalvo Ingegneri Associati

Comune di Genova:
Sindaco Marco Bucci
Vicesindaco Pietro Piciocchi
Assessore urbanistica Mario Mascia
Assessore sport e turismo Alessandra Bianchi
Coordinatore servizi tecnici Mirco Grassi
Responsabile servizi tecnici Paolo Pistelli
Direttore progettazione Giuseppe Cardona
Dirigente tutela territorio Gianfranco Di Maio
Coordinatore opere pubbliche Giacomo Gallarati

Porto Antico di Genova S.p.A.:
Presidente Mauro Ferrando
Responsabile Area Tecnica Corrado Brigante

Autorità di Sistema Portuale del Mar Ligure
Occidentale:
Presidente Paolo Signorini
Direttore Generale Paolo Piacenza
Pianificazione e Sviluppo Marco Sanguineri
Direzione Tecnica Giuseppe Canepa

Istituto Idrografico della Marina Militare:
Contrammiraglio Massimiliano Nannini

Regione Liguria:
Presidente Giovanni Toti
Assessore alle Politiche Sociali Ilaria Cavo
Assessore allo Sport Simona Ferro

FIV - Federazione Italiana Vela:
Presidente Francesco Ettorre
Presidente 1° zona Maurizio Buscemi

CONI:
Presidente Giovanni Malagò
Presidente Liguria Antonio Micillo
Tecnico Regionale Maurizio Maggiali
Delegato Genova Alberto Bennati

Polo Nautico Paralimpico:
Stefano Gatto

Confindustria Nautica:
Presidente Saverio Cecchi
Direttrice Generale Marina Stella
Direttore Commerciale Alessandro Campagna

Luogo:
Genova

Programma:
Centro Federale FIV, passeggiata pubblica

Dimensioni:
area di intervento 15.000 mq
superficie costruita 2.400 mq

Cronologia:
2022 progetto di fattibilità tecnico-economica
2021 studio di prefattibilità

La Casa Vela rappresenta la funzione più pubblica e prominente sul mare del Waterfront di Levante di Genova. Essendo fondata sulla diga sottoflutto del porto, il desiderio è quello di realizzare quel senso di urbanità di Genova sul mare che è alla base del Waterfront di Levante. Anzi, è proprio la sua prominenza verso mare all'ingresso del porto che ne fa il luogo, al di là delle funzioni che potranno evolversi nel tempo.

Così localizzata, la Casa Vela valorizza l'asse urbano nord-sud dalla stazione di Brignole verso mare lungo Viale Brigate Partigiane, perpendicolare a quello est-ovest previsto nel Waterfront di Levante, con il parco urbano che si estende da Boccadasse al Porto Antico. Abbiamo pensato di estendere la passeggiata pubblica sopra la diga sottoflutto, a quota +6.30 s.l.m., creando la Piazza del Mare, vero e proprio belvedere urbano affacciato sui campi di regata che si disputeranno davanti a Genova, come una sorta di "stadio della vela".

Sotto la piazza, alla quota del mare verso la darsena, vi è la macchina operativa di Casa Vela, con la lobby, gli spazi per gli atleti, la sala dei giudici di regata, gli uffici, la sala conferenze, il centro medico, il ristorante, la palestra, la cala vele e il rimessaggio barche, mentre sopra la piazza si erge una piccola emergenza che ospita la caffetteria, con i suoi tavolini vista mare, la sala comune e la terrazza panoramica per il Comitato di Regata.

Più che un edificio isolato, la Casa Vela è pensata come un "sistema aperto", caratterizzato da una architettura dialogica che, partendo dall'ascolto di chi la frequenterà, lavora sul tempo, prima ancora che sullo spazio, accettando i futuri cambiamenti e rispondendo ai mutevoli desideri dei suoi futuri abitanti. Spazio pubblico, accessibile e aperto, sempre vivo e vissuto all'insegna dello sport e dell'inclusione.

Casa Vela è un progetto corale, che vede la partecipazione attiva di tutti coloro che ne sono coinvolti. Non è un edificio, ma un condensatore di relazioni. Non organizza, ma crea opportunità. Non serve, ma consente. Non è un risultato, ma un processo. Non ha a che fare con l'immagine, ma con il contenuto. È l'occasione per sperimentare un concetto nuovo di architettura, che partecipa alla creazione di un senso della comunità, grazie alla condivisione nello stesso ambiente degli stessi valori legati al mare e alla marineria. Ciò che si fa all'interno della Casa Vela viene pensato, discusso e condiviso, mettendo a sistema la molteplicità dei saperi, delle esperienze e dei talenti coinvolti, onorando il motto panathletico *ludis iungit*. Casa Vela è un modello di come la partecipazione può creare senso di appartenenza e sensibilità ambientale, affrontando nuove forme di vita pubblica e collettiva.

Con questo progetto ci chiediamo: in che modo possiamo creare un rapporto sensato con il mare, a partire dalla consapevolezza che tutte le cose sono inscindibilmente collegate tra loro? Nel mare sono presenti la storia, la vita, gli altri. Parafrasando Alexander von Humboldt, il mare è il riflesso della totalità. Sostenendo la lotta per i diritti dell'ambiente e la cultura per il mare e lo sport, Casa Vela recupera la funzione primaria di spazio pubblico come "capitale sociale", oltre la dicotomia pubblico/privato.

Immagine pagina successiva: vista della passeggiata pubblica sopra la diga. (088)

Vista verso levante.
(089)

Affaccio verso est.
(090)

Affaccio verso sud.
(091)

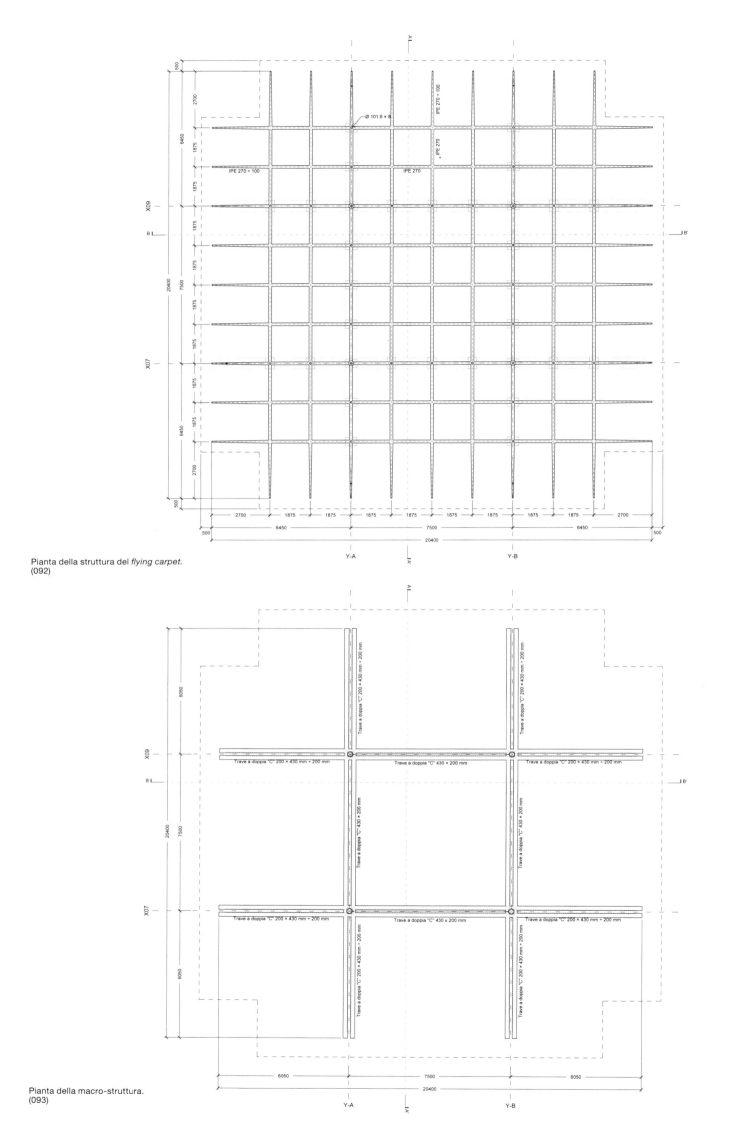

Pianta della struttura del *flying carpet*.
(092)

Pianta della macro-struttura.
(093)

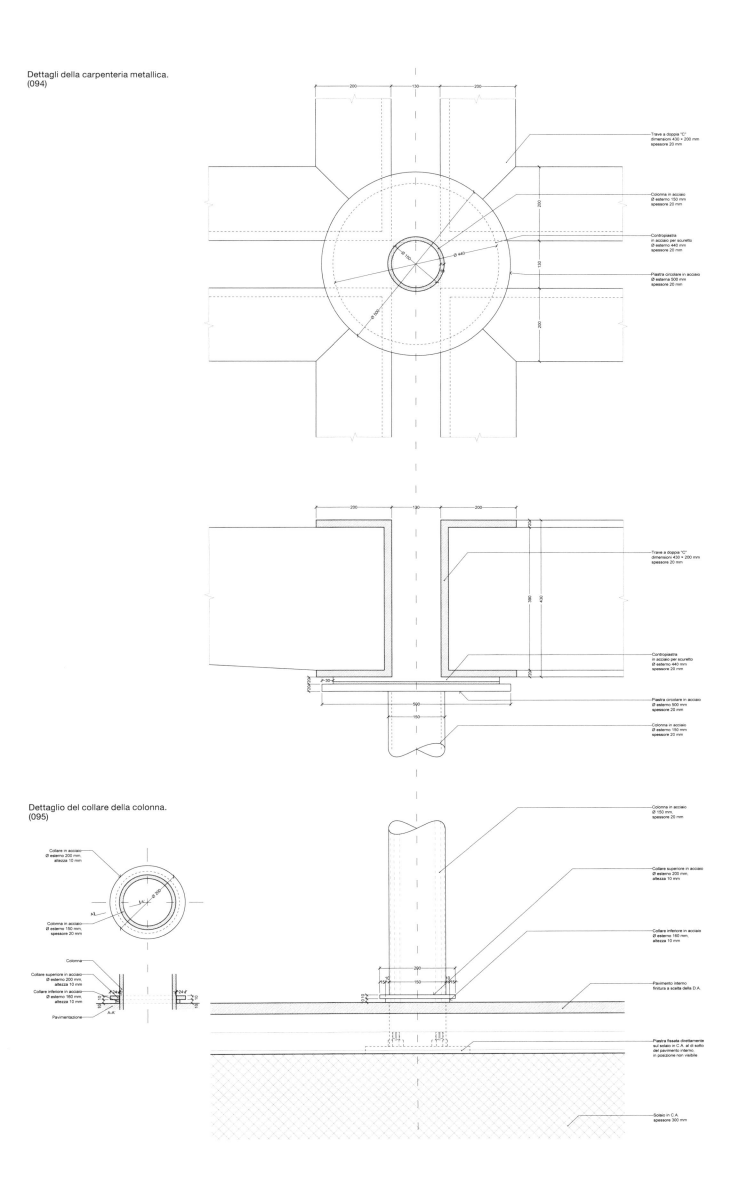

Dettagli della carpenteria metallica.
(094)

Trave a doppia "C"
dimensioni 430 × 200 mm
spessore 20 mm

Colonna in acciaio
Ø esterno 150 mm
spessore 20 mm

Contropiastra
in acciaio per scuretto
Ø esterno 440 mm
spessore 20 mm

Piastra circolare in acciaio
Ø esterna 500 mm
spessore 20 mm

Trave a doppia "C"
dimensioni 430 × 200 mm
spessore 20 mm

Contropiastra
in acciaio per scuretto
Ø esterno 440 mm
spessore 20 mm

Piastra circolare in acciaio
Ø esterno 500 mm
spessore 20 mm

Colonna in acciaio
Ø esterno 150 mm
spessore 20 mm

Dettaglio del collare della colonna.
(095)

Collare in acciaio
Ø esterno 200 mm,
altezza 10 mm

Colonna in acciaio
Ø esterno 150 mm,
spessore 20 mm

Colonna

Collare superiore in acciaio
Ø esterno 200 mm,
altezza 10 mm

Collare inferiore in acciaio
Ø esterno 160 mm,
altezza 10 mm

Pavimentazione

Colonna in acciaio
Ø 150 mm,
spessore 20 mm

Collare superiore in acciaio
Ø esterno 200 mm,
altezza 10 mm

Collare inferiore in acciaio
Ø esterno 160 mm,
altezza 10 mm

Pavimento interno
finitura a scelta della D.A.

Piastra fissata direttamente
sul solaio in C.A. al di sotto
del pavimento interno,
in posizione non visibile

Solaio in C.A.
spessore 300 mm

113

09 Nuovo Ospedale Galliera Genova

Project team:
OBR, Pinearq, Steam, D'Appolonia,
Buro Happold, GAe Engineering

OBR design team:
Paolo Brescia e Tommaso Principi
Tamara Akhrameeva, Edoardo Allievi,
Paola Berlanda, Sidney Bollag,
Giulia Callori di Vignale, Francesco Cascella,
Andrea Casetto, Gaia Galvagna,
Giovanni Glorialanza, Ahmad Hilal,
Elena Lykiardopol, Yari Marongiu,
Margherita Menardo, Marta Nowotarska,
José Quelhas, Michele Renzini,
Léa Siémons-Jauffret, Elisa Siffredi,
Izabela Sobieraj, Panos Tsiamyrtzis,
Louise Van Eecke, Kalliopi Vidrou, Paula Vier,
Marianna Volsa, Anais Yahubyan

OBR design manager:
Andrea Casetto

Committente:
Ente Ospedaliero Ospedali di Galliera

Direttore generale:
Dott. Adriano Lagostena

Luogo:
Genova

Programma:
ospedale

Dimensioni:
area di intervento 26.000 mq
superficie costruita 54.000 mq

Cronologia:
2015 variante al progetto preliminare
2010 progetto preliminare
2009 concorso di progettazione (1° premio)

Considerando il particolare contesto urbano del quartiere di Carignano in cui sorge il nuovo Ospedale Galliera, il progetto scompone le volumetrie richieste dal programma sanitario per ricercare la corretta scala urbana del contesto circostante. Per questo motivo l'intervento si articola in due parti: una semi-ipogea, che ricalca organicamente la dimensione irregolare del lotto, e una epigea, che riprende la dimensione regolare degli edifici esistenti circostanti e che risponde alle logiche sanitarie contemporanee dell'"ospedale a rete".

Più in particolare, la piastra semi-ipogea è articolata su quattro livelli (logistica, pronto soccorso, blocco operatorio, ambulatori), la cui copertura ospita i giardini terapeutici che, raccordando le diverse quote altimetriche del lotto, ricorda gli orti urbani che caratterizzavano storicamente il sito.

Al di sopra della piastra sanitaria si articolano i volumi regolari delle degenze, pensati in un'ottica di efficienza sanitaria e di integrazione con il contesto urbano: le dimensioni, le proporzioni e gli allineamenti sono infatti definiti a partire dagli edifici esistenti.

Tra la copertura a verde pensile della piastra sanitaria e i volumi delle degenze si sviluppa un piano trasparente e permeabile che ha il vantaggio di alleggerire visivamente i corpi soprastanti, che "galleggiano" sospesi sopra il giardino. In questo modo i visitatori possono accedere alla struttura ospedaliera attraverso il giardino, senza passare per la piastra sanitaria.

Le facciate delle degenze sono caratterizzate da lesene verticali frangisole che dall'interno garantiscono la privacy, garantendo un buon ombreggiamento e la vista verso il mare. I frangisole sono realizzati con elementi in ceramica, che conferiscono alla facciata un aspetto "atmosferico", assumendo i colori delle nuvole, scomponendo i raggi del sole e massimizzando la percezione dei cambiamenti dei fenomeni naturali.

La copertura della piastra sanitaria trattata a giardino pensile si articola tra i due ingressi, quello pubblico a nord-est e quello del pronto soccorso a sud-ovest, generando aree verdi inclinate lungo il perimetro dell'ospedale, che consentono di allontanare visivamente i corpi delle degenze, dei quali si apprezzano solo i tre livelli superiori (in realtà l'edificio è complessivamente composto da nove piani). Si realizza in questo modo un giardino continuo che funge da connessione organica tra l'ospedale e la città.

Immagine pagina successiva:
la copertura della piastra sanitaria con i giardini terapeutici affacciati verso il mare.
(096)

L'ingresso nord dell'ospedale.
(098)

Inserimento urbano delle degenze.
(097)

Pianta della piastra sanitaria.
(099)

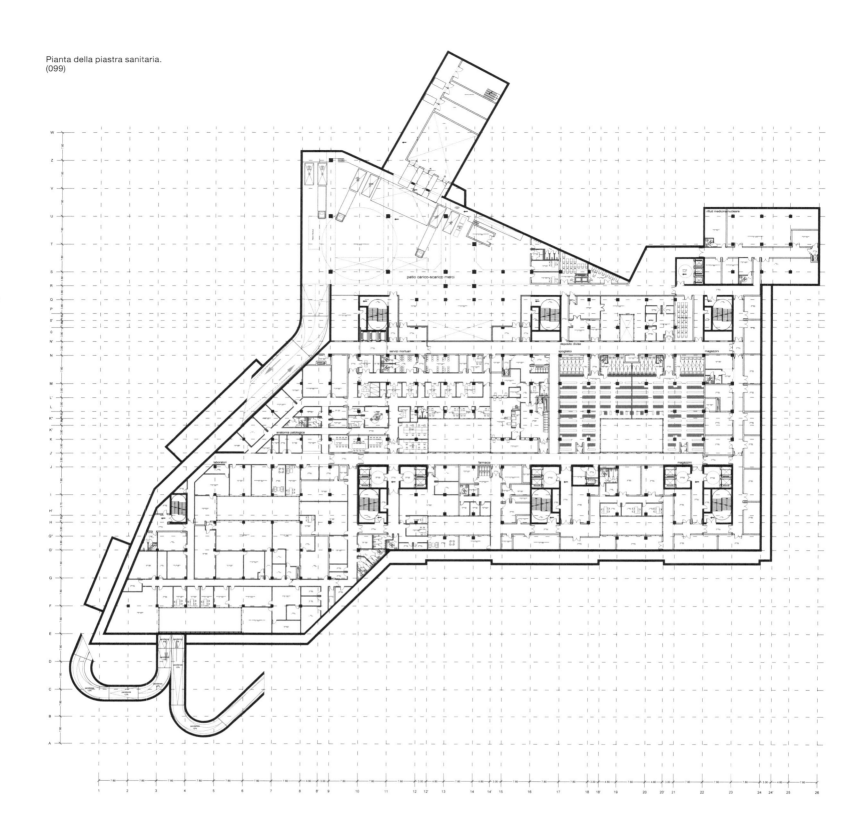

Sezione longitudinale.
(100)

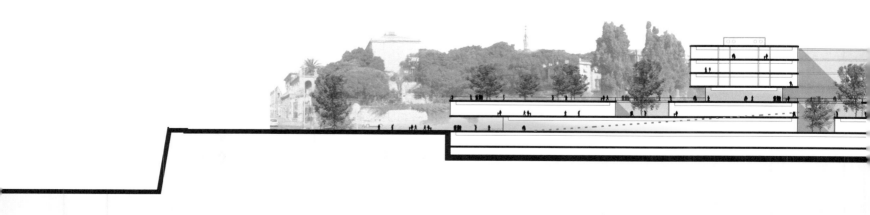

Pianta delle degenze.
(101)

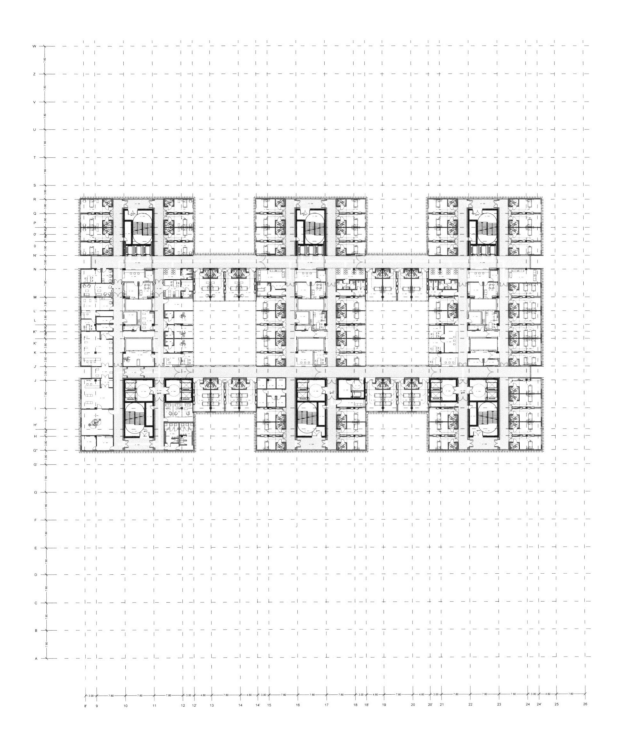

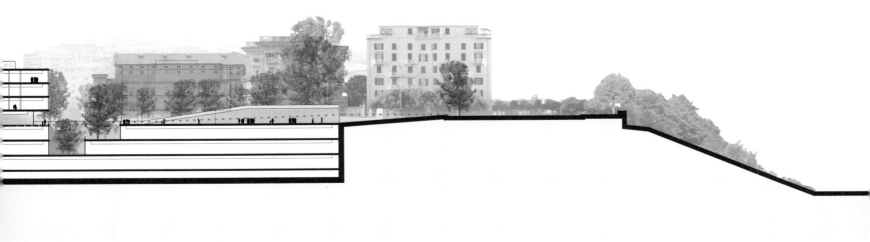

10 Waterfront
Santa Margherita Ligure

Project team:
OBR, Carlo Berio, Alessandro Chini,
Milan Ingegneria, United Consulting,
Acquatecno, GAD

OBR design team:
Paolo Brescia e Tommaso Principi,
Edoardo Allievi, Polina Arendarchuk,
Paola Berlanda, Francesco Cascella,
Andrea Casetto, Giorgio Cucut,
Paride Falcetti, Malgorzata Labedzka,
Michele Marcellino, Iñigo Paniego,
Nicole Passarella, Michele Renzini,
Elisa Siffredi, Marianna Volsa,
Giulia Zatti

OBR design manager:
Andrea Casetto

Direzione artistica:
Paolo Brescia

Committente:
Santa Benessere & Social S.p.A.

Project manager:
Angiolino Barreca (2014)
Maurizio Felugo (2015)

Comune di Santa Margherita:
Sindaco Paolo Donadoni

RUP:
Piero Feriani

Luogo:
Santa Margherita Ligure

Programma:
passeggiata pubblica, servizi per la balneazione

Dimensioni:
area di intervento 178.288 mq
superficie costruita 13.345 mq

Cronologia:
2019 progetto esecutivo
2015 progetto definitivo
2014 progetto preliminare

Giungendo a Santa Margherita Ligure dal mare si rimane profondamente colpiti dall'apertura e dalla vitalità del suo porto: esso evoca ancora il rapporto storico tra città e mare che catalizza la vita sociale, economica e urbana.

Allargando lo sguardo, abbiamo maturato una visione che valorizzasse il rapporto della città con il suo mare attraverso il porto, perseguendo alcuni obiettivi: la continuità della passeggiata dal molo di sotto-flutto a quello di sopra-flutto, la de-stagionalizzazione del turismo, l'apertura di nuove visuali dalla città verso l'orizzonte.

Con un disegno organico al profilo naturale della costa, oltre alla messa in sicurezza dei moli, delle banchine e dei pontili, l'intervento nel porto orienta nuove dinamiche urbane, senza stravolgere la caratteristica essenziale del Porto di Santa Margherita: quella di essere un "porto rifugio".

Il valore di operare sul porto è anche quello di connettere il retroporto alla città, trasformandolo in un nuovo fronte verso mare. Per questo abbiamo esteso la fruizione pubblica del lungomare, realizzando un nuovo giardino lineare che dalla Piazza del Mare, ricavata ri-naturalizzando il sedime dell'ex cantiere Spertini, conduce fino al faro, aprendo la vista verso l'orizzonte.

In questo contesto è chiaro che il principale attore nella definizione del progetto è il mare: esso è fonte di energia sostenibile grazie alla sua inerzia termica e regolatore climatico mitigando le temperature invernali e favorendo le brezze estive.

La storia di Santa Margherita è scritta sul mare, un mare abitato, vissuto, operoso, ma anche costantemente mutevole, perché vi si riflette sempre il sole, da est, da sud, da ovest. Il sole rende il mare di Santa Margherita sempre diverso e cangiante in ogni momento. È un mare che non è mai uguale a sé stesso.

Con questo progetto intendiamo celebrare in questo tratto di litorale la percezione del cambiamento dei fenomeni naturali: il sole, il vento e il mare.

Immagine pagina successiva: la Piazza del Mare. (102)

123

Schema degli assi compositivi dal mare e dal vento.
(103)

I servizi per la balneazione e la passeggiata
pubblica verso il molo di sopra-flutto.
(104)

La passeggiata pubblica sul molo di sopra-flutto.
(105)

Sezione trasversale sulla piazza.
(106)

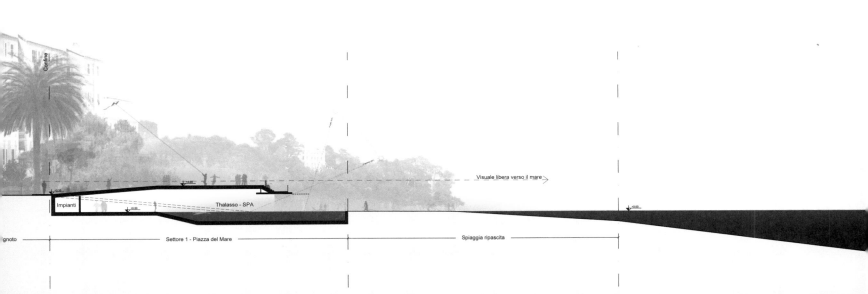

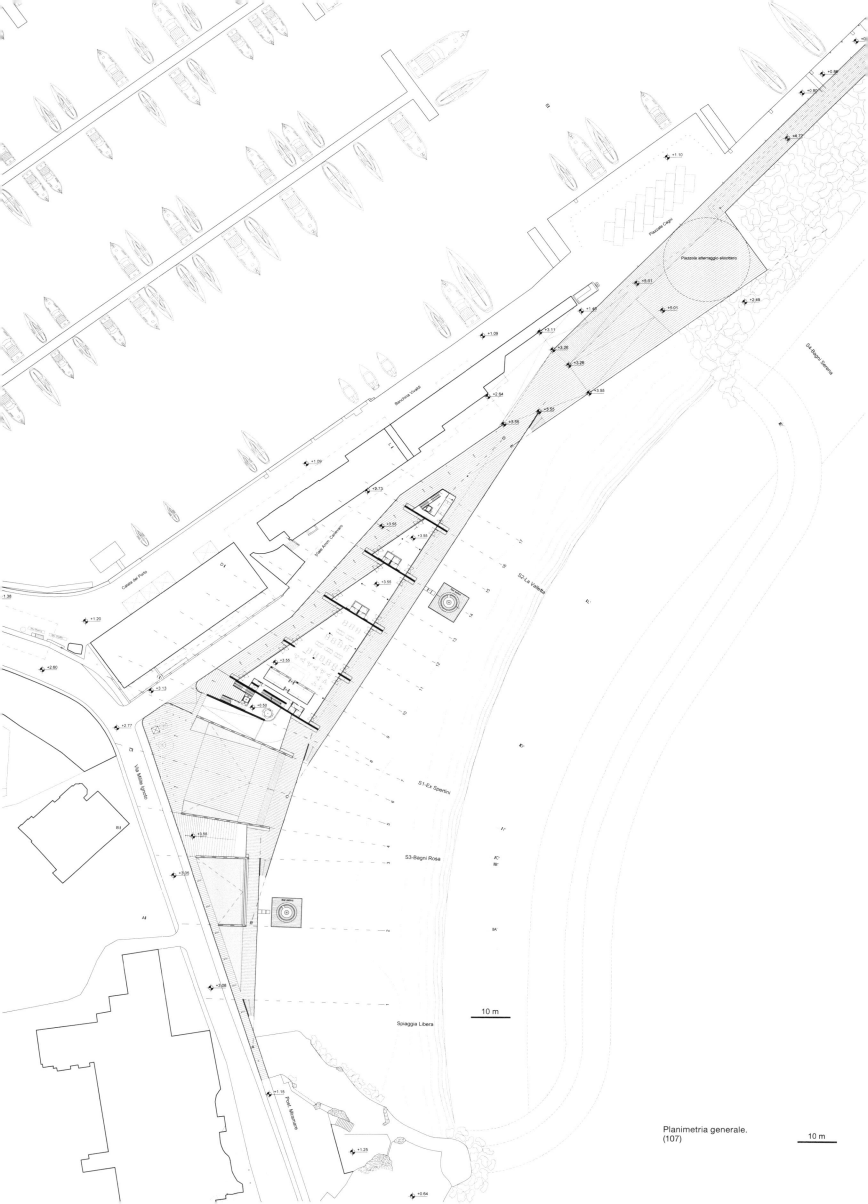

Planimetria generale.
(107)

10 m

10 m

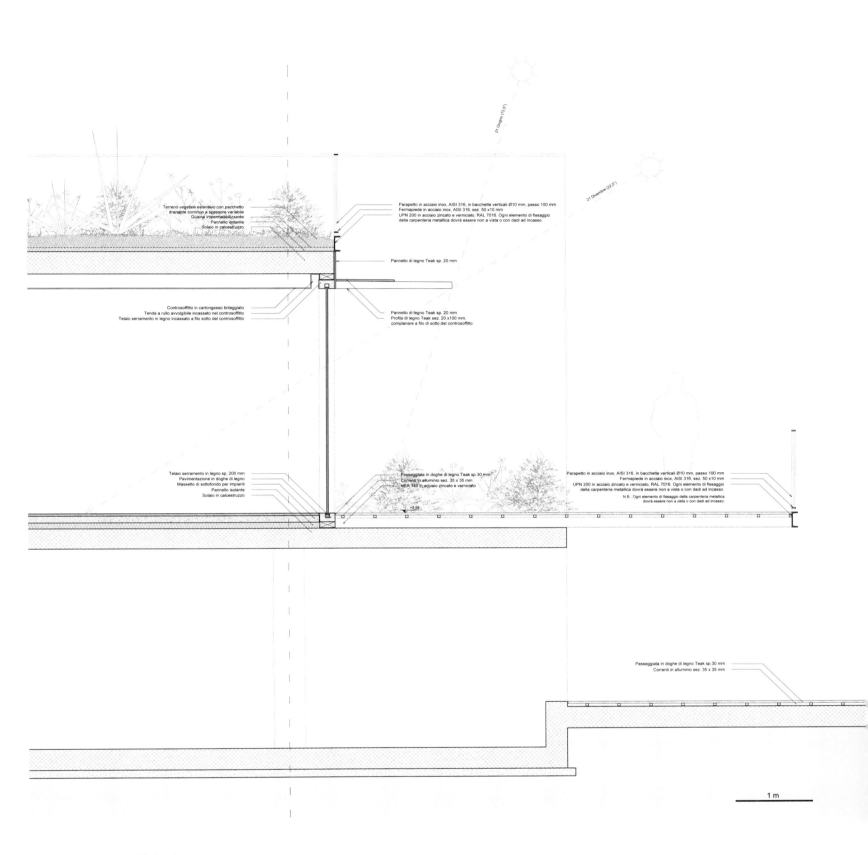

Terreno vegetale estensivo con pacchetto
drenante continuo a spessore variabile
Guaina impermeabilizzante
Pannello isolante
Solaio in calcestruzzo

Parapetto in acciaio inox, AISI 316, in bacchette verticali Ø10 mm, passo 100 mm
Fermapiede in acciaio inox, AISI 316, sez. 50 x10 mm
UPN 200 in acciaio zincato e verniciato, RAL 7016. Ogni elemento di fissaggio
della carpenteria metallica dovrà essere non a vista o con dadi ad incasso.

Pannello di legno Teak sp. 20 mm

Controsoffitto in cartongesso tinteggiato
Tenda a rullo avvolgibile incassato nel controsoffitto
Telaio serramento in legno incassato a filo sotto del controsoffitto

Pannello di legno Teak sp. 20 mm
Profilo di legno Teak sez. 20 x100 mm,
complanare a filo di sotto del controsoffitto

Telaio serramento in legno sp. 200 mm
Pavimentazione in doghe di legno
Massetto di sottofondo per impianti
Pannello isolante
Solaio in calcestruzzo

Passeggiata in doghe di legno Teak sp.30 mm
Correnti in alluminio sez. 35 x 35 mm
HEA 140 in acciaio zincato e verniciato

Parapetto in acciaio inox, AISI 316, in bacchette verticali Ø10 mm, passo 100 mm
Fermapiede in acciaio inox, AISI 316, sez. 50 x10 mm
UPN 200 in acciaio zincato e verniciato, RAL 7016. Ogni elemento di fissaggio
della carpenteria metallica dovrà essere non a vista o con dadi ad incasso.

N.B.: Ogni elemento di fissaggio della carpenteria metallica
dovrà essere non a vista o con dadi ad incasso.

Passeggiata in doghe di legno Teak sp.30 mm
Correnti in alluminio sez. 35 x 35 mm

1 m

Sezione tipo dei servizi per la balneazione.
(108)

11 Comparto Stazioni Varese

Project team:
OBR, Arcode, Milan Ingegneria, Systematica,
Studio Corbellini, Franco Giorgetta,
Marco Parmigiani

OBR design team:
Paolo Brescia e Tommaso Principi,
Paola Berlanda, Pietro Blini, Gabriele Boretti,
Francesco Cascella, Andrea Casetto,
Paride Falcetti, Chiara Gibertini, Anna Graglia,
Nayeon Kim, Michele Marcellino

OBR design manager:
Anna Graglia (fino al 2019)
Michele Marcellino (dal 2020)

Committente:
Comune di Varese
Sindaco Davide Galimberti
Assessore all'Urbanistica Andrea Civati
Dirigente Giulia Bertani (fino al 2022)
Dirigente Gianluca Gardelli (dal 2023)

RUP:
Mauro Maritan

Direttore lavori:
Lavinio Troli

Impresa:
Edil Alta S.r.l.

Luogo:
Varese

Programma:
parco urbano, passeggiata pubblica,
centro diurno, mercato coperto

Dimensioni:
area di intervento 48.000 mq
superficie costruita 5.330 mq

Cronologia:
2019 inizio lavori
2018 progetto esecutivo
2017 progetto definitivo
2017 progetto preliminare
2016 concorso di progettazione (1° premio)

Quella a cui abbiamo lavorato con il Comune di Varese è una visione ideale, ma non utopica. Con le parole di Yona Friedman potremmo definirla una "utopia realizzabile", che non si limita a risolvere un problema di intermodalità tra due stazioni ferroviarie, ma vuole ricreare una nuova urbanità in un'area infrastrutturale.

Si tratta di una ricucitura urbana che trasforma ciò che prima era un luogo di transito in uno spazio pubblico in cui avere anche il piacere di stare, immediatamente connesso alla città e al suo territorio, tra Milano e Lugano.

In pratica abbiamo cercato di risolvere la cesura tra il centro di Varese e il quartiere di Giubiano che le infrastrutture ferroviarie e viarie del secolo scorso hanno provocato, attraverso un disegno d'insieme che, pur riunendo i due ambiti urbani, ne mantenesse i caratteri differenziali. Proprio per questo motivo il nostro approccio è stato quello di partire dai "vuoti", ricercando la qualità dell'intervento attraverso una profonda attenzione verso gli spazi aperti, da dove si dispiegano vedute inedite e sorprendenti sulla città.

Il progetto, evocando la "Varese Città Giardino", definisce un giardino lineare continuo, che diventa elemento unificante dello spazio pubblico. Una promenade caratterizzata da una pavimentazione composta da moduli di pietra naturale locale posati "a correre" di pari larghezza e diversa lunghezza, orienta i percorsi pedonali lungo i flussi naturali dei viaggiatori tra le due stazioni.

Lungo la promenade sono definiti alcuni micro-giardini tematici disegnati dal paesaggista Franco Giorgetta, che ospitano cento diverse essenze di magnolie e sono caratterizzati da sedute in pietra e aree di aggregazione.

Dal punto di vista della mobilità, il progetto ottimizza le sezioni stradali, favorendo la connessione pedonale su un sedime rinaturalizzato e riconquistato alle automobili.

La promenade si snoda oltre le due stazioni definendo le nuove funzioni pubbliche cittadine, come il mercato coperto, il centro diurno e il polo intermodale di interscambio tra mobilità pubblico-privata e collettivo-individuale. Si crea dunque un sistema di padiglioni, i cui elementi, pur diversificati nelle funzioni e nelle dimensioni, hanno in comune la stessa sovrastruttura in carpenteria metallica leggera: una sorta di *flying carpet* energeticamente attivo e passivo insieme, che protegge dal sole e dalle intemperie, fungendo al contempo da campo energetico.

Alla base di questo progetto vi è il desiderio di disegnare spazi pubblici capaci di fertilizzare il contesto con nuovi motivi di frequentazione, spazi aperti e permeabili, percepiti come propri da parte di tutti.

Immagine pagina successiva:
vista aerea del Comparto Stazioni che unisce la stazione FS con la stazione FN.
(109)

131

Il centro diurno.
(110)

La connessione con il giardino
delle magnolie.
(111)

Il mercato coperto.
(112)

La piazza della stazione FS.
(113)

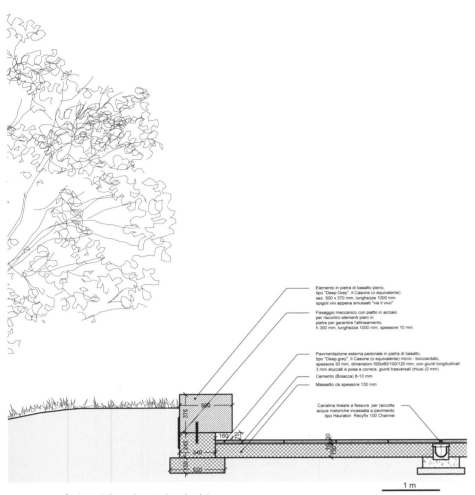

Elemento in pietra di basalto pieno,
tipo "Deep Grey", Il Casone (o equivalente)
sez. 500 x 370 mm, lunghezza 1000 mm
spigoli vivi appena smussati "via il vivo"

Fissaggio meccanico con piatto in acciaio
per riscontro elementi pieni in
pietra per garantire l'allineamento,
h 300 mm, lunghezza 1000 mm, spessore 10 mm.

Pavimentazione esterna pedonale in pietra di basalto,
tipo "Deep grey", Il Casone (o equivalente) micro - bocciardato,
spessore 30 mm, dimensioni 500x80/100/120, con giunti longitudinali
3 mm stuccati e posa a correre, giunti trasversali chiusi (0 mm)

Cemento (Boiacca) 8-10 mm

Massetto cls spessore 130 mm

Canalina lineare a fessura per raccolta
acque metoriche incassata a pavimento
tipo Hauraton Recyfix 100 Channel

1 m

Sezione della pavimentazione in pietra
con le sedute lungo il giardino.
(114)

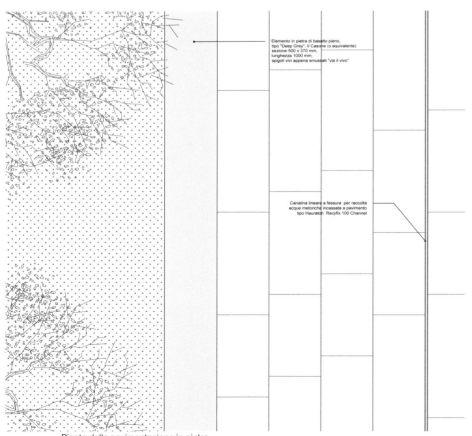

Elemento in pietra di basalto pieno,
tipo "Deep Grey", Il Casone (o equivalente)
sezione 500 x 370 mm,
lunghezza 1000 mm,
spigoli vivi appena smussati "via il vivo"

Canalina lineare a fessura per raccolta
acque metoriche incassata a pavimento
tipo Hauraton Recyfix 100 Channel

Pianta della pavimentazione in pietra
con le sedute lungo il giardino.
(115)

Planimetria generale.
(116)

10 m

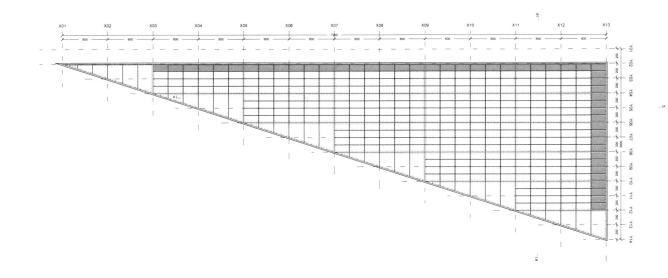

Mercato coperto, pianta della copertura.
(117)

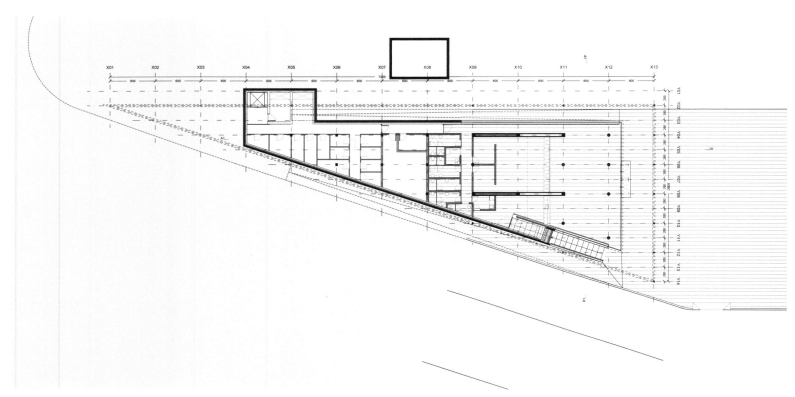

Mercato coperto, pianta del piano terra.
(118)

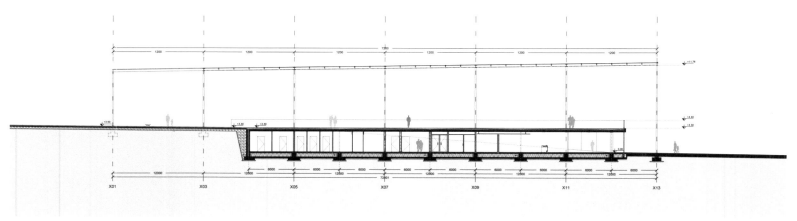

Mercato coperto, sezione longitudinale.
(119)

10 m

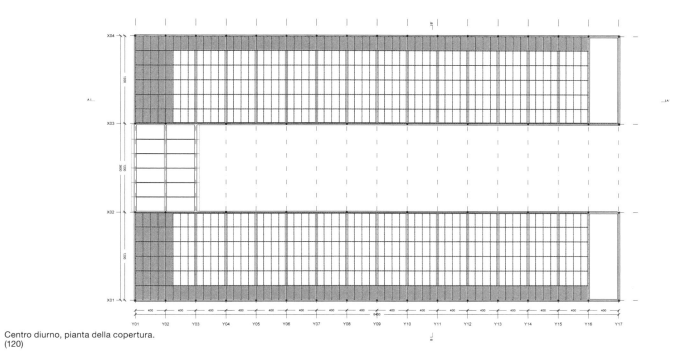

Centro diurno, pianta della copertura.
(120)

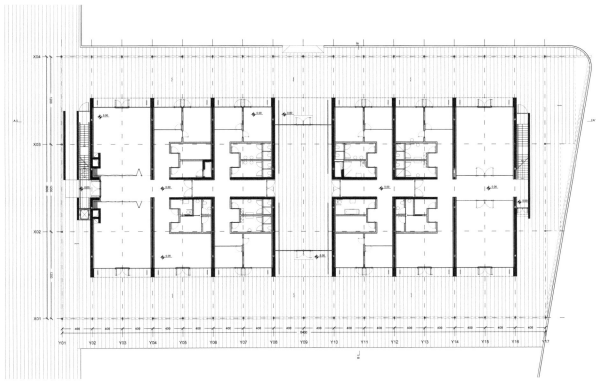

Centro diurno, pianta del piano terra.
(121)

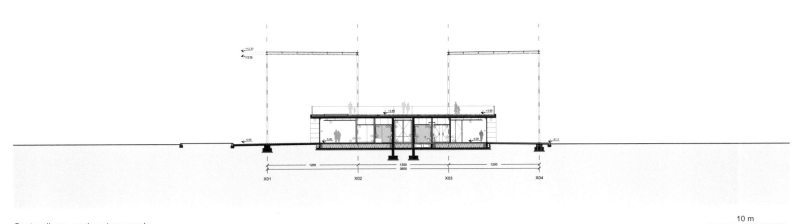

Centro diurno, sezione trasversale.
(122)

10 m

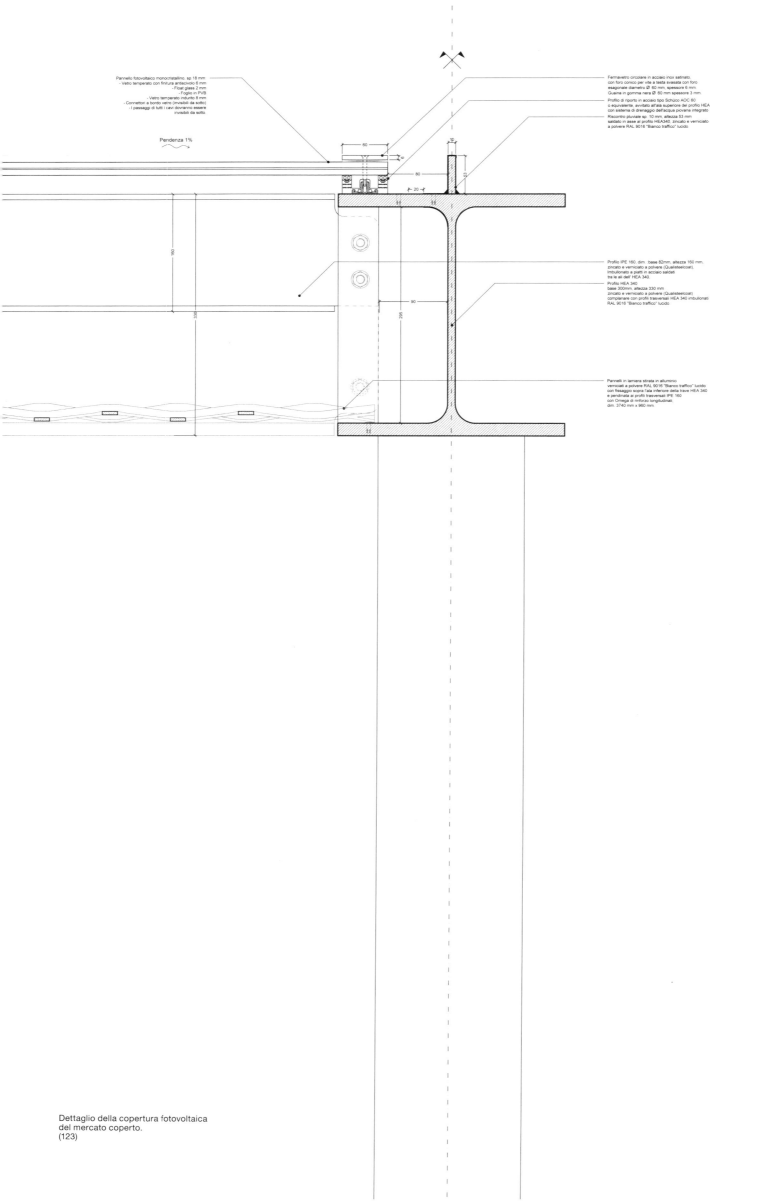

Pannello fotovoltaico monocristallino, sp 18 mm
- Vetro temperato con finitura antsacivolo 6 mm
- Float glass 2 mm
- Foglio in PVB
- Vetro temperato indurito 8 mm
- Connettori a bordo vetro (invisibili da sotto)
- I passaggi di tutti i cavi dovranno essere
  invisibili da sotto.

Pendenza 1%

Fermavetro circolare in acciaio inox satinato,
con foro conico per vite a testa svasata con foro
esagonale diametro Ø 60 mm; spessore 6 mm.
Guaina in gomma nera Ø 60 mm spessore 3 mm.

Profilo di riporto in acciaio tipo Schüco AOC 60
o equivalente, avvitato all'ala superiore del profilo HEA
con sistema di drenaggio dell'acqua piovana integrato

Riscontro pluviale sp. 10 mm, altezza 53 mm
saldato in asse al profilo HEA340, zincato e verniciato
a polvere RAL 9016 "Bianco traffico" lucido.

Profilo IPE 160; dim. base 82mm, altezza 160 mm,
zincato e verniciato a polvere (Qualisteelcoat),
imbullonato a piatti in acciaio saldati
tra le ali dell' HEA 340.

Profilo HEA 340
base 300mm, altezza 330 mm
zincato e verniciato a polvere (Qualisteelcoat)
complanare con profili trasversali HEA 340 imbullonati
RAL 9016 "Bianco traffico" lucido.

Pannelli in lamiera stirata in alluminio
verniciati a polvere RAL 9016 "Bianco traffico" lucido
con fissaggio sopra l'ala inferiore della trave HEA 340
e pendinata ai profili trasversali IPE 160
con Omega di rinforzo longitudinali,
dim. 3740 mm x 960 mm.

Dettaglio della copertura fotovoltaica
del mercato coperto.
(123)

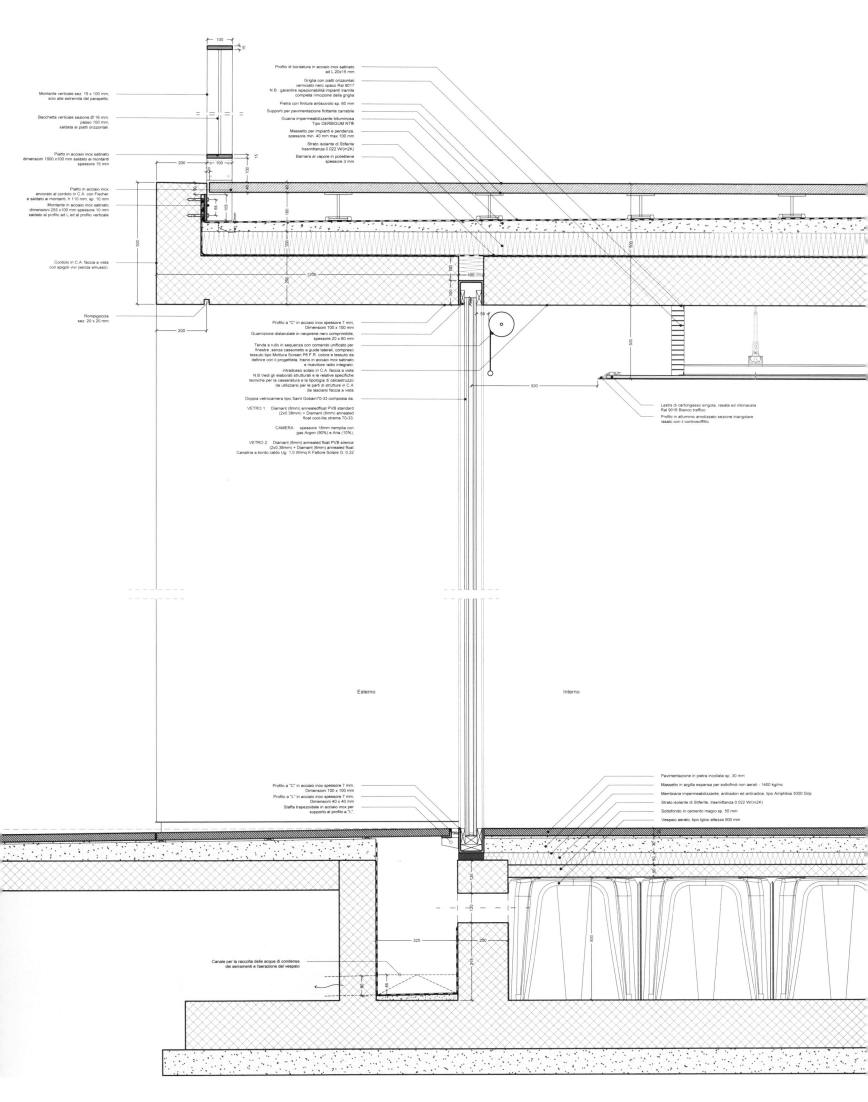

Montante verticale sez. 15 x 100 mm,
solo alle estremità del parapetto.

Bacchetta verticale sezione Ø 16 mm,
passo 100 mm,
saldata ai piatti orizzontali.

Piatto in acciaio inox satinato
dimensioni 1000 x100 mm saldato ai montanti
spessore 15 mm

Piatto in acciaio inox
ancorato al cordolo in C.A. con Fischer
e saldato ai montanti: h 110 mm, sp. 10 mm

Montante in acciaio inox satinato
dimensioni 255 x100 mm spessore 10 mm
saldato al profilo ad L ed al profilo verticale

Cordolo in C.A. faccia a vista
con spigoli vivi (senza smusso).

Rompigoccia
sez. 20 x 20 mm

Profilo di bordatura in acciaio inox satinato
ad L 20x15 mm

Griglia con piatti orizzontali
verniciati nero opaco Ral 9017
N.B. garantire ispezionabilità impianti tramite
completa rimozione della griglia

Pietra con finitura antiscivolo sp. 60 mm

Supporti per pavimentazione flottante carrabile

Guaina impermeabilizzante bituminosa
Tipo DERBIGUM NT®

Massetto per impianti e pendenze,
spessore min. 40 mm max 100 mm

Strato isolante di Stiferite
trasmittanza 0.022 W/(m2K)

Barriera al vapore in polietilene
spessore 3 mm

Profilo a "C" in acciaio inox spessore 7 mm,
Dimensioni 100 x 100 mm

Guarnizione distanziale in neoprene nero comprimibile,
spessore 20 x 60 mm

Tenda a rullo in sequenza con comando unificato per
finestre ,senza cassonetto e guide laterali, compreso
tessuto tipo Mottura Screen P6 F.R. colore e tessuto da
definire con il progettista, traino in acciaio inox satinato
e ricevitore radio integrato.

intradosso solaio in C.A. faccia a vista
N.B. Vedi gli elaborati strutturali e le relative specifiche
tecniche per la casseratura e la tipologia di calcestruzzo
da utilizzarsi per le parti di strutture in C.A.
da lasciarsi faccia a vista

Doppia vetrocamera tipo Saint Gobain70-33 composta da:

VETRO 1:   Diamant (8mm) annealedfloat PVB standard
(2x0.38mm) + Diamant (8mm) annealed
float cool-lite xtreme 70-33.

CAMERA: spessore 18mm riempita con
gas Argon (90%) e Aria (10%).

VETRO 2:   Diamant (6mm) annealed float PVB silence
(2x0.38mm) + Diamant (6mm) annealed float
Canalina a bordo caldo Ug: 1.0 W/mq K Fattore Solare G: 0.32

Lastra di cartongesso singola, rasata ed intonacata
Ral 9016 Bianco traffico

Profilo in alluminio anodizzato sezione triangolare
rasato con il controsoffitto

Esterno

Interno

Profilo a "C" in acciaio inox spessore 7 mm,
Dimensioni 100 x 100 mm

Profilo a "L" in acciaio inox spessore 7 mm,
Dimensioni 40 x 40 mm

Staffa trapezoidale in acciaio inox per
supporto al profilo a "L".

Pavimentazione in pietra incollata sp. 30 mm

Massetto in argilla espansa per sottofondi non aerati - 1400 kg/mc

Membrana impermeabilizzante, antiradon ed antiradice, tipo Amphibia 3000 Grip

Strato isolante di Stiferite, trasmittanza 0.022 W/(m2K)

Sottofondo in cemento magro sp. 50 mm

Vespaio aerato, tipo Igloo altezza 500 mm

Canale per la raccolta delle acque di condensa
dei serramenti e l'aerazione del vespaio

Sezione di dettaglio della facciata vetrata
del centro diurno.
(124)

12 Parco Centrale Prato

Project team:
OBR, Artelia Italia,
Michel Desvigne Paysagiste

OBR design team:
Paolo Brescia e Tommaso Principi,
Paola Berlanda, Francesco Cascella,
Andrea Casetto, Paride Falcetti, Chiara Gibertini,
Manon Lhomme, Elisa Siffredi,
Edita Urbanaviciute, Marianna Volsa

OBR design manager:
Paola Berlanda

Direzione Artistica:
Paolo Brescia e Tommaso Principi

Committente:
Comune di Prato
Sindaco Matteo Biffoni
Assessore ai Lavori Pubblici Valerio Barberis
Dirigente del Servizio Massimo Nutini
Dirigente Servizio edilizia Storico monumentale
Francesco Caporaso

RUP:
Michela Brachi

Luogo:
Prato

Programma:
parco urbano e padiglione pubblico

Dimensioni:
area di intervento 33.000 mq
superficie costruita 4.209 mq

Cronologia:
2019 progetto esecutivo
2017 progetto definitivo
2016 progetto preliminare
2016 concorso di idee (1° premio)

Premi:
2019 RIUSO, Milano
2017 Premio Urbanistica INU, Urban Promo,
Triennale di Milano

Prato è una città in costante divenire, che sta attraversando grandi cambiamenti sociali e culturali. Il Parco Centrale di Prato interpreta questa condizione, riverberando la visione di "Prato Città Contemporanea" sviluppata dall'amministrazione comunale come laboratorio di idee ed energie creative.

Il progetto ideato insieme a Michel Desvigne Paysagiste è l'esito del concorso internazionale bandito dal Comune, la cui giuria era presieduta da Bernard Tschumi, su un'area a ridosso delle mura medievali, liberata dalla demolizione dell'ex Ospedale Misericordia. Lavorando con Michel, quello che ci ha colpito di Prato è l'estrema regolarità della sua maglia urbana, che eredita l'orientamento romano del Cardo e del Decumano. Dal centro storico alle periferie industriali e agricole, la griglia ortogonale è persistente e profondamente ancorata al paesaggio, diffondendosi in senso spaziale e temporale. Essa detta ancora oggi la struttura e il dimensionamento delle parcelle, definendo una trama urbana di grande leggibilità. È stato chiaro fin da subito che per ritrovare la misura di questa trama, i tre ettari liberati dal vecchio ospedale all'interno della cinta muraria non avrebbero potuto essere un "vuoto", ma avrebbero dovuto iscriversi nell'assetto urbano di Prato: l'unica eccezione nella scala degli spazi pubblici del centro storico sarebbe dovuta rimanere la grande piazza medievale del Mercatale.

Le viste aeree di Prato mostrano un susseguirsi di vegetazione e fabbricati. Michel ne ha estratto le geometrie, rielaborati i ritmi, decriptate le forme. Ispirata al tessuto storico della città, la ricerca che sta alla base di questa idea di paesaggio indaga la formazione urbana di Prato, sottolineando il ruolo arcaico del paesaggio nel pre-figurare gli scenari futuri del territorio, a partire dalla memoria del territorio stesso. Secondo questo approccio, il parco diventa il luogo in cui possiamo comprendere la scala e l'ordine della città storica. Manipolando le tracce urbane originarie, il disegno del parco reinterpreta in un linguaggio contemporaneo e astratto i grandi principi della composizione classica dei giardini rinascimentali, ritmati dalle siepi che ne moltiplicano le prospettive e i punti di fuga, disegnando spazi le cui dimensioni sono comparabili a quelle delle piazze del centro storico di Prato. Le siepi fungono da quinte e scandiscono il parco seguendo gli assi paralleli al cardo. La moltiplicazione di giardini attraverso le quinte consente l'esposizione di collezioni di piante selezionate non solo per le loro caratteristiche botaniche, ma anche per le loro qualità formali, i loro colori, la loro esuberanza. Il parco è poi dominato da un alto strato arboreo – costituito principalmente da alberi preesistenti – che si sovrappone liberamente al disegno geometrico della matrice urbana del parco.

Lungo le mura storiche un bacino d'acqua poco profondo riflette le immagini come in un artificio barocco, raddoppiando visivamente le altezze delle mura, accentuandone la monumentalità. Il parco acquista lo *status* di luogo per l'arte a cielo aperto, facendo eco alla programmazione artistica del Centro Luigi Pecci di Prato.

È con la volontà di trovare *intra-muros* una sinergia con le dinamiche culturali della città che abbiamo pensato al padiglione del centro d'arte come cuore pulsante del parco, hub contemporaneo di produzione artistica e culturale. Lo immaginiamo come un luogo di forte interazione capace di innescare nuove energie urbane all'interno del parco, condensatore sociale che aggrega molteplici attività durante tutto l'arco dell'anno, delle stagioni, del giorno e della notte.

Il padiglione è completamente trasparente e permeabile verso il parco, sfumando l'effetto soglia tra interno ed esterno. La grande copertura aggettante definisce un ampio spazio collettivo, totalmente riconfigurabile al suo interno, accogliendo in pianta libera atelier di artisti, laboratori artigianali, auditorium, sala polivalente per performance teatrali e mostre temporanee, coworking, ristorante e caffetteria. È un grande laboratorio urbano, dove giovani artisti e imprenditori creativi operano in stretto contatto e in reciproca sinergia.

Abbiamo immaginato un centro d'arte che partecipi alla vita cittadina, riscoprendo la funzione urbana del parco che fertilizza la città: una nuova piazza contemporanea di Prato. È l'ode alla città attraverso lo spazio pubblico.

Immagine pagina successiva:
il parco urbano e il padiglione pubblico.
(125)

Inserimento del parco urbano
di Michel Desvigne nella città.
(126)

Le siepi "punk" di Michel Desvigne.
(127)

L'interno del padiglione affacciato sul parco.
(128)

Il padiglione visto dal parterre centrale.
(129)

Genesi per *layer* del parco
di Michel Desvigne.
(130)

Hedge

Mineral and Vegetal

Elaboration of the Pattern

Urban Pattern

Elaborazione del pattern del parco a partire
dalla trama urbana di Prato
di Michel Desvigne.
(131)

Pianta del padiglione.
(132)

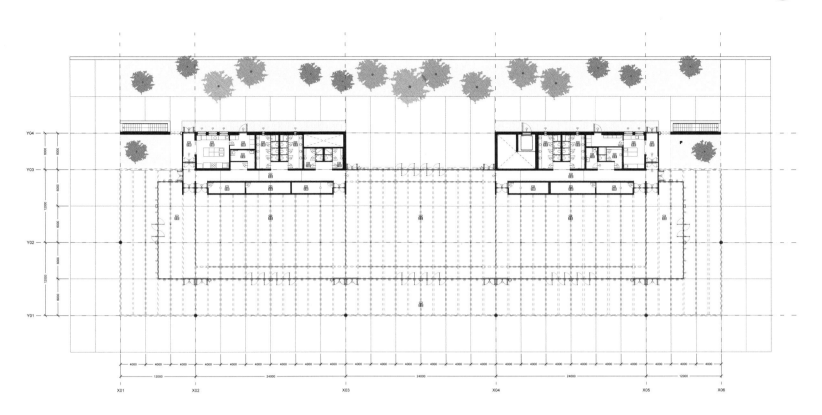

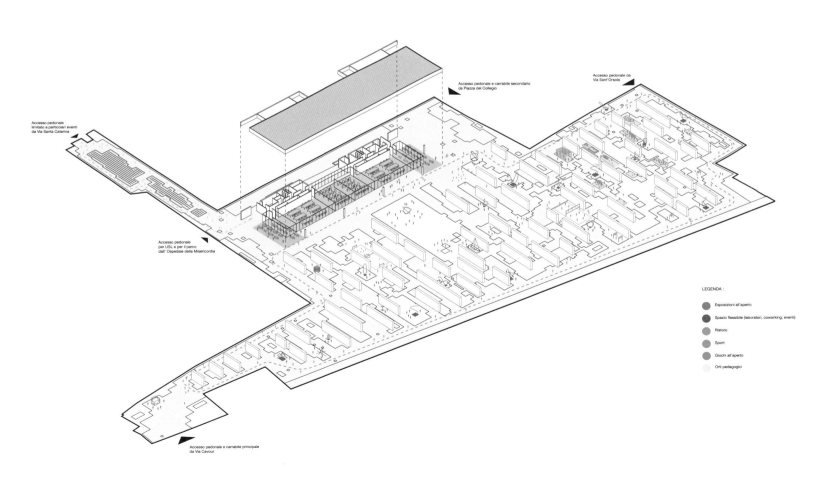

Diagramma funzionale.
(133)

149

Anámnēsis:
Common < > Public

Centro Sportivo Genoa, Cogoleto, 2011-2012
Lo sport è inclusione, partecipazione e aggregazione: contribuisce a consolidare il senso di comunità. Il Centro Sportivo del Genoa Cricket and Football Club si affaccia sul Golfo di Genova come un anfiteatro naturale. Il centro comprende non solo tutte le strutture per l'allenamento della squadra, ma anche gli spazi di accoglienza per il pubblico. Lo straordinario paesaggio, caratterizzato da una dolce orografia che offre una vista esemplare sul mare, ha generato il disegno del centro, come se fosse modellato dalle curve di livello esistenti: i campi da gioco proseguono senza soluzione di continuità negli spalti naturali inverditi da un terreno vegetale pensile che di fatto è la copertura dei servizi di accoglienza, sancendo una rinnovata alleanza tra la squadra e il proprio pubblico.
(134)

Porto, Sestri Levante, 2015
Il porto è il luogo d'incontro tra la città e il mare. Oltre la sua mera funzionalità nautica, il porto è l'avamposto della vita urbana sull'acqua, spazio pubblico per eccellenza che incentiva lo scambio e l'incontro. Per celebrare questo rapporto di Sestri Levante con il mare, abbiamo voluto aprire la vista verso l'orizzonte, rimuovendo i volumi sopra la diga di sopra-flutto, la quale diventa il supporto di una nuova passeggiata panoramica: piazza aperta verso il mare a sud e verso la città a nord, ma anche copertura di alcune funzioni pubbliche sottostanti protette dal molo stesso, che animano la vita urbana in banchina all'interno del porto, a pelo d'acqua. Per assicurare la vista dalla città verso l'orizzonte attraverso il porto, la passeggiata sopra la diga prevede alcuni gradoni a scendere verso mare, con il parapetto sufficientemente recesso in altezza per non essere un ingombro visivo. Si realizza così quel belvedere urbano che sancisce la profonda alleanza di Sestri Levante con il suo mare attraverso il porto.
(136)

Rari Nantes, Napoli, 2015
Il tetto dell'edificio diventa un'estensione dello spazio pubblico. Per valorizzare l'antico circolo Rari Nantes all'ingresso del porto di Santa Lucia di fronte a Castel dell'Ovo, abbiamo cercato di contenere le volumetrie tra la quota del mare e la quota della strada. Così facendo, il progetto esalta la straordinaria prominenza del sito sul mare e sul golfo di Napoli, caratterizzato in quel punto del lungomare dalla vista simultanea del Vesuvio e di Capri, che diventano un panorama fruibile da tutti. La copertura si configura infatti come estensione pubblica del marciapiede, mentre la scalinata di ingresso assume la funzione di belvedere-seduta verso mare. In questo modo, il circolo tiene insieme persone con gli stessi interessi assumendo anche una valenza pubblica per la città.
(135)

Ponte Polcevera, Genova, 2006-2013
La progettazione di un'infrastruttura urbana a grande scala è un'occasione per creare spazio pubblico. Il progetto del ponte sul fiume Polcevera, oltre a connettere la rete viaria locale con quella regionale, vuole contribuire alla riqualificazione del tessuto urbano in corrispondenza dell'ex area industriale alla foce del fiume. Per questo motivo abbiamo esteso la nostra indagine oltre la strada di scorrimento veloce ad alta capacità, ricercando la ricucitura dell'infrastruttura con il contesto urbano preesistente. Focalizzandoci sugli spazi di risulta, i margini a lato e sotto il ponte, abbiamo pensato a un programma che facesse città, prevedendo un parco urbano lineare lungo la strada e sotto il ponte, con passeggiate, piste ciclabili, playground, aree di sosta e di incontro. Secondo questo approccio, si crea una nuova alleanza tra infrastruttura e città, che trae linfa vitale da un uso alternativo dello spazio pubblico.
(137)

Caserma De Sonnaz, Torino, 2016-2017
La corte come spazio di socializzazione: questo può avvenire
anche quando un edificio nato per altri scopi viene ripensato
per una nuova comunità. Abbiamo immaginato la ex Caserma
De Sonnaz come una *architettura reattiva*: un luogo in cui
avviene uno scambio biunivoco tra l'ambiente e le persone che
lo vivono. Da caserma militare a hub dei talenti, in cui giovani
artisti e imprenditori creativi si incontrano per scambiare
esperienze, saperi, idee. La corte diventa lo sfondo di una vita
comune, in cui il disegno degli spazi si delinea in funzione del
livello di cooperazione che gli abitanti vogliono stabilire tra loro.
Un variegato mix di funzioni comuni e individuali, pubbliche e
private, con foresterie, aule, coworking e laboratori, rende la corte
un microcosmo che accoglie e custodisce le singole identità
individuali in un unico spazio comune, valorizzando le diversità
come parte di un tutto.
(138)

Lido, Genova, 2008-2009
Il fronte mare di una città funziona se avviene la compresenza di
tre fattori: visibilità (devo vedere l'orizzonte), accessibilità (devo
arrivare al mare), fruibilità (devo percorrere il litorale). Il progetto di
riqualificazione del Lido di Genova ha rappresentato il paradigma
di come restituire urbanità a un tratto di litorale tra i più sensibili
della città, ricreando le condizioni per una nuova apertura della
città verso il mare: rinaturalizzare il litorale, attraverso la sua
decementificazione e la creazione di un giardino continuo tra città
e mare. Il giardino è caratterizzato da una progressiva sfumatura
degli elementi artificiali in quelli naturali ed è pensato per favorire
l'aumento della biodiversità e dei processi naturali spontanei. Per
raccordare il dislivello di 13 metri tra la città e il mare, e consentire
l'accesso alla spiaggia sottostante, abbiamo immaginato una
piazza prominente sul mare, aprendo la vista verso l'orizzonte
senza emergere visivamente oltre la passeggiata di Corso Italia.
Evocando le coperture praticabili, tipicamente genovesi, questo
nuovo suolo pubblico diventa il teatro permanente da cui ammirare
gli eventi sportivi che da sempre animano lo specchio d'acqua
antistante il Lido, come un ideale Stadio della Vela.
(140)

Atelier Castello, Milano, 2014
Piazza Castello è da sempre un luogo di riferimento per i
milanesi: rappresenta il centro. La sua centralità è però in parte
contraddetta dalla viabilità ad anello che separa la cortina edilizia
esterna dal parco pubblico interno. La proposta che abbiamo
sviluppato per l'Atelier Castello, organizzato da Triennale di Milano
con la partecipazione attiva degli abitanti e del Municipio, vuole
valorizzare la piazza, estendendone il disegno in senso centripeto
(verso il Castello) e centrifugo (verso la città), cercando di risolvere
la cesura provocata dalla strada anulare che oggi circonda la
piazza. Il sistema radiale che abbiamo immaginato definisce nuovi
giardini pubblici orientati verso il Castello, mentre una serie di
raggi creati dal prolungamento degli androni dei palazzi storici
compone dei giardini domestici come estensione verso l'esterno
dei cortili interni. Questo doppio ordine di giardini radiali – pubblici
e domestici – contribuisce a rafforzare la percezione di Piazza
Castello come bene comune, oltre la dicotomia pubblico/privato.
(139)

Museum < > Culture

Dialogo con Giovanna Borasi

GB   Giovanna Borasi
PB   Paolo Brescia
TP   Tommaso Principi

PB   Il museo non esiste da sempre. È un'istituzione relativamente recente, ha poco più di duecento anni, ed è forse tra le più ambiziose invenzioni della modernità, la cui natura è mutata nel tempo. Con il volume *The Museum Is Not Enough*[1], il Canadian Centre for Architecture (CCA) ha fatto un bilancio sulle riflessioni elaborate in quarant'anni di attività. È un libro che amiamo molto perché, facendo parlare in prima persona il museo stesso, e quindi dando voce agli interrogativi e agli obiettivi di chi lo guida, sottolinea il ruolo attivo e vivo del museo. Il testo mette a nudo un'istituzione che non ha paura di mettersi in discussione continuamente, anzi, ne fa il proprio proposito.

Possiamo dire che nel tempo il museo ha sfidato sé stesso, addirittura mettendo in discussione i propri fondamenti. Se prima l'approccio museologico – penso a Franco Russoli – era quello secondo cui la presa di coscienza del proprio presente avviene "attraverso il confronto con le testimonianze poetiche della condizione umana di altri luoghi e tempi"[2], ora al museo si chiede anche una prospettiva rivolta in avanti.

GB   Il termine stesso *museo* può essere limitante. È il motivo che ci ha spinti a voler riflettere sulla sua definizione con la pubblicazione *The Museum is Not Enough*. Negli ultimi anni è stato messo in crisi il ruolo stesso del museo. Da un lato, alcuni musei si sono spinti verso un eccesso della loro dimensione educativa; in Nord America hanno acquisito molta importanza gli *education* o *mediation department*, fino al punto di cambiare la natura del discorso curatoriale: il concetto deve essere trasferito a un pubblico, un pubblico che per desiderio di crescita del museo viene immaginato come estremamente eterogeneo e non specializzato, di conseguenza il messaggio deve essere semplificato, mediato, tradotto. Dall'altro lato, si è diffusa una maggiore autorialità o specializzazione di certi musei, che cercano invece nicchie specifiche di pubblico e pertanto operano molto diversamente. Ma soprattutto si può dire che oggi se non si visita un museo per *imparare*, si è alla ricerca piuttosto della dimensione dell'intrattenimento:

bar, ristoranti, negozi, assumono sempre più importanza negli atri delle istituzioni, tanto da diventare spesso l'espediente per far entrare il pubblico nel museo. Questo approccio "populista" di avvicinamento al grande pubblico sta in realtà trasformando un'esperienza culturale in una dimensione sempre più commerciale, complice anche l'uso del digitale. Mike Pepi in un articolo in *The Museum Is Not Enough*[3] descrive molto bene i rischi della progressiva digitalizzazione dei musei, che stanno diventando sempre più dei depositi di dati, senza preoccuparsi più di elaborare un vero e proprio discorso intellettuale.

TP   Nei mesi di isolamento forzato dovuto alla pandemia, il museo ha cercato di raggiungere il suo pubblico con altri strumenti, che prescindono dal reale incontro con le opere: sono quindi proliferate iniziative digitali di produzione e fruizione di arte e beni culturali. Una sorta di "cesura storica"[4], come l'ha definita Alberto Garlandini, presidente dell'ICOM (International Council of Museums). In quei mesi la tua idea di museo è cambiata? Credi che l'esperienza reale della visita museale, che coinvolge il movimento fisico, i sensi, le relazioni umane, sia imprescindibile, oppure prevedi che nasceranno delle forme ibride? Quale pensi che sia e sarà l'impatto del digitale nelle pratiche museali?

GB   Penso che questo tempo non cambierà solo le istituzioni, ma soprattutto le persone, nel loro desiderio di fruizione del museo. Personalmente sono molto scettica sull'entusiasmo riposto nelle nuove mostre digitali. Se le confrontiamo con un progetto di architettura, le mostre digitali hanno forse con l'opera d'arte lo stesso rapporto che un render ha con il progetto architettonico: il render offre una suggestione di uno spazio, ma difficilmente restituisce l'esperienza che fai dello spazio stesso, così come l'esperienza che fai dell'opera d'arte è impossibile solo tramite la sua rappresentazione digitale. Il discorso si fa particolarmente problematico se pensiamo alle mostre d'architettura, che già di per sé non mettono in mostra l'architettura stessa ma un suo

surrogato, un suo raccontarla… Quindi i gradi di distanza dall'oggetto si moltiplicano: parliamo di una rappresentazione di una rappresentazione. Inoltre, da architetto, credo che la presenza dell'architettura del museo nel suo quartiere, nella sua città, sia importantissima. L'esperienza di visitare il MoMa, Palazzo Pitti o la Triennale di Milano, ad esempio, coinvolge un certo rituale di avvicinamento, una serie di esperienze personali e collettive che si perderebbero se entrassimo in una dimensione interamente digitale. Portando il ragionamento all'estremo, che specificità avrà ad esempio una mostra di Philippe Parreno allestita alla Tate piuttosto che all'Hangar Bicocca, nel momento in cui il museo non esiste più fisicamente? Da un lato si dovrà forse andare più profondamente all'essenza del contenuto. Dall'altro, l'esperienza legata al contesto del museo andrà persa: per assurdo, mi chiedo come distingueremo un'istituzione dall'altra. Questo è un tema che sto investigando proprio in questo momento. In particolare al CCA, infatti, ricerchiamo la specificità in ogni mostra che organizziamo. Questo deriva dalla formazione architettonica di molti dei nostri curatori: cerchiamo di dare sempre una risposta, evitando soluzioni preconfezionate. Così le gallerie assumono di volta in volta spazialità e letture nuove. Cosa rimarrebbe di questa specificità se tutto passasse nel digitale?
Per concludere, penso che nel post-Covid troveremo un nuovo equilibrio da parte sia dei musei, sia dei visitatori, diversificando e scegliendo di volta in volta il coinvolgimento più adatto in quel momento: mostre e conferenze fisiche o online, social media, pubblicazioni cartacee o digitali, video chiamate su Zoom.

PB   Quanto dici mi fa pensare alla nostra esperienza di lavoro a distanza durante la pandemia: chiaramente il digitale ti fa perdere quella "carne" del disegno dialogico, quello fatto insieme sullo stesso foglio. Non penso alla dimensione fisica, quanto a quella collettiva, per cui il disegno è l'esito di un processo evolutivo interattivo.

GB   Credo che non avremo alternative. E credo che questa sia una delle nuove sfide per il museo: saper selezionare il *medium* giusto per affrontare un determinato tema. In fondo, l'idea che stava alla base della mostra "The Other Architect"[5] che ho curato al CCA era proprio questa: cioè che l'architetto potesse scegliere non solo gli strumenti del progetto, ma la *forma* della risposta a una data questione, che non è per forza il costruire. Come architetto puoi decidere se il progetto consiste in una struttura fisica, oppure in un'indagine, in uno *statement*, in una ricerca. È la bellezza dell'architettura, il cui *output* non è sempre l'edificio costruito. Penso che, come curatori o come istituzioni, abbiamo tutta una serie di mezzi a nostra disposizione, e la vera domanda da porci è quale sia quello giusto per comunicare una certa idea. È una mostra, un libro, un documentario? Una serie di presentazioni su Zoom? Nel futuro, secondo me, sarà sempre più così. Andrai a cercare il tuo pubblico perché il tuo pubblico è in quel "luogo". È una varietà di luoghi d'incontro, che non saranno più per forza solo l'atrio o le sale del museo.

PB   Ci sembra che la missione culturale che stai portando avanti con il CCA sia quella di promuovere una narrazione dell'architettura che ne sveli le implicazioni profonde con la realtà. In un certo senso, le vostre mostre creano una coincidenza tra la *visione* dell'architettura e la *rappresentazione* di quella visione. Ecco, per noi progettisti questa questione è essenziale: come far coincidere il *cosa* vuoi dire con il *come* lo dici. Come farebbe un artista, che mentre la *pensa* la *fa* (l'opera), anche se poi materialmente non è detto che sia lui a realizzarla. Il nostro problema è che, come architetti, ci fermiamo alla pre-realizzazione, ci limitiamo a dare gli strumenti cognitivi a qualcun altro che costruirà, quindi c'è sempre un gap tra il progetto che fai e l'opera che viene realizzata. Pensi che sia possibile elaborare un nuovo modo di *rappresentare* l'architettura, oltre i disegni, i modelli, i video, i testi?

GB   Può sembrare assurdo, ma spesso trovi delle risposte ponendoti domande diverse rispetto a quella di partenza. Al CCA procediamo spesso così per le nostre mostre tematiche. Ad esempio, quando Mirko Zardini e io abbiamo curato la mostra "1973: Sorry, Out of Gas"[6] nel 2007, era un momento storico in cui il tema della sostenibilità veniva affrontato esclusivamente dal punto di vista delle nuove tecnologie, delle facciate verdi... Non ci interessava fare un'altra mostra sul *green design*, ma volevamo dare una prospettiva più ampia, che prescindesse dalle risposte date in quel preciso momento, e ci siamo chiesti come avremmo potuto parlare di questioni di sostenibilità senza parlarne direttamente. Trovare un altro punto di vista ti permette di rientrare nella discussione da un'altra prospettiva.

Credo che questo approccio più trasversale si possa applicare anche quando fai architettura. È vero che se ti viene richiesto di disegnare un ospedale, non puoi certo evadere dalla richiesta, ma può essere utile a volte astrarsi dal *brief*, dalla pressione del cliente, dalle costrizioni del budget, e porsi altre domande. Spostare i termini delle domande aiuta a mettere in discussione le questioni che ti vengono poste e a inquadrarle da un altro punto di vista.

La mostra "A Section of Now"[7], inaugurata a Montreal nel Novembre 2021, vuole ancora una volta scardinare le visioni preconcette che abbiamo della società. Parte dal presupposto che l'architettura moderna era basata su un'idea stereotipata di famiglia composta da due genitori (bianchi ed eterosessuali) con un lavoro *nine-to-five*, e da due bambini. Sappiamo che la società oggi mette in discussione questa concezione di famiglia, il significato stesso dell'amore, l'idea (e il modo) di avere bambini, il luogo del lavoro, la questione della proprietà... Esistono già dei modelli nuovi di conduzione, di *sharing* per esempio. Ma dov'è l'architettura? Questa mostra è una *call to action* per gli architetti, affinché entrino più in contatto con questi cambiamenti nella società aprendosi alla sperimentazione di tipologie nuove e alla produzione di nuovi spazi per nuovi rituali.

TP   Certo, il nostro ruolo è quantomeno quello di riverberare questi fenomeni e di immaginare la scena di quello che sarà. Inquadrare le dinamiche e dare loro uno sfondo.

GB   Io penso che l'architettura abbia la capacità di accompagnare dei rituali. Purtroppo quello che registro oggi è una certa debolezza da parte dell'architetto nell'evitare che la dimensione commerciale prenda il sopravvento.

TP   Quello che dici è sempre più evidente nella "museomania" a cui stiamo assistendo: ovunque continuano a proliferare nuovi musei, attraendo sempre più larghe fasce di pubblico,

talvolta anche come operazioni di immagine, sia essa aziendale o politica. Per non parlare delle forme di "musealizzazione" urbana di alcune città, come Venezia e Firenze...

GB   Quindi non solo le istituzioni devono continuare a interrogarsi sulla propria vocazione culturale e sociale, ma anche gli architetti, gli artisti, il pubblico hanno una certa responsabilità nella definizione del museo.

PB   Ovviamente è difficile parlare di pubblico: ci sono tanti pubblici eterogenei che il museo deve imparare ad ascoltare. Questa sembra essere la prossima sfida del museo, che deve uscire dalle proprie pareti, non solo nella rete, ma anche nella città, aprendosi alla comunità.

Forse dovremmo domandarci come far uscire il museo oltre sé stesso. Come diceva Louis Kahn, "a museum should spread out!"[8]. Quando abbiamo progettato il Museo di Pitagora[9] nella periferia di Crotone, l'intenzione condivisa con l'amministrazione era di agire su due livelli, globale e locale: proiettare il museo all'interno del turismo culturale internazionale promuovendo l'identità storico-scientifica di Pitagora (che a Crotone aveva fondato la sua Scuola) e contemporaneamente favorire un processo di rigenerazione urbana a partire dalla periferia, attraverso un'idea di museo radicato alla propria comunità locale, stimolando un senso di appartenenza e superando il timore reverenziale di luogo auratico. Per come lo vediamo, il museo non deve mai smettere di ripensarsi come luogo "partecipato" e che "partecipa" alla vita della collettività, rivolgendo sempre più attenzione ai temi urgenti come diritti umani, rispetto delle diversità, sostenibilità... Esiste un senso di responsabilità del museo?

GB   Noi abbiamo cominciato col mettere in discussione il nome stesso di "museo": il CCA fin dall'inizio è stato chiamato "centro" perché ha una dimensione più legata alla ricerca. Anche il nostro pubblico non è solo quello che viene a vedere le mostre, ma che utilizza la collezione in una dimensione attiva. Poi, sempre nel nome, c'è Centre *for* Architecture: il pubblico si pone in relazione con l'architettura e viceversa. Quello che facciamo è porre una serie di questioni, di dubbi, per aprire un dialogo. Questo non vale per tutti i musei. In questo momento, specialmente qui in Nord America e con il movimento Black Lives Matter, il museo a volte è visto come un nemico, dove si racconta una storia di colonizzazione. Non è un luogo per tutti, ma spesso viene percepito come un luogo dove si trasmette un punto di vista sul mondo da parte della società bianca. Adesso il problema è effettivamente qual è la voce dietro il museo e quale rappresentazione dare alla realtà.

TP   Una delle nostre preoccupazioni nel disegnare il progetto del Museo di Pitagora è stata proprio quella di permettere ai ragazzi del quartiere che in quell'area si ritrovavano spontaneamente, di continuare a frequentare quel luogo sentendolo come proprio, attraverso l'uso di spazi del museo che rimanessero sempre accessibili e aperti, come la copertura e il belvedere sulla città. In quel particolare contesto sociale abbiamo capito l'importanza di una strategia pubblica nell'attivare gli spazi museali come luoghi di aggregazione e interazione sociale.
Che idea ti sei fatta del museo tra sostegno pubblico e autosostentamento privato? Come rimanere fedeli all'idea di museo come servizio pubblico no profit, da cui bandire il consumismo sfacciato?

GB   Il CCA è una fondazione, un'istituzione privata senza scopo di lucro. Riceviamo sovvenzioni dallo stato canadese (federale e provinciale), ma un apporto importante proviene da donazioni di privati e fondazioni. Tutto ciò ci assicura una notevole indipendenza intellettuale. Per le celebrazioni dei centocinquant'anni del Canada, ad esempio, abbiamo realizzato una mostra (curata da Mirko Zardini) che si chiamava "It's All Happening So Fast. A Counter-History of The Modern Canadian Environment"[10], in cui abbiamo mostrato l'ambigua relazione del paese con le sue risorse: lo sfruttamento delle foreste, delle acque, il pericolo che deriva da una enorme concentrazione di basi nucleari... Era una mostra da cui si usciva depressi, con una chiara cognizione dei limiti e delle conseguenze delle nostre azioni fino a oggi. Noi abbiamo potuto fare una mostra così nell'anno in cui tutto il Canada celebrava i centocinquant'anni del paese per la visione coraggiosa di Mirko e perché siamo un'istituzione indipendente e quindi possiamo mantenere una dimensione critica anche rispetto al contesto in cui agiamo. Non è detto che un'istituzione privata abbia sempre questa fortuna; spesso purtroppo i musei privati sono condizionati dalla provenienza dei loro fondi.
Io penso che comunque sia importante che una nazione abbia una dimensione culturale che si concretizza in una serie di istituzioni, sia pubbliche che private. Purtroppo il problema è come si muovono queste istituzioni. In Italia molto spesso ci si deve far carico di secoli di collezioni, quindi il problema delle istituzioni pubbliche è che già solo il costo di mantenere

la massa delle loro collezioni fa sì che spesso non ci siano i mezzi per produrre un discorso ulteriore rispetto alla semplice conservazione di queste collezioni. Invece penso sia fondamentale che proprio questi musei pubblici continuino a riflettere sul passato per interrogarsi sull'oggi.

PB   Mi vengono in mente i luoghi eterotopici di Michel Foucault, nei quali si manifesta il potere istituzionale sull'individuo. Ricordo che in un'intervista di Paul Rabinow a Foucault, alla domanda "che potere ha l'architettura?", Foucault rispose che può esserci qualche beneficio sociale nel momento in cui avviene la coincidenza tra la volontà liberatrice da parte dell'architetto e la reale pratica della libertà da parte delle persone[11]. Applicato al museo, questo ragionamento introduce una questione centrale: come ripensare il rapporto tra potere istituzionale e libertà dell'individuo, coinvolgendo il pubblico non più come oggetto di un programma unicamente educativo, ma soggetto di una ricerca? Credo che questa sia una delle grandi questioni che il museo deve affrontare, facendo luce sulle "zone d'ombra" del presente e stimolando nuove domande.

TP   Pensando al rapporto con le nuove tecnologie, come vedi l'affermarsi della stampa 3D e dell'intelligenza artificiale nel futuro dell'architettura? Se l'architettura si avvia a diventare un oggetto atemporale che può essere realizzato ovunque con un semplice *clic*, come evitare la fine del design inteso come sintesi tra etica ed estetica? Se le multinazionali avranno la capacità di produrre, vendere e distribuire globalmente l'architettura, c'è il rischio che venga meno il ruolo dell'architetto che progetta per un determinato tempo, un luogo specifico e una data comunità.

GB   Se da un lato queste innovazioni tecnologiche pongono una questione di efficienza – meno tempi e più precisione –, dall'altro consentono una nuova forma di democratizzazione, un po' come è stato con la prefabbricazione che consentiva le stesse modalità di costruzione in diversi luoghi del mondo, al di là dei limiti costruttivi locali. Ma non so se in questo non ci possa stare anche il ruolo dell'architetto... Al CCA abbiamo acquisito nella collezione un progetto molto interessante di Greg Lynn, *Embryological House*[12]. Era uno dei primi esperimenti col digitale, in cui si è immaginato che un algoritmo potesse produrre tutta una serie di possibili variazioni di una medesima casa. L'architetto disegna la logica delle variazioni, più che il progetto in sé. Io vedo del potenziale in termini di ottimizzazione, nell'utilizzo di questi mezzi per costituire un sistema integrato dove, per esempio, certe parti vengono concepite digitalmente, non molto diversamente da come già avviene nel mondo del design.

PB   Effettivamente la democratizzazione di cui parli ti consente di aumentare i gradi di libertà. In qualche modo è quello che abbiamo cercato di fare quando sviluppavamo il progetto del complesso residenziale di Milanofiori[13], il cui tema era proprio disegnare i "gradi di libertà" degli abitanti. È un'idea di architettura che non è compositiva, ma che propone un campo di possibilità. In questo modo volevamo stimolare il senso dell'abitare da parte degli abitanti, affinché diventassero essi stessi gli autori del proprio modo di abitare, che potesse evolversi in modo imprevedibile, lavorando sul tempo, prima ancora che sullo spazio, attraverso i gradi di libertà che offrivamo attraverso le facciate che diventavano lo strumento per interagire tra interno ed esterno. Grazie a questa forma di democratizzazione dell'architettura, gli abitanti non erano più l'oggetto di un modello abitativo precostituito, ma i soggetti di diversi modi di abitare. Allora la questione non è tanto sugli strumenti, ma sul senso che dai agli strumenti. Un po' come per le lenti per Galileo, che non servivano più per guardare l'estremamente piccolo, ma l'estremamente grande...

GB   Sì, in effetti anche io sono sempre cauta di fronte alle nuove tecnologie, perché bisogna capire bene dove ti portano.

TP   Bisogna mettersi in un'ottica di anticipazione. Penso ai vantaggi, ma anche ai pericoli dell'intelligenza artificiale, per esempio. La domanda è se l'innovazione tecnologica sia davvero condizione necessaria e sufficiente per costruire la società del futuro.
Nella nostra mostra *Right to Energy*[14] per il MAXXI del 2013 ci domandavamo come, attraverso l'architettura, le persone si confronteranno con l'energia e con tutto quello che ci serve per far andare avanti il mondo in riferimento alle nuove forme di energia rinnovabili nell'era del post-petrolio. Avevamo immaginato una nuova forma di smart grid che non è solo globale, ma anche *mobile*, che incentiverà la produzione individuale di energia attraverso il nostro fare e lo spostamento quotidiano, ipotizzando una serie di "nodi energetici" in cui potremo scambiare energia e dati interagendo con gli altri. Come se fossimo in un mercato, in una "energy mall" del futuro. Si voleva stimolare una nuova forma di democratizzazione dell'energia: tutti potranno trasformare e

scambiare un'energia più libera e accessibile, da cui appunto il titolo *Right to Energy*. Tutto questo avveniva attraverso *tool* che avevamo studiato per formare delle architetture *post-oil*, combinando parametricamente tre tipi di "mattoni energetici": uno che genera energia (trasparente), uno che accumula energia (opaco), uno che produce ossigeno dalle alghe (traslucido). È un argomento che voi avete investigato in maniera estesa nella vostra mostra "1973: Sorry, Out of Gas". Credi che sia sufficiente immaginare nuovi *tool* per sviluppare l'architettura nella società del post-petrolio o è necessario un cambio di paradigma?

GB   Penso che la vostra posizione in *Right to Energy* fosse molto interessante. Sicuramente occorre un cambio di paradigma, in quanto non è possibile semplicemente spostarsi su forme di energia diverse. L'idea che l'individuo venga coinvolto in maniera più consapevole non solo nel consumo, ma anche nella produzione di energia, è una questione fondamentale. Il modo in cui avete affrontato questo tema per il MAXXI collega l'energia a una dimensione più ampia: ai concetti di *right to water, right to air*, per esempio. L'energia come parte del nostro contesto sociale e politico in senso lato. Credo che uno degli aspetti più delicati nella nostra relazione con l'energia sia il passaggio dall'individuo alla comunità. Uno dei problemi che abbiamo affrontato nella nostra mostra "1973: Sorry, Out of Gas" è proprio la difficoltà di transizione dalla scelta individuale a quella di una comunità più larga, che è una dimensione ben più complessa. Ognuno di noi può fare scelte responsabili, di risparmio (di energia, di consumi, di rifiuti...), o anche di autoproduzione, ma ciò non può esimersi dall'affrontare il discorso su consumo e comunità.

PB   Seguiamo con grande interesse la ricerca che stai conducendo con il CCA sulle prospettive post-coloniali dell'architettura in Africa. Nei progetti che stiamo realizzando in quel continente, abbiamo sempre cercato di impostare un processo di diversificazione e unicità a partire dalle identità culturali, sociali e ambientali specifiche del contesto, declinandole in chiave contemporanea, senza importare modelli occidentali globalizzanti, ma al contrario cercando di reinterpretare i modelli aggregativi tradizionali, stimolando un impulso verso un maggiore coinvolgimento sociale. Per questo abbiamo formato un gruppo di lavoro allargato, che coinvolge diversi operatori e istituzioni locali. Quello che ci interessa non è un progetto *per* l'Africa, ma *dall*'Africa, considerando peraltro che non c'è *una* Africa, ma *tante* Afriche...

TP In un progetto, ad esempio, che riguardava una città di nuova fondazione in Ghana, ci siamo confrontati con un modello di sviluppo diffuso in West Africa che gli antropologi con cui lavoravamo avevano chiamato "nebulare", dove la comunità si costituisce per progressiva aggregazione frattale di nuclei familiari allargati. In questo modo si generano delle *compound houses* caratterizzate da un sistema articolato attorno a uno spazio aperto di relazione tra le varie componenti della famiglia polinucleare. Nel pensare a questa città di nuova fondazione siamo partiti da questi riferimenti di sviluppo comunitario, se non propriamente urbano, dove ovviamente non compare la maglia ippodamea. Se l'architettura rurale africana ha millenni di tradizioni e di sfumature, l'architettura della città in Africa effettivamente segue spesso un modello post-coloniale globalizzato. Come vedi l'evolversi dell'architettura africana post-coloniale, anche considerando che una parte della storia dell'architettura urbana africana coincide con quella coloniale?

GB Il nostro progetto si chiama "Centring Africa"[15]: parte dal mettere letteralmente l'Africa al centro. Non solo il soggetto, ma anche il modo con cui si guarda il soggetto. Semplificando, il nostro lavoro parte dal presupposto che noi, bianchi nordamericani, non possiamo capire veramente la realtà africana, se non inesorabilmente con uno sguardo esterno, colonizzatore. Come primo passo abbiamo quindi identificato ricercatori africani o che lavorano sul continente, invitandoli a proporre delle ricerche specifiche dal loro punto di vista. Molti degli studiosi locali che stanno lavorando a questo progetto considerano la colonizzazione un momento di frattura rispetto alla loro storia. È difficile immaginare quale sarebbe stato il futuro dell'Africa se non ci fosse stata la colonizzazione, se non fosse stato interrotto un loro processo di costruzione del futuro. E quindi è molto utile cominciare a decostruire il modo con cui si guarda il problema. Abbiamo anche capito che non dobbiamo fermarci alla realtà contemporanea. Per esempio, c'è un gruppo di studiosi nigeriani che indaga quali elementi della cultura nigeriana siano stati ripresi dai coloni e siano stati quindi integrati nella cultura colonizzatrice.

PB Questo tuo approccio di indagare nel tempo, in dietro e in avanti, per "rintracciare" le questioni essenziali e presenti da sempre nella cultura africana, si avvicina molto a quell'idea di architettura "già lì da sempre" su cui stiamo lavorando da tempo. Mettendo insieme la doppia dimensione temporale del "già" e del "sempre", intendiamo un'architettura che appartenga al nostro tempo, ma che è percepita come se ci fosse sempre stata. Una sorta di ossimoro che sovrappone il presente con il passato e il futuro, unendo memoria e visione. Museo come "macchina del tempo"?

GB Porsi delle domande connesse al presente per poi distanziarsene e ampliare il quadro per indagare il futuro. Credo che anche l'architettura dovrebbe seguire questa strada. Nella mostra che abbiamo appena aperto, "The Things Around Us"[16], presentiamo una ricerca condotta dal Rural Urban Framework a Ulan Bator, dove vive una maggioranza di nomadi, che il governo locale vorrebbe stanziali in abitazioni permanenti, contrariamente alle loro abitudini. Ecco, il ruolo dell'architetto sta proprio nel contribuire attivamente a questo processo evolutivo. Penso che questa sia una delle questioni più delicate.

TP Chiudiamo con una domanda cruciale che poniamo a tutti i nostri interlocutori e che riguarda il futuro del nostro pianeta. Anche se siamo animati dalle migliori intenzioni ambientali, ogni giorno continuiamo a sbilanciare gli equilibri naturali per trarne il massimo profitto, industriandoci per piegare la Natura ai nostri bisogni, generando addirittura il bisogno di tali bisogni. Cosa fare per cambiare questa direzione distruttiva?

GB Penso che si possano fare diverse cose: a partire dal modo in cui guardiamo ai problemi, agli strumenti che utilizziamo, a come affrontiamo il rapporto tra individuo e comunità. Credo occorra fare molta attenzione ai fenomeni che sono sintomi di cambiamento. Pensate a come eravamo scettici quando è nata Wikipedia e a cosa è diventata. Oggi è una fonte costruita su un processo di sapere condiviso. Questo è un fenomeno che cambia la dimensione del contesto. Oppure pensiamo a come delle persone che condividono un ideale non vadano più in piazza come forma di protesta, ma si radunino intorno a uno strumento digitale o a un *hashtag* per portare avanti la loro posizione. In molti campi, a partire da quello museale, sta cambiando il modo di prendere decisioni anche rispetto ai contenuti: la direzione *top-down* è sempre più messa in discussione, in accordo alla posizione che avete sostenuto anche voi nella mostra *Right to Energy*, in cui la singola persona avrà una dimensione decisionale più sistemica all'interno della collettività.

1. Giovanna Borasi, Albert Ferré, Francesco Garutti, Jayne Kelley, Mirko Zardini, *The Museum Is Not Enough*, Berlin, Sternberg Press, 2019.

2. Franco Russoli, in Erica Bernardi (a cura di), *Franco Russoli. Senza utopia non si fa realtà. Scritti sul museo (1952-1977)*, Milano, Skira, 2017.

3. Mike Pepi, "Is Database A Museum?", in Giovanna Borasi et al., *The Museum Is Not Enough*.

4. "I musei sono palestre per formare cittadini", intervista ad Alberto Garlandini di Vincenzo Trione, in "la Lettura", *Corriere della Sera*, 5 luglio 2020.

5. "The Other Architect", Canadian Centre for Architecture, Montreal, 28 ottobre 2015-10 aprile 2016.

6. "1973: Sorry, Out of Gas", Canadian Centre for Architecture, Montreal, 7 novembre 2007-20 aprile 2008.

7. "A Section of Now: Social Norms and Rituals as Sites for Architectural Intervention", Canadian Centre for Architecture, Montreal, 13 novembre 2021-1 maggio 2022.

8. Louis I. Kahn, in Patricia C. Loud, *The Art Museums of Louis I. Kahn*, Durham, Duke University Press, 1989.

9. Museo di Pitagora, Crotone, p. 162.

10. "It's All Happening So Fast. A Counter-History of The Modern Canadian Environment", Canadian Centre for Architecture, Montreal, 16 novembre 2016-9 aprile 2017.

11. Paul Rabinow, *The Foucault Reader*, London, Penguin Books, 1986.

12. https://www.cca.qc.ca/en/articles/issues/4/origins-of-the-digital/5/embryological-house. Ultimo accesso: 19 giugno 2023.

13. Complesso Residenziale, Milanofiori, p. 16.

14. Right to Energy, MAXXI, Roma, p. 284.

15. https://www.cca.qc.ca/en/61282/centring-africa-postcolonial-perspectives-on-architecture. Ultimo accesso: 19 giugno 2023.

16. "The Things Around Us: 51N4E and Rural Urban Framework", Canadian Centre for Architecture, Montreal, 16 settembre 2020-14 febbraio 2021.

13 Museo di Pitagora Crotone

Project team:
OBR, Erika Skabar, Favero & Milan Ingegneria,
Claudia Lamonarca, Giuseppe Monizzi,
Giovanni Panizzon, SISSA Scuola Internazionale
Superiore di Studi Avanzati

OBR design team:
Paolo Brescia e Tommaso Principi,
Antonio Bergamasco, Giulia Carravieri,
Dahlia De Macina, Chiara Farinea, Manuel Lodi,
Paola Pilotto, Gabriele Pisani, Gabriele Pitacco,
Giulio Pons, Michele Renzini, Paolo Salami,
Onur Teke, Massimo Torre, Francesco Vinci

OBR design manager:
Manuel Lodi

Direzione artistica:
Paolo Brescia e Tommaso Principi

Committente:
Comune di Crotone

RUP:
Sabino Vetta

Direttore lavori:
Alessandro Bonaventura

Impresa:
Edilcase

Luogo:
Crotone

Programma:
museo

Dimensioni:
area di intervento 180.000 mq
superficie costruita 1.000 mq

Cronologia:
2011 fine lavori
2006 progetto esecutivo
2005 progetto definitivo
2004 progetto preliminare
2003 concorso di progettazione (1° premio)

Premi:
2013 Ad'A, Roma
2011 In/Arch Ance Award, Giovani Architetti, Roma
2010 European 40 Under 40 Award, Madrid
2009 Medaglia d'Oro all'Architettura Italiana,
        finalista, Triennale Milano
2008 Urbanpromo, INU, La Biennale di Venezia
2008 Plusform Award, Best realized architecture
        under 40, Roma
2007 AR Emerging Architecture Award,
        Honorable mention, London

Il progetto nasce dal concorso internazionale promosso dalla Comunità Europea. Oggetto del concorso era la creazione di un parco di 18 ettari avente come tema la figura di Pitagora nella Kroton del VI secolo a.C.

Situato nella prima periferia di Crotone, il progetto è parte di un più ampio piano di rigenerazione urbana finalizzato a rivitalizzare con nuove funzioni pubbliche e culturali le aree ai margini della città, realizzando una passeggiata tra il castello cinquecentesco Carlo V e il Parco Pignera, per istituire un chiaro legame tra centro e periferia.

Nelle intenzioni condivise con l'amministrazione, il Museo e i Giardini di Pitagora dovevano rappresentare una nuova forza attrattiva per il turismo culturale internazionale, contribuendo allo sviluppo economico e sociale della città. Per questo motivo il progetto agisce su due livelli: globale, proponendo la valorizzazione dell'identità storico-scientifica di Pitagora (che a Crotone aveva fondato la sua Scuola), e locale, avviando un processo di riqualificazione urbana a partire dalla periferia, attraverso un'idea di museo radicato nella propria comunità.

L'intenzione è quella di stimolare il senso di appartenenza e superare il timore reverenziale tipico del museo come luogo auratico, ripensandolo invece come luogo *partecipato* e che *partecipa* alla vita della collettività. Una delle nostre preoccupazioni è stata proprio quella di permettere ai ragazzi del quartiere, che in quell'area si ritrovavano spontaneamente, di continuare a frequentare quel luogo sentendolo come proprio. Abbiamo così concepito alcuni spazi del museo in modo tale che rimanessero sempre accessibili e aperti, come la copertura e il belvedere sulla città.

Nella nostra idea l'architettura del museo doveva contribuire alla formazione di un paesaggio morfologicamente consolidato al suolo. Per questo motivo abbiamo pensato a una struttura che fosse ipogea ed epigea insieme, integrata nell'orografia del sito quasi a voler riprendere il profilo del rilievo collinare esistente,

ma che fosse anche prominente verso la città. Questa relazione tra architettura e paesaggio viene enfatizzata negli spazi interni del foyer e della caffetteria, che inquadrano il panorama esterno.

Al museo è possibile accedere sia dal livello inferiore salendo dalla città, sia dal livello superiore scendendo dalla collina. Una *promenade architecturale* a spirale gestisce la distribuzione interna accompagnando in modo fluido e continuo il visitatore fino alla copertura-giardino, che si trasforma in piazza all'aperto. Essa è concepita come belvedere sul parco e la città, luogo di socializzazione dove il limite tra funzione espositiva, piazza e giardino è connotato dall'uso degli utenti. Il progetto museologico propone un programma articolato che affianca scienza, arte, natura, storia, filosofia, matematica e musica, stimolando un approccio multidisciplinare e di ricerca.

La figura di Pitagora diventa il percorso ideale per coniugare la cultura classica della Magna Grecia al pensiero scientifico moderno che, attraverso Fibonacci e Keplero e poi Wiles e Witten, conduce fino ai giorni nostri. Non si tratta però di un museo tradizionale. Il percorso espositivo è costituito da installazioni *hands-on*, studiate per essere usate dal pubblico che stabilisce con esse un rapporto fortemente interattivo, favorendo in questo modo l'autoapprendimento e il ragionamento autonomo.

Immagine pagina successiva:
il Museo di Pitagora nel parco Pignera.
(141)

163

La copertura-giardino del museo.
(142)

Inserimento del museo nel parco.
(143)

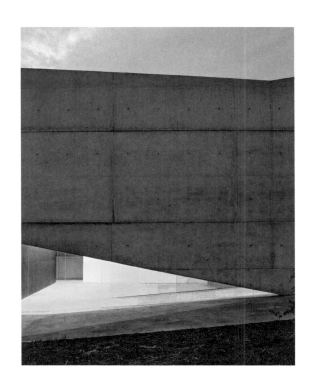

Il raccordo della struttura
con l'orografia del giardino.
(144)

L'aggetto della struttura
che definisce l'ingresso al museo.
(145)

L'ingresso al museo e
la caffetteria affacciata sul parco.
(146)

Vista dell'ingresso del museo.
(147)

Dettaglio della trave parete dall'interno.
(148)

La *promenade architecturale* interna,
in continuità con il percorso esterno.
(149)

La *promenade architecturale* verso la
caffetteria.
(150)

Lo spazio espositivo.
(151)

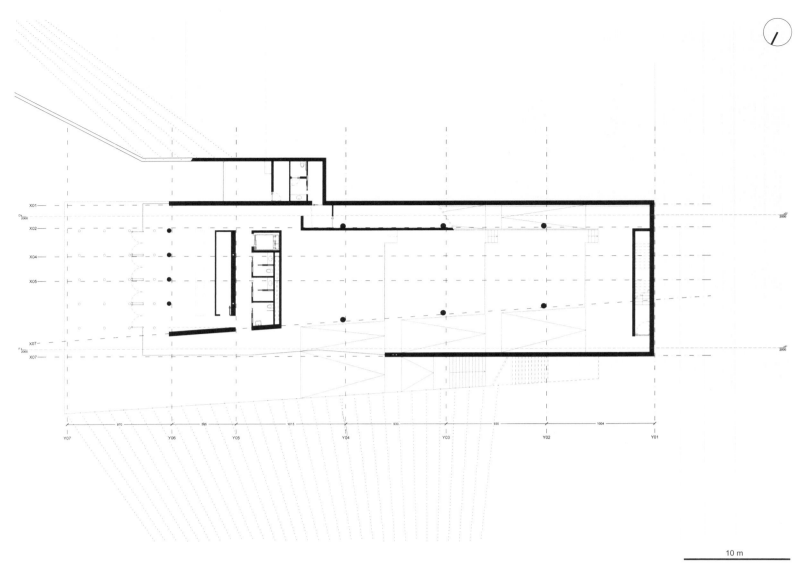

Pianta del piano terra.
(152)

10 m

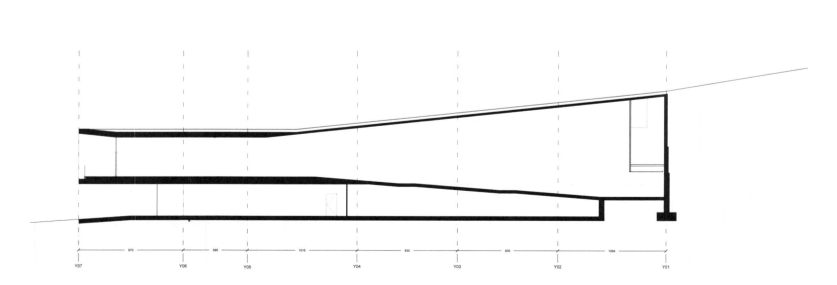

Sezione longitudinale lungo la rampa interna.
(153)

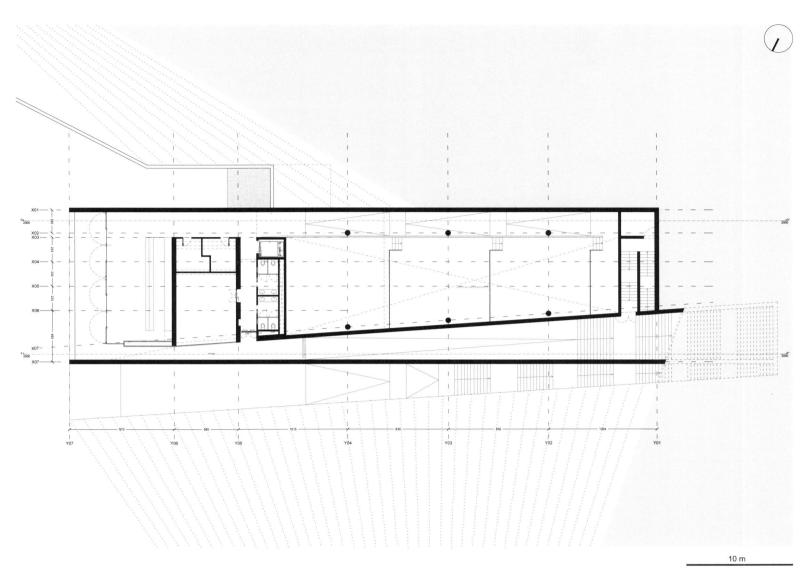

Pianta del piano primo.
(154)

Sezione longitudinale lungo la rampa esterna.
(155)

10 m

14 Galleria Sabauda Torino

Project team:
OBR, Studio Albini Associati,
Rick Mather Architects, Vittorio Grassi Architetto,
D'Appolonia, Favero & Milan Ingegneria,
Manens Intertecnica, Aubry & Guiguet
Programmation, Carlo Bertelli, Noorda Design,
Castagna Ravelli Studio, Onleco,
Studio Lo Cigno, GAe Engineering,
Paolo Bombelli

OBR design team:
Paolo Brescia e Tommaso Principi,
Pelayo Bustillo, Andrea Casetto, Gaia Galvagna,
Elena Martinez, Margherita Menardo,
Gabriele Pitacco, Paolo Salami, Tiziana Sorice,
Francesco Vinci, Barbara Zuccarello

OBR design manager:
Margherita Menardo

OBR direttore operativo architettura:
Andrea Casetto

Committente:
Ministero per i Beni e le Attività Culturali

Direttore regionale:
Mario Turetta

Soprintendenza per i Beni Storici, Artistici ed
Etnoantropologici:
Carla Enrica Spantigati (fino al 2009)
Edith Gabrielli (dal 2010)

RUP:
Carla Enrica Spantigati (fino al 2009)
Gennaro Napoli (dal 2010)

Direttore Galleria Sabauda:
Paola Astrua (fino al 2009)
Annamaria Bava (dal 2010)

Direttore lavori:
Luisa Papotti

Imprese:
Ed. Art S.r.l., Gozzo Impianti S.p.A.

Luogo:
Torino

Programma:
museo

Dimensioni:
superficie costruita 6.960 mq

Cronologia:
2014 fine lavori
2007 progetto esecutivo
2006 progetto definitivo
2004 progetto preliminare
2003 concorso di progettazione (1° premio)

Si ringrazia il Ministero dei Beni e delle Attività
Culturali – Musei Reali di Torino.

Con il trasferimento della Galleria Sabauda nella Manica Nuova di Palazzo Reale si realizza la configurazione finale del Sistema dei Musei Reali di Torino, costituendo una perfetta coesione tra la collezione dei Savoia – circa 1200 opere prevalentemente pittoriche dal XII al XX secolo – e il loro luogo naturale, il Palazzo Reale, appunto.

Fin dall'inizio del progetto abbiamo portato avanti con la Soprintendenza una lettura critica della Manica Nuova per consegnarla alla nuova funzione museale, attribuendo alla Galleria Sabauda un valore ritrovato. Nata come sede degli uffici amministrativi del regno sabaudo e poi della Regione Piemonte, la Manica Nuova di Palazzo Reale presenta un impianto lungo e stretto, con distribuzione longitudinale nella campata centrale. Tale impianto mostrava una forte inadeguatezza dal punto di vista museale, proprio a causa del corridoio di distribuzione centrale.

Così abbiamo deciso di compiere uno slittamento interpretativo. Ripensando le caratteristiche architettoniche della Manica Nuova come occasione di ricerca per esplorare nuove possibilità museografiche, abbiamo rimosso tutti i tamponamenti murari riportando alla luce la struttura originaria ad archi. È dunque stato possibile creare uno spazio museale in cui il corridoio preesistente non è più distribuzione, ma è diventato luogo di approfondimento delle singole sale.

Come una sala nella sala, vi si entra non più frontalmente, ma lateralmente: questo comporta vantaggi in termini di fruizione della collezione e permette il costante rapporto visivo tra le opere e il contesto storico del Palazzo e dei Giardini Reali. Si è ricreato in questo modo quello stato emotivo originario attraverso il quale fruire le opere della collezione, oggi come all'ora, come in una macchina del tempo.

Lo studio dei percorsi museali consente molteplici possibilità, evitando i percorsi obbligati dei musei tradizionali, favorendo la fluidità dei flussi senza intersezioni e consentendo sia la contemplazione d'insieme,

sia il raccoglimento individuale. In questo modo, i diversi ambienti sono percepiti dal visitatore come una sequenza, un itinerario tra le opere.

Lavorando in stretta sinergia con la Soprintendente Carla Enrica Spantigati, abbiamo dedicato una particolare attenzione alla compatibilità tra esposizione e conservazione, intervenendo sulla climatizzazione (aria, umidità, temperatura) e sulla luce (associando la luce artificiale a quella naturale, di cui vengono filtrati i raggi ultravioletti).

Secondo questo approccio, tra la collezione della Galleria Sabauda e l'architettura della Manica Nuova di Palazzo Reale si è instaurato un rapporto in termini di complementarietà: l'una sottolinea le qualità dell'altra e viceversa. Così pensato, lo spazio espositivo diventa *medium* tra l'opera e la sua intelligibilità, verso una sintesi olistica tra arte e architettura, spazio e tempo.

In linea con gli standard internazionali dell'ICOM (International Council of Museums), l'idea che abbiamo perseguito è quella di un museo pensato come polarità culturale e sociale, rinnovato nel rapporto con il proprio pubblico, non più solo luogo sacrale o archivio per gli addetti ai lavori, ma anche laboratorio, in cui la contemplazione e lo scambio diventino attività vitali.

Immagine pagina successiva: la Manica Nuova del Palazzo Reale con i Giardini Reali. (156)

Il sottotetto.
(157)

Allestimento collezione Gualino.
(158)

Laboratorio di restauro.
(159)

Sala dei ritratti.
(160)

Sala delle scuole piemontesi.
(161)

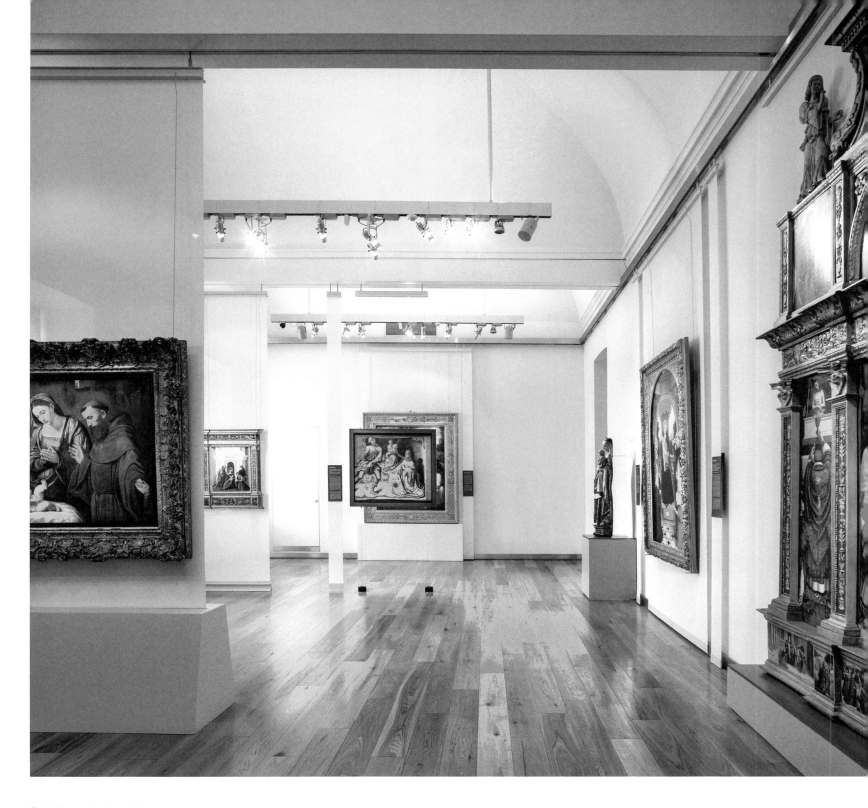

Sala delle scuole piemontesi.
(162)

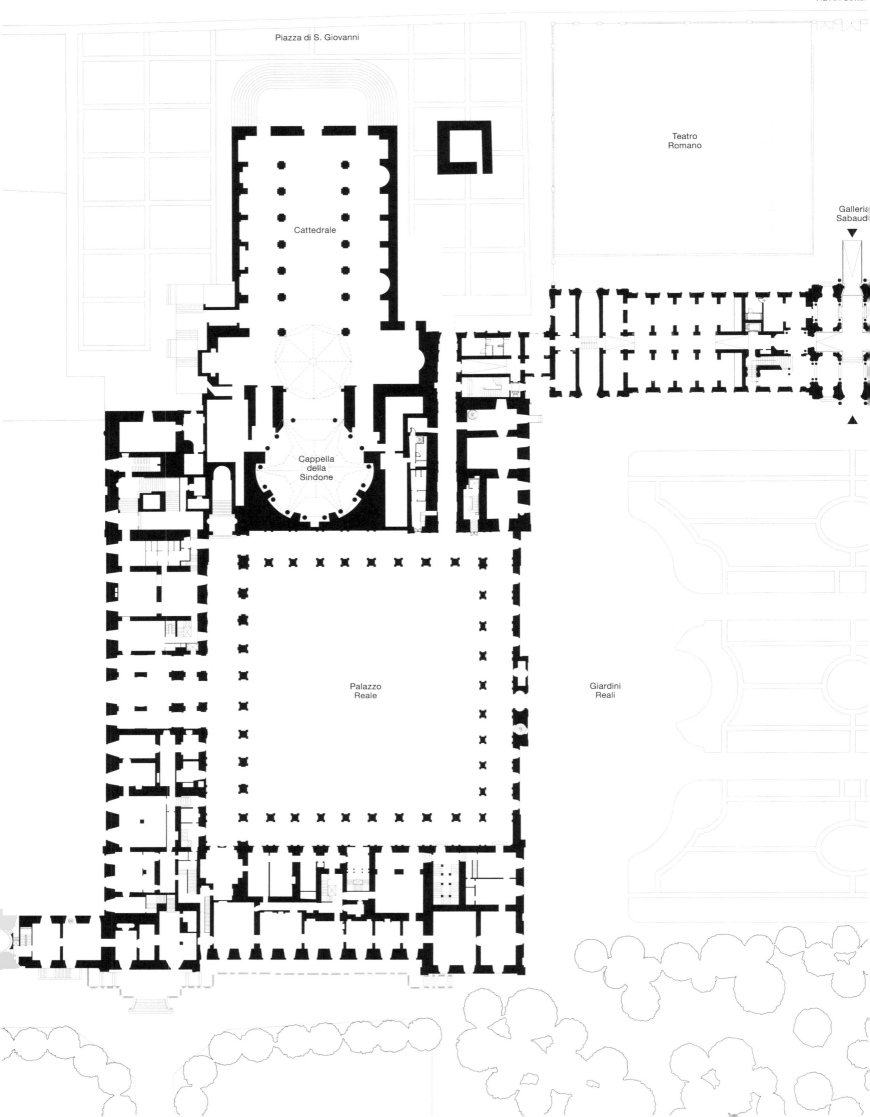

Via XX Setter

Piazza di S. Giovanni

Teatro
Romano

Galleria
Sabaud

Cattedrale

Cappella
della
Sindone

Palazzo
Reale

Giardini
Reali

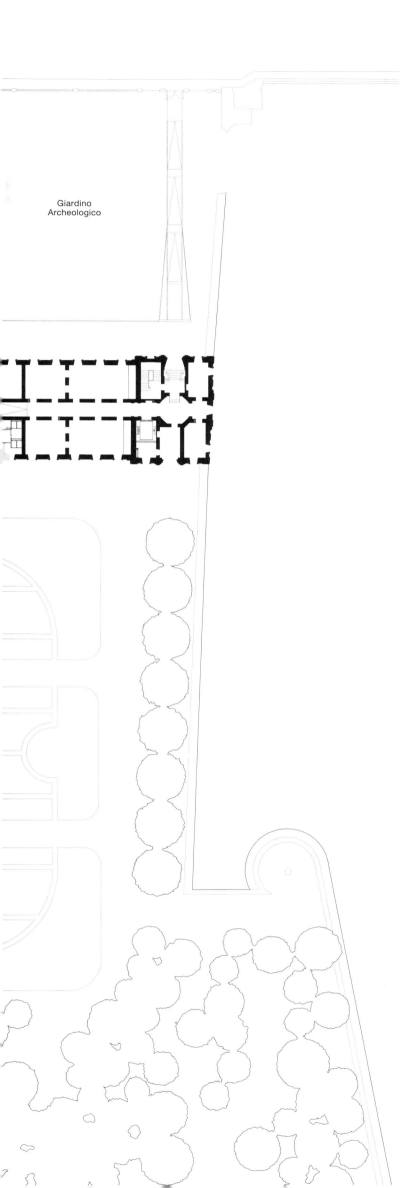

Giardino
Archeologico

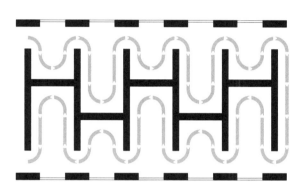

Diagramma distributivo preesistente
(distribuzione al centro).
(164)

Diagramma distributivo di progetto
(distribuzione ad anello e "sala nella sala").
(165)

Planimetria generale.
(163)

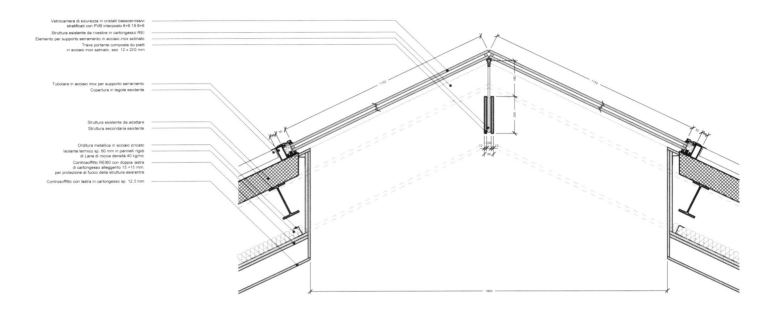

Vetrocamera di sicurezza in cristalli bassoemissivi
stratificati con PVB interposto 6+6 15 6+6

Struttura esistente da rivestire in cartongesso REI

Elemento per supporto serramento in acciaio inox satinato

Trave portante composta da piatti
in acciaio inox satinato, sez. 12 x 200 mm

Tubolare in acciaio inox per supporto serramento

Copertura in tegole esistente

Struttura esistente da adattare

Struttura secondaria esistente

Orditura metallica in acciaio zincato

Isolante termico sp. 60 mm in pannelli rigidi
di Lana di roccia densità 40 kg/mc

Controsoffitto REI60 con doppia lastra
di cartongesso alleggerito 15 +15 mm,
per protezione al fuoco della struttura esistente

Controsoffitto con lastra in cartongesso sp. 12,5 mm

Dettaglio del lucernario vetrato della
galleria.
(166)

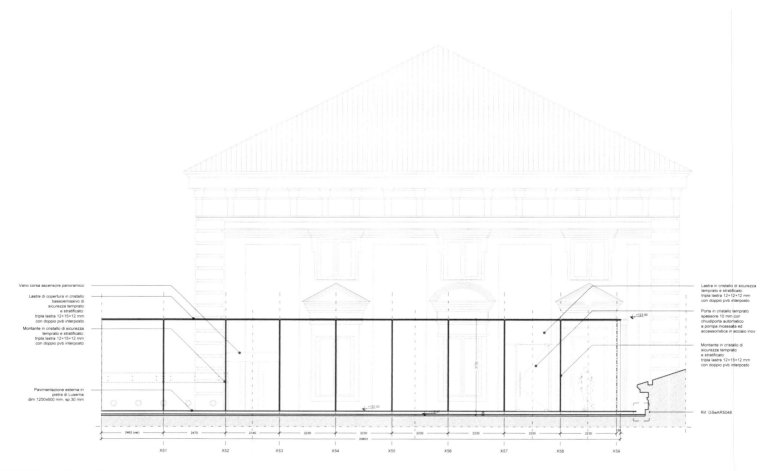

Vano corsa ascensore panoramico

Lastre di copertura in cristallo
bassoemissivo di
sicurezza temprato
e stratificato:
tripla lastra 12+12+12 mm
con doppio pvb interposto

Montante in cristallo di sicurezza
temprato e stratificato:
tripla lastra 12+15+12 mm
con doppio pvb interposto

Pavimentazione esterna in
pietra di Luserna
dim 1200x500 mm, sp 30 mm

Lastra in cristallo di sicurezza
temprato e stratificato:
tripla lastra 12+12+12 mm
con doppio pvb interposto

Porta in cristallo temprato
spessore 10 mm con
chiudiporta automatico
a pompa incassata ed
accessoristica in acciaio inox

Montante in cristallo di
sicurezza temprato
e stratificato:
tripla lastra 12+15+12 mm
con doppio pvb interposto

Rif. GSeAR5048

Nuovo Padiglione tra Manica Nuova e
Torrione della Frutteria.
(167)

Dettagli della carpenteria del Nuovo Padiglione vetrato.
(168)

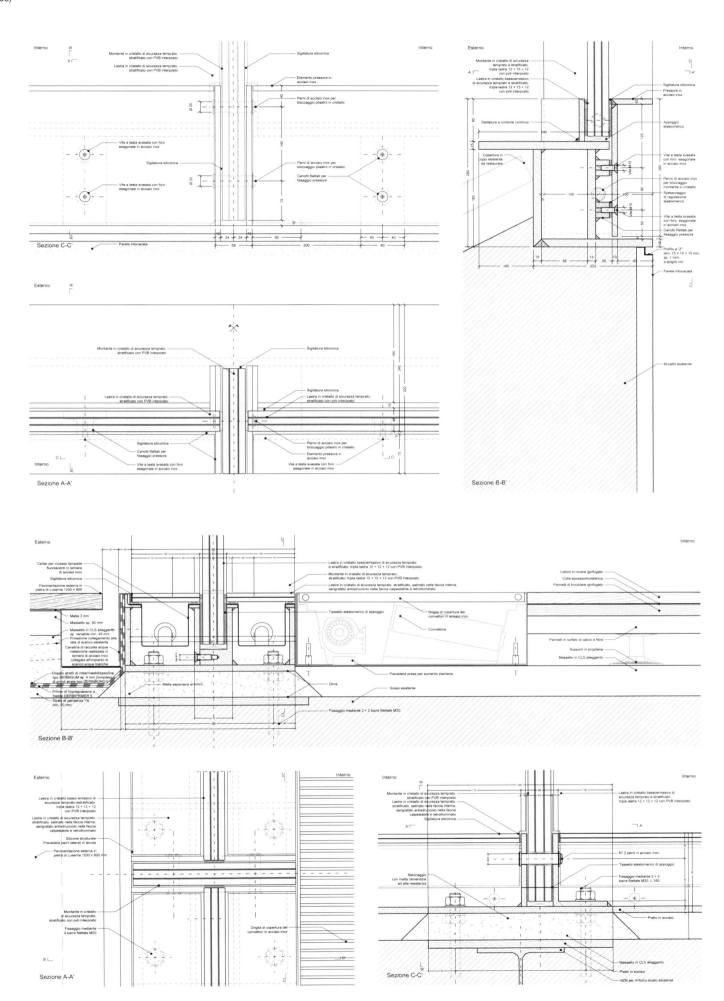

Attacco a terra del Nuovo Padiglione vetrato.
(169)

15 Terrazza Triennale Milano

Project team:
OBR, Milan Ingegneria, Antonio Perazzi,
Buro Happold, Maddalena D'Alfonso, GAD,
Francesco Nastasi, Rossi Bianchi lighting design

OBR design team:
Paolo Brescia e Tommaso Principi,
Edoardo Allievi, Sidney Bollag,
Francesco Cascella, Andrea Casetto,
Teresa Corbin, Maria Lezhnina,
Caterina Malavolti, Giulia Negri, Cecilia Pastore,
Enrico Pinto, Elisa Siffredi

OBR design manager:
Andrea Casetto

Direttore lavori:
Paolo Brescia

Committente:
Triennale di Milano
Presidente Claudio De Albertis
Presidente Stefano Boeri (dal 2018)
Direttore Andrea Cancellato
Direttore Carlo Morfini (dal 2018 al 2022)
Direttrice generale Carla Morogallo (dal 2022)

Project manager:
Olivia Ponzanelli

Impresa:
Capoferri Serramenti S.p.A.

Luogo:
Milano

Programma:
padiglione per eventi e ristorante

Dimensioni:
area di intervento 620 mq
superficie costruita 350 mq

Cronologia:
2015 fine lavori
2014 progetto esecutivo
2014 progetto definitivo
2014 progetto preliminare
2014 concorso di progettazione (1° premio)

Premi:
2016 American Architecture Prize, New York
2015 In/Arch, Milano

Da sempre le esposizioni della Triennale di Milano hanno definito una sintesi tra design e sperimentazione. In tali occasioni il Parco Sempione si trasformava in un *plateau* dei nuovi miti per l'abitare e il Palazzo dell'Arte di Giovanni Muzio diveniva un mirabile dispositivo di promozione culturale.

Benché fossimo assidui frequentatori della Triennale da quando eravamo studenti, mai ci eravamo accorti della sua terrazza panoramica, che è sempre rimasta inaccessibile al pubblico, tranne durante la cerimonia di inaugurazione nel 1933.

Salendo sulla terrazza per la prima volta durante il sopralluogo del concorso, siamo rimasti impressionati dalla vista inaspettata che si ha dalla sommità del Palazzo dell'Arte: ci sentivamo al centro di Milano. La nostra intenzione è stata quella di restituire ai milanesi questa centralità e dare un carattere pubblico a un luogo che c'è sempre stato, ma è come se non avessimo mai avuto.

Al contempo ci sentivamo come dei nani sulle spalle di un gigante. Volevamo sentirci piccoli, essere il meno evidenti possibile. Eppure non volevamo mimetizzarci, bensì esserci, come se quello che stavamo facendo ci fosse sempre stato. Un intervento che, pur appartenendo alla contemporaneità dal punto di vista tecnico-innovativo, fosse al di là del tempo e delle funzioni, sovrapponendo il presente al passato e al futuro.

Ma "costruire sul costruito", come in questo caso, impone una riflessione: è chiaro che, volendo valorizzare il patrimonio esistente, il rapporto tra costruire e costruito deve assumere un nuovo significato contemporaneo all'interno di una visione unitaria. L'opera, infatti, non è la somma delle sue parti, essa è un tutto. Crediamo che nel costruire sul costruito non debba esserci "stile", ma coincidenza tra logica costruttiva e logica espressiva.

Abbiamo pensato al padiglione come una serra trasparente sospesa sul Parco Sempione. Salendo sulla terrazza del Palazzo dell'Arte, il visitatore

viene accolto da un orto aromatico concepito dal paesaggista Antonio Perazzi.

Posizionato parallelamente al prospetto sul Parco Sempione e arretrato di circa 3 metri dal perimetro dell'edificio storico, il padiglione è caratterizzato da una struttura modulare in acciaio inox costituita da sette campate di 4,7 metri che seguono lo stesso passo strutturale delle arcate del Palazzo dell'Arte di Muzio.

Il perimetro del padiglione è completamente apribile sui quattro lati mediante infissi scorrevoli sui lati lunghi e traslanti sui lati corti: si crea così un sistema senza soluzione di continuità spaziale con la terrazza, privo di angoli che ne delimitino lo spazio.

Il padiglione, completamente vetrato anche in copertura, è protetto da una grande tenda di circa 400 metri quadri, avvolgibile su rulli motorizzati. Grazie all'uso combinato della tenda e delle ante, il padiglione diversifica il suo funzionamento secondo le condizioni climatico-ambientali esterne, come una serra bioclimatica termoregolante, garantendo il comfort ambientale interno con il minimo apporto di energia e con modalità d'uso differenti durante il giorno e le stagioni. L'utilizzo della tenda riduce il surriscaldamento nei mesi estivi, oppure avvolgendosi nei mesi invernali favorisce l'apporto solare passivo attraverso l'irraggiamento solare diretto sulla copertura vetrata.

La geometria del padiglione individua all'interno tre aree funzionali: l'area di accoglienza con il bar panoramico all'estremità orientale verso il Castello Sforzesco, l'area *show cooking* all'estremità occidentale verso la Torre Branca e l'area da pranzo al centro verso il Parco Sempione, con diverse possibili configurazioni. Barman e chef alle due estremità sono le due polarità che accolgono i commensali al centro, facendo della Terrazza Triennale un luogo di socialità e cultura.

Immagine pagina successiva: vista della Terrazza Triennale dalla Torre Branca. (170)

Il padiglione aperto durante
un evento serale.
(171)

L'interno del padiglione e l'orto aromatico.
(172)

Il padiglione vetrato aperto sull'orto
aromatico e sulla terrazza.
(173)

Vista notturna del Palazzo dell'Arte dai
Bagni Misteriosi di Giorgio De Chirico.
(174)

La copertura vetrata del padiglione.
(175)

L'orto aromatico.
(177)

Il bar.
(176)

L'anta traslante vista dall'interno.
(178)

L'anta traslante vista dall'esterno.
(179)

La struttura in acciaio del padiglione.
(180)

L'area di cantiere.
(182)

L'inizio della posa della struttura modulare.
(181)

Posa della copertura vetrata.
(183)

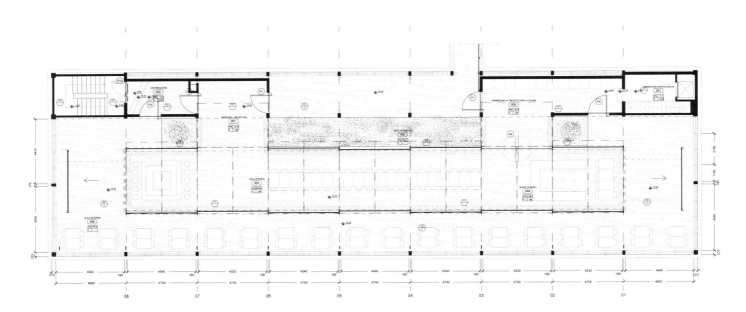

Pianta della Terrazza Triennale.
(184)

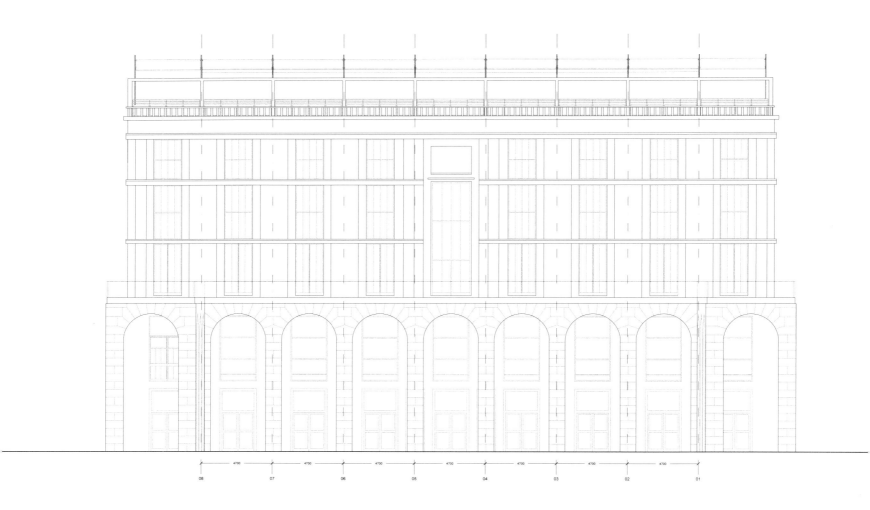

Prospetto nord-est dal giardino.
(185)

5 m

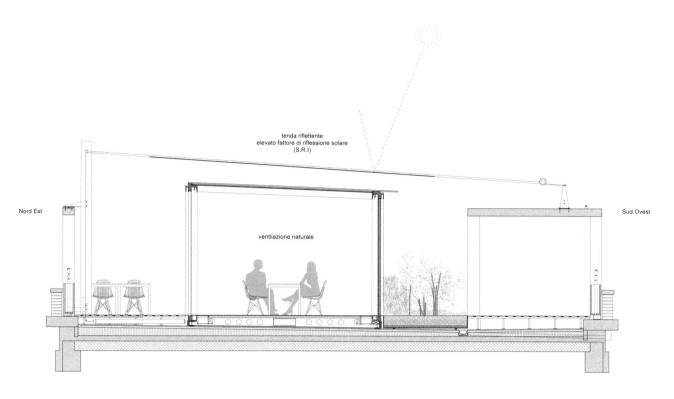

tenda riflettente
elevato fattore di riflessione solare
(S.R.I)

Nord Est

ventilazione naturale

Sud Ovest

Scenario estivo.
(186)

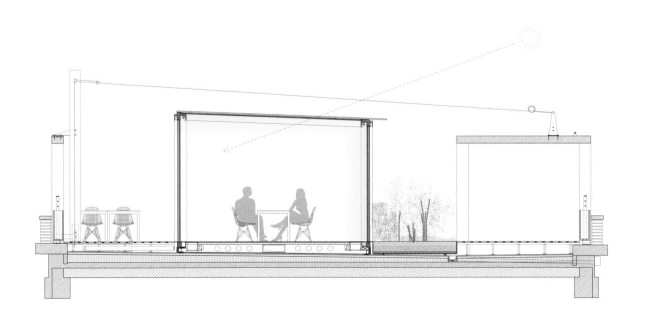

Scenario invernale.
(187)

1 m

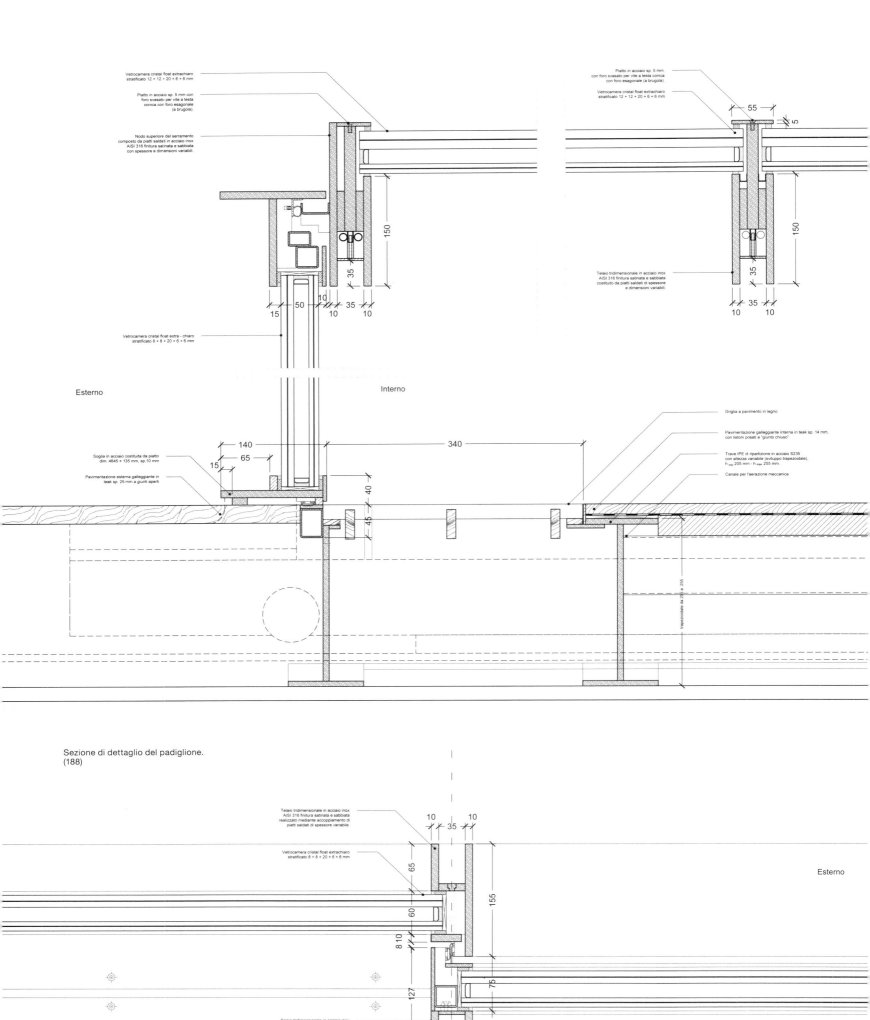

Vetrocamera cristal float extrachiaro
stratificato 12 + 12 + 20 + 6 + 6 mm

Piatto in acciaio sp. 5 mm con
foro svasato per vite a testa
conica con foro esagonale
(a brugola).

Nodo superiore del serramento
composto da piatti saldati in acciaio inox
AISI 316 finitura satinata e sabbiata
con spessore e dimensioni variabili.

Piatto in acciaio sp. 5 mm,
con foro svasato per vite a testa conica
con foro esagonale (a brugola).

Vetrocamera cristal float extrachiaro
stratificato 12 + 12 + 20 + 6 + 6 mm

55

5

150

35

10   10

Telaio tridimensionale in acciaio inox
AISI 316 finitura satinata e sabbiata
costituito da piatti saldati di spessore
e dimensioni variabili.

150

35

15   50   10   35
     10   10

Vetrocamera cristal float extra - chiaro
stratificato 8 + 8 + 20 + 6 + 6 mm

Esterno

Interno

Griglia a pavimento in legno

Pavimentazione galleggiante interna in teak sp. 14 mm,
con listoni posati a "giunto chiuso".

140

65

15

Soglia in acciaio costituita da piatto
dim. 4645 × 135 mm, sp.10 mm.

Pavimentazione esterna galleggiante in
teak sp. 25 mm a giunti aperti

340

40

45

Trave IPE di ripartizione in acciaio S235
con altezza variabile (sviluppo trapezoidale),
h min 205 mm - h max 255 mm.

Canale per l'aerazione meccanica

trapezoidale da 205 a 255

Sezione di dettaglio del padiglione.
(188)

Telaio tridimensionale in acciaio inox
AISI 316 finitura satinata e sabbiata
realizzato mediante accoppiamento di
piatti saldati di spessore variabile

10   35   10

Vetrocamera cristal float extrachiaro
stratificato 8 + 8 + 20 + 6 + 6 mm

65

60

8 10

127

Esterno

155

75

40

Interno

Telaio tridimensionale in acciaio inox
AISI 316 finitura satinata e sabbiata
realizzato mediante accoppiamento di
piatti saldati di spessore variabile

10   35   10

Pianta di dettaglio del padiglione.
(189)

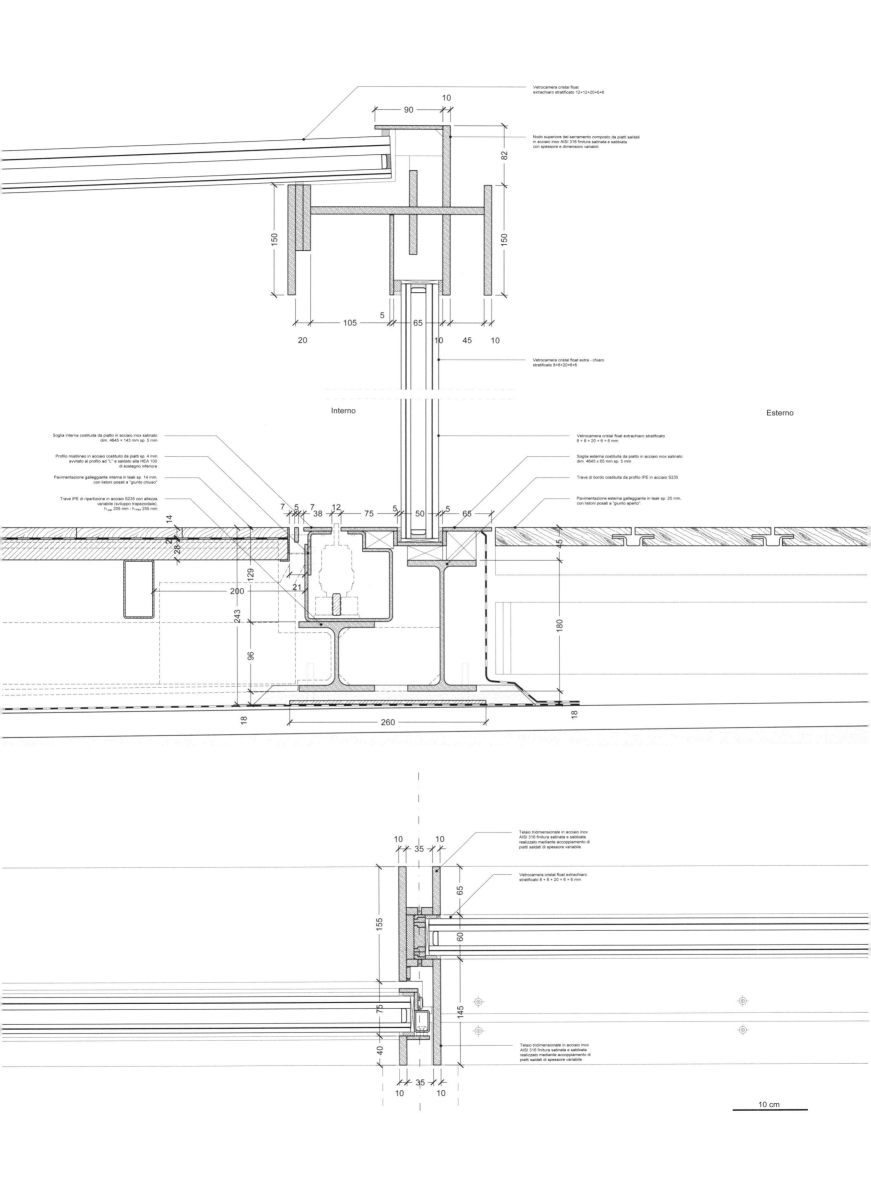

Vetrocamera cristal float
extrachiaro stratificato 12+12+20+6+6

Nodo superiore del serramento composto da piatti saldati
in acciaio inox AISI 316 finitura satinata e sabbiata
con spessore e dimensioni variabili.

Vetrocamera cristal float extra - chiaro
stratificato 8+8+20+6+6

Interno   Esterno

Soglia interna costituita da piatto in acciaio inox satinato
dim. 4645 × 143 mm sp. 5 mm

Vetrocamera cristal float extrachiaro stratificato
8 + 8 + 20 + 6 + 6 mm

Profilo mistilineo in acciaio costituito da piatti sp. 4 mm
avvitato al profilo ad "L" e saldato alla HEA 100
di sostegno inferiore

Soglia esterna costituita da piatto in acciaio inox satinato
dim. 4645 x 65 mm sp. 5 mm

Pavimentazione galleggiante interna in teak sp. 14 mm,
con listoni posati a "giunto chiuso"

Trave di bordo costituita da profilo IPE in acciaio S235

Trave IPE di ripartizione in acciaio S235 con altezza
variabile (sviluppo trapezoidale),
h max 205 mm - h max 255 mm

Pavimentazione esterna galleggiante in teak sp. 25 mm,
con listoni posati a "giunto aperto".

Telaio tridimensionale in acciaio inox
AISI 316 finitura satinata e sabbiata
realizzato mediante accoppiamento di
piatti saldati di spessore variabile.

Vetrocamera cristal float extrachiaro
stratificato 8 + 8 + 20 + 6 + 6 mm

Telaio tridimensionale in acciaio inox
AISI 316 finitura satinata e sabbiata
realizzato mediante accoppiamento di
piatti saldati di spessore variabile.

10 cm

16 Jameel Arts Centre Dubai

Project team:
OBR, Buro Happold, Carlotta de Bevilacqua,
Aubry & Guiguet Programmation, Ground,
MIC Mobility in Chain

OBR Design team:
Paolo Brescia e Tommaso Principi,
Viola Bentivogli, Dario Cavallaro,
Massimiliano Giberti, Ipsita Mahajan,
Lucia Nadalin, Roberta Pari,
Mattia Santambrogio, Elisa Siffredi

OBR design manager:
Elisa Siffredi

Committente:
Abdul Latif Jameel Community Initiatives

Project manager:
Cultural Innovation

Luogo:
Dubai

Programma:
museo

Dimensioni:
area di intervento 25.000 mq
superficie costruita 18.000 mq

Cronologia:
2013 concorso di progettazione (2° premio)

Il JAC Jameel Arts Centre sulle rive del Creek di Dubai è pensato come luogo della scoperta, della creatività e dell'incontro. La sua missione, oltre a ospitare la Jameel Art Collection, è diventare un centro d'arte contemporaneo di riferimento nel Medio Oriente e Nord Africa, incentivando la cooperazione tra giovani artisti e imprenditori creativi, promuovendo la formazione di un hub per il confronto tra discipline e culture diverse.

Quando abbiamo ricevuto l'invito a partecipare al concorso, era ormai matura in noi la consapevolezza che in un contesto come quello di Dubai, dove tutto sembra progettato per impressionare importando modelli di sviluppo estranei alla cultura locale, urge un cambio di paradigma: invece di indulgere a fantasiose forme e a grandiose dimensioni inseguendo futili primati, abbiamo scelto di lavorare con la scala del paesaggio, quello del Creek, e con la scala umana dei primi insediamenti urbani di Deira e Bur Dubai.

L'approccio è stato quello della *molteplicità semplice*. Sovrapponendo *layer* interni di diversa densità, siamo giunti a una figura esterna semplice, elementare: un cubo dato dall'unione di elementi progressivamente sempre più grandi (o sempre più piccoli), aggregati tra loro per auto-somiglianza e auto-riproduzione, come in un frattale.

In pratica, abbiamo dilatato lo spessore della facciata, che da semplice superficie verticale diventa uno spazio, creando un *buffer* con un microclima mitigato, dimostrando che anche a Dubai è possibile estendere attività aggregative all'esterno mediante l'evoluzione di tipologie locali, reinterpretate in chiave contemporanea.

Coniugando innovazione tecnologica e tradizione culturale, questo *buffer* assume una doppia valenza. Da un lato, aumenta la porosità dell'edificio facendolo funzionare come uno "scambiatore" che accresce il proprio potenziale energetico sfruttando sia l'acqua del Creek, sia l'elevato differenziale tra interno ed esterno in un contesto climaticamente così estremo come quello desertico di Dubai. Dall'altro lato, riprende la funzione mitigatrice delle architetture tradizionali locali, come la ventilazione naturale delle torri del vento e l'ombreggiamento del souk.

Questa doppia valenza innovativa e tradizionale insieme incoraggia una nuova idea di architettura dinamicamente aperta, non proprio conforme all'impostazione più canonica dell'edilizia "green" comunemente intesa: anziché aumentare la performance dell'involucro edilizio per trattenere una condizione interna difficile da preservare, riconoscere che fuori c'è quanto basta – il sole, il vento, l'acqua – e che la vera differenza sta nel decidere dinamicamente *quanto* scambiare di volta in volta con gli agenti atmosferici esterni, in funzione delle mutevoli esigenze interne. Si tratta di un'idea di architettura evolutiva, pensata come un organismo che agisce e reagisce in funzione degli scambi dinamici con l'ambiente.

Da un punto di vista sociale immaginiamo il centro d'arte come un luogo dove scambiare esperienze e idee, che favorisca la scoperta inattesa di qualcosa che non stai proprio cercando, ma che trovi perché sei in uno stato di ricerca.

JAC è fondamentalmente uno spazio sociale. Apertura, polifonia, eterogeneità, diversità e cooperazione sono alla base di questo progetto. L'uso dei suoi futuri *abitanti* ne farà un luogo di interazione e di confronto, nel quale ognuno è invitato a offrire il proprio contributo al futuro dell'arte. Per come è impostato, questo progetto fa appello alla creazione di nuovi modelli di spazio pubblico accessibile e aperto.

Immagine pagina successiva: prefigurazione di studio del centro d'arte sul Creek. (190)

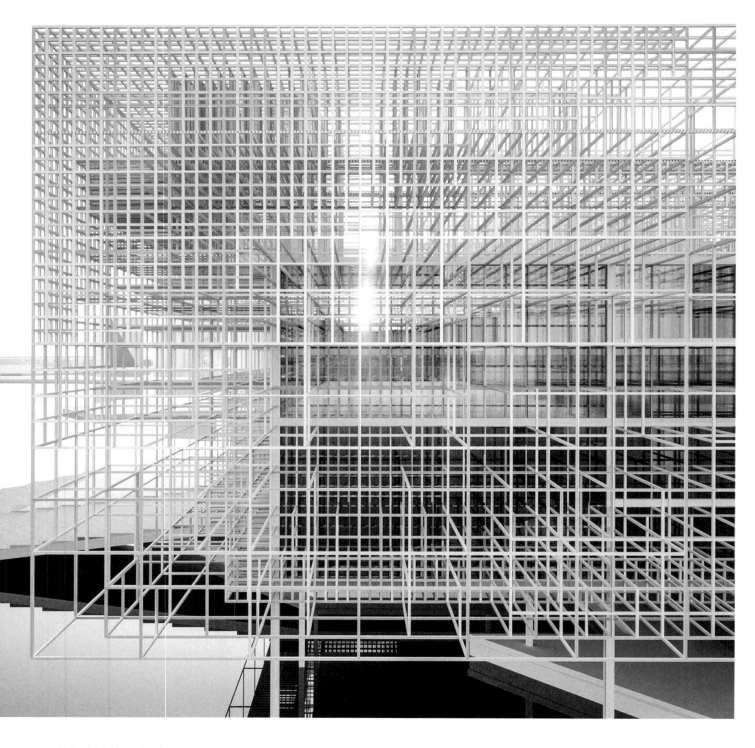

La facciata tridimensionale
del *buffer* energetico.
(191)

Vista notturna nel contesto urbano.
(192)

Soluzione d'angolo
della facciata tridimensionale.
(193)

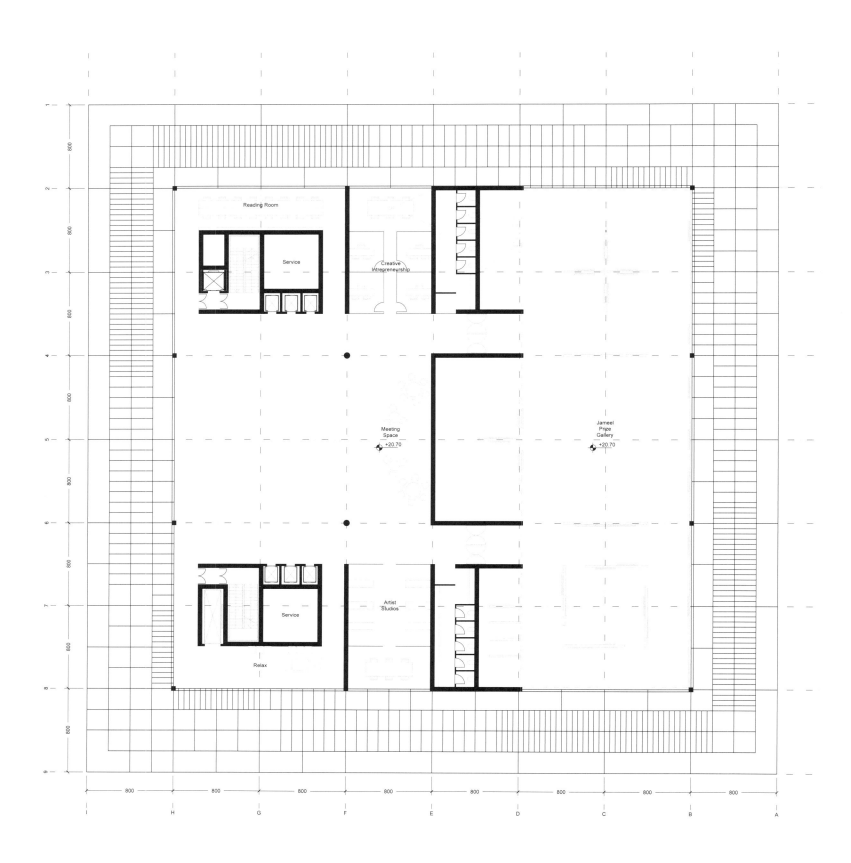

Pianta del piano tipo.
(194)

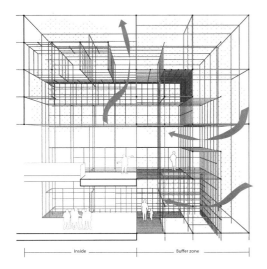

Raffrescamento naturale.
(195)

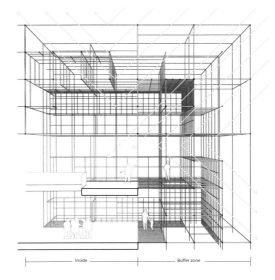

Illuminazione naturale indiretta.
(196)

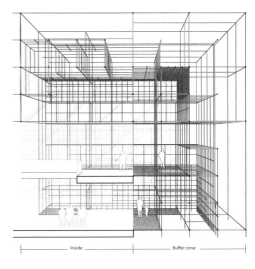

Schermature solari.
(197)

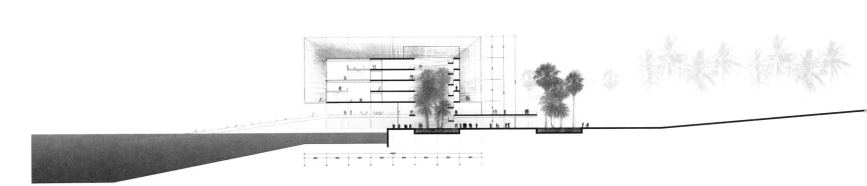

Sezione del centro d'arte sul Creek,
prominente sull'acqua.
(198)

10 m

17 Riviera Airport Albenga

Project team:
OBR, Milan Ingegneria

OBR design team:
Paolo Brescia e Tommaso Principi,
Paola Berlanda, Francesco Cascella,
Andrea Casetto, Paride Falcetti,
Michele Marcellino, Marianna Volsa

OBR design manager:
Andrea Casetto

Direzione artistica:
Paolo Brescia

Committente:
AVA S.p.A.
Clemens Toussaint

Direttore lavori:
Maurizio Milan

Imprese:
Giò Costruzioni S.r.l.
Capoferri Serramenti S.p.A.

Luogo:
Villanova d'Albenga

Programma:
aeroporto

Dimensioni:
area di intervento 915.000 mq
superficie costruita 76.700 mq

Cronologia:
2021 fine lavori (lotto 1)
2019 progetto esecutivo (lotto 1)
2019 progetto definitivo (lotto 1)
2018 progetto preliminare
2016 studio di pre-fattibilità

La valle in cui sorge dal 1912 l'aeroporto di
Villanova d'Albenga – uno tra i più antichi d'Italia
– è esemplare per la sua unicità: essa si presenta
come un anfiteatro naturale aperto verso il mare
a est e verso i monti a ovest. Per questo motivo
il nostro primario obiettivo era quello di rendere
l'aeroporto parte integrante del paesaggio,
valorizzandone la vista dal cielo e da terra.

È un progetto che cerca di coniugare il paesaggio
naturale con quello antropico, stabilendo
un equilibrio tra l'orografia della vallata e le
infrastrutture aeroportuali. I confini stessi
dell'ambito aeroportuale si sfumano nel contesto
con artifici paesaggistici che garantiscono una
continuità visiva e naturale. È questo senso di
permanenza, del *as found*, che ha guidato fin
da subito il progetto, a partire dalla memoria
del luogo, recuperando le tracce di un territorio
antico, fatto di paesaggio e aviazione.

Ma il Riviera Airport è più di un aeroporto.
È anche un campo potenziale di azione culturale,
spazio per l'arte contemporanea, luogo di
condivisione e di scambi. Animato dalla visione di
Clemens Toussaint, l'aeroporto non è solo luogo
di transito da cui partire o a cui arrivare, ma un
attrattore che promuove un nuovo rituale: quello
dello stare, del ritrovarsi e del contemplare.

Oltre all'allungamento fino a 1,6 km della pista
orientata est-ovest, il progetto prevede un nuovo
ingresso all'aeroporto lungo il quale sono allineate
le funzioni aeroportuali con il nuovo terminal,
l'hotel e gli uffici. Inoltre sono previsti spazi per
l'arte contemporanea, con collezioni permanenti e
temporanee, indoor e outdoor.

A cent'anni dalla nascita dell'aeroporto di
Villanova d'Albenga e dal manifesto del Futurismo
di Marinetti che celebrava l'idea energetica
della velocità, si configura qui una nuova idea di
aeroporto, che pone l'attenzione sul tempo della
contemplazione e dell'incontro, sulla percezione
sensibile del cambiamento dei fenomeni naturali e
sulla sintesi tra architettura e paesaggio.

Immagine pagina successiva:
la pista di atterraggio nella vallata.
(199)

Prospetto del nuovo ingresso.
(200)

Sezione longitudinale.
(201)

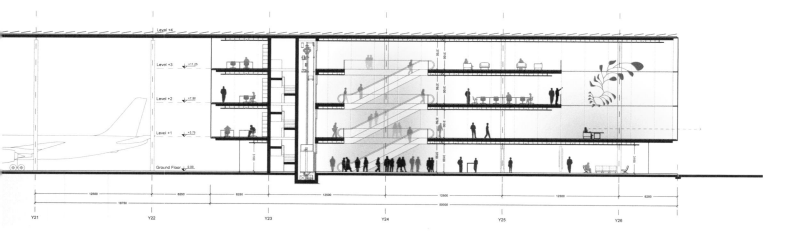

Sezione trasversale.
(202)

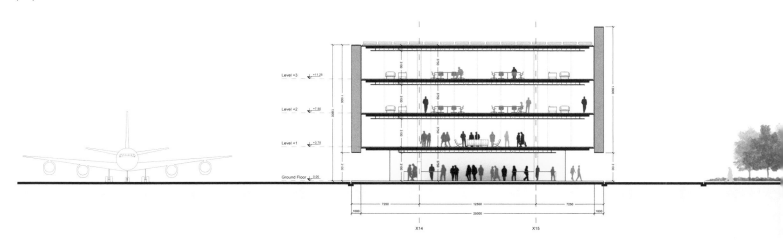

Le attività interne affacciate sulla pista.
(204)

Il *flying carpet*.
(203)

La biblioteca.
(205)

La loggia schermata dal *flying carpet*.
(206)

Il *flying carpet*.
(207)

Gli ambienti interni affacciati sulla pista.
(208)

Gli arrivi.
(209)

Le partenze.
(210)

Gli uffici.
(211)

18 Museo Mitoraj Pietrasanta

Project team:
OBR, Politecnica, Studio Lumine

OBR design team:
Paolo Brescia e Tommaso Principi,
Diego Ballini, Paola Berlanda, Andrea Casetto,
Francesco Cascella, Lorenzo Mellone, Carlo Rivi,
Marco Tedesco, Nina Tescari, Cristina Testa

OBR design manager:
Paola Berlanda

Committente:
Comune di Pietrasanta
Sindaco Alberto Giovannetti

RUP:
Filippo Bianchi (fino al 2020)
Valentina Maggi (dal 2021)

Direttore lavori:
Sara Frati

Imprese:
ATI Francesconi S.r.l.
Casanova Costruzioni S.r.l.
Davini Projects S.r.l.

Luogo:
Pietrasanta

Programma:
museo

Dimensioni:
area di intervento 6.128 mq
superficie costruita 3.643 mq

Cronologia:
2021 inizio lavori
2019 progetto esecutivo
2019 progetto definitivo
2018 progetto preliminare
2018 concorso di progettazione (1° premio)

A Pietrasanta, nel cuore della Versilia, nasce il primo museo dedicato allo scultore polacco Igor Mitoraj, scomparso nel 2014. Il museo sorge nell'area dell'ex mercato comunale e ospita la più importante collezione dell'artista, che comprende alcuni capolavori, tra cui le sculture *Bocca della Rocca*, *Corazza* e *Mars*, donate da Jean-Paul Sabatié, erede di Igor Mitoraj, al Ministero dei Beni Culturali.

Per accogliere questa collezione, abbiamo pensato di offrire un luogo aperto alla città, nel quale l'opera di Igor Mitoraj possa rivivere grazie alla sua relazione con la comunità di Pietrasanta. Per sancire il rapporto inscindibile dell'artista con la città che aveva scelto come luogo elettivo, abbiamo immaginato una nuova piazza pubblica che connette il centro storico, rafforzando il ruolo di polarità culturale e sociale del museo. Del resto, il vitale rapporto tra museo e pubblico è fortificato dall'interazione dell'istituzione con il proprio contesto urbano.

Osservando la struttura esistente del vecchio mercato coperto, non ci sembrava necessario fare altro, per farla rivivere in un museo, che eliminarne il "soverchio". Abbiamo quindi conservato e rivalorizzato la struttura modulare "a funghi" in cemento armato progettata da Tito Salvatori negli anni Sessanta, rimuovendo tutto il resto, in modo da ottenere la massima spazialità e apertura visiva. Abbiamo immaginato le tre navate come uno spazio museale unitario, aperto e flessibile, che può facilmente articolarsi secondo percorsi espositivi diversificati.

Utilizzare i giunti strutturali dei grandi funghi della copertura ci ha permesso di mantenere un alto grado di libertà dell'allestimento nelle tre direzioni spaziali (lunghezza, larghezza, altezza): sospendendo gli allestimenti ai funghi, le opere fluttuano nello spazio museale, offrendo al contempo flessibilità e facilità di allestimento.

In questo progetto è il binomio arte-architettura che fa il luogo, conferendo alla struttura esistente una vita propria al di là del tempo, che sopravvive alla propria funzione originaria per cui era stata costruita, dimostrando il potere formativo del tempo che prevale su quello della funzione. In questo contesto, l'opera di Mitoraj diventa "memoria di un futuro assoluto" sovrapponendo il presente con il passato e il futuro.

Come aveva già osservato Francesco Buranelli, direttore dei Musei Vaticani, è significativo notare come l'atmosfera surreale che permea le sculture di Mitoraj svanisca ogni qual volta le sue opere vengano inserite in un contesto vissuto, sia esso antico o moderno, purché capace di interagire con le "fratture" delle sue sculture. Quando sono contestualizzate, le opere di Mitoraj assumono un nuovo significato, diventando di fatto installazioni capaci di proiettarci tanto nel passato più remoto, quanto nel futuro più avveniristico. Questa è la grandezza di un artista che riesce a dialogare con l'architettura moderna confrontandosi con l'antico e andando oltre il passato, proprio in virtù della relazione con esso, guardandone il volto e sentendone il respiro.

Lavorando con Jean-Paul Sabatié e l'Atelier Mitoraj che ne cura la museologia, abbiamo condiviso una visione comune che vede questo museo come un polo di attrazione culturale capace di ospitare eventi legati all'opera e alla vita dell'artista.

L'idea che abbiamo perseguito è quella di un museo attivo, un centro d'arte, in cui la contemplazione e lo scambio faranno convergere nuove energie urbane e artistiche. È l'idea di museo che feconda il proprio intorno, che tiene insieme le persone che condividono gli stessi valori per l'arte. È il museo che esce da sé.

Immagine pagina successiva: il Museo Mitoraj e la nuova piazza pubblica, render di concorso. (217)

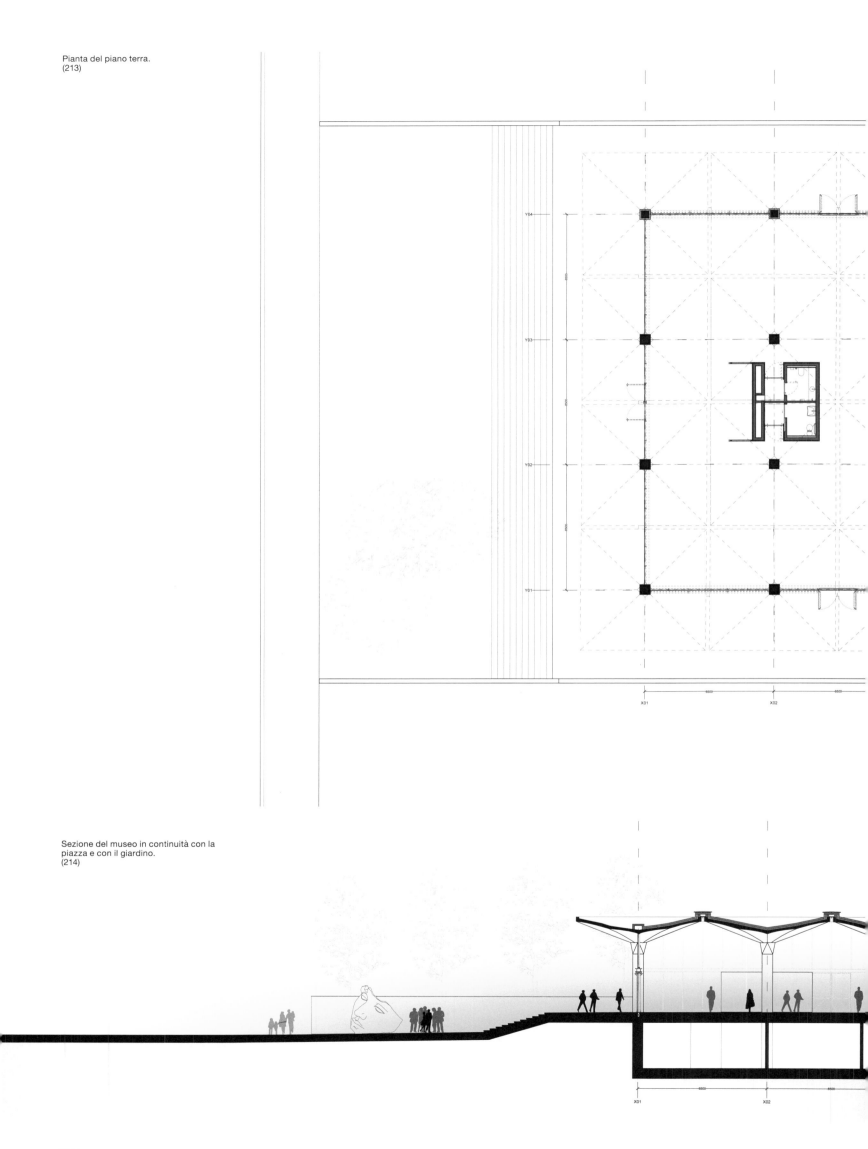

Pianta del piano terra.
(213)

Sezione del museo in continuità con la
piazza e con il giardino.
(214)

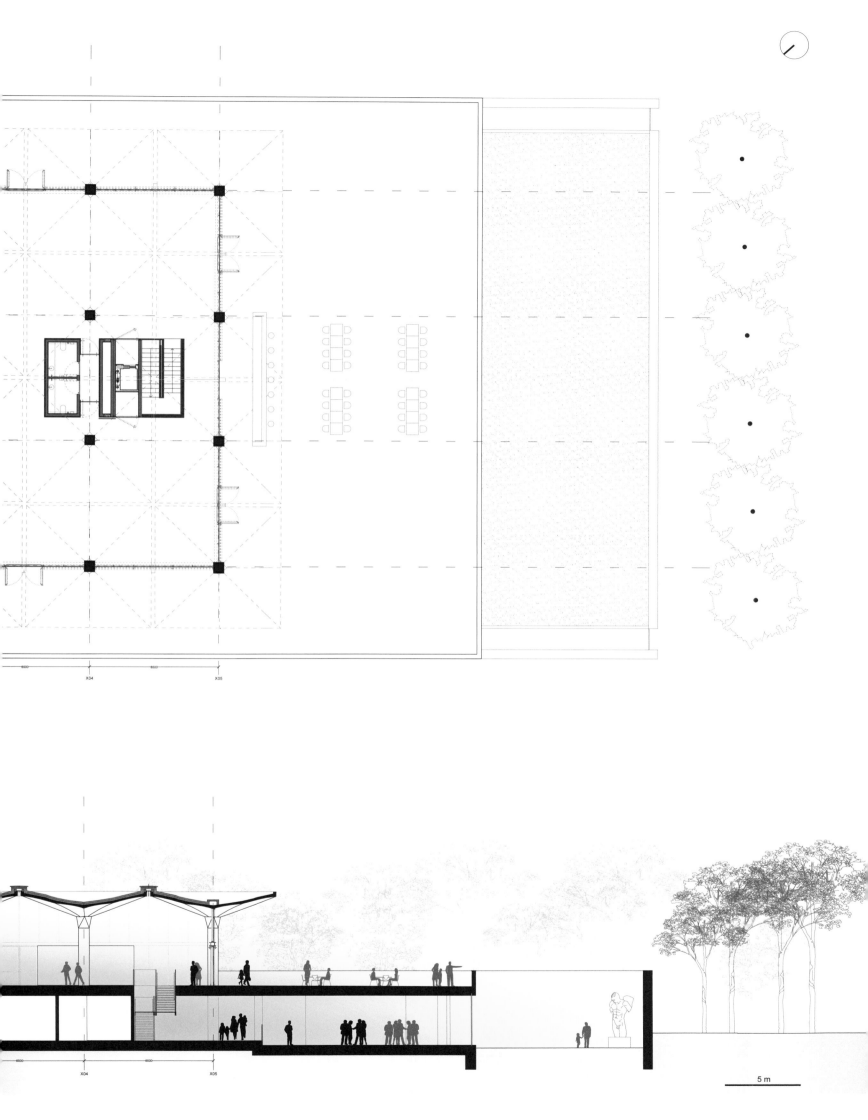

X04   X05

X04   X05

5 m

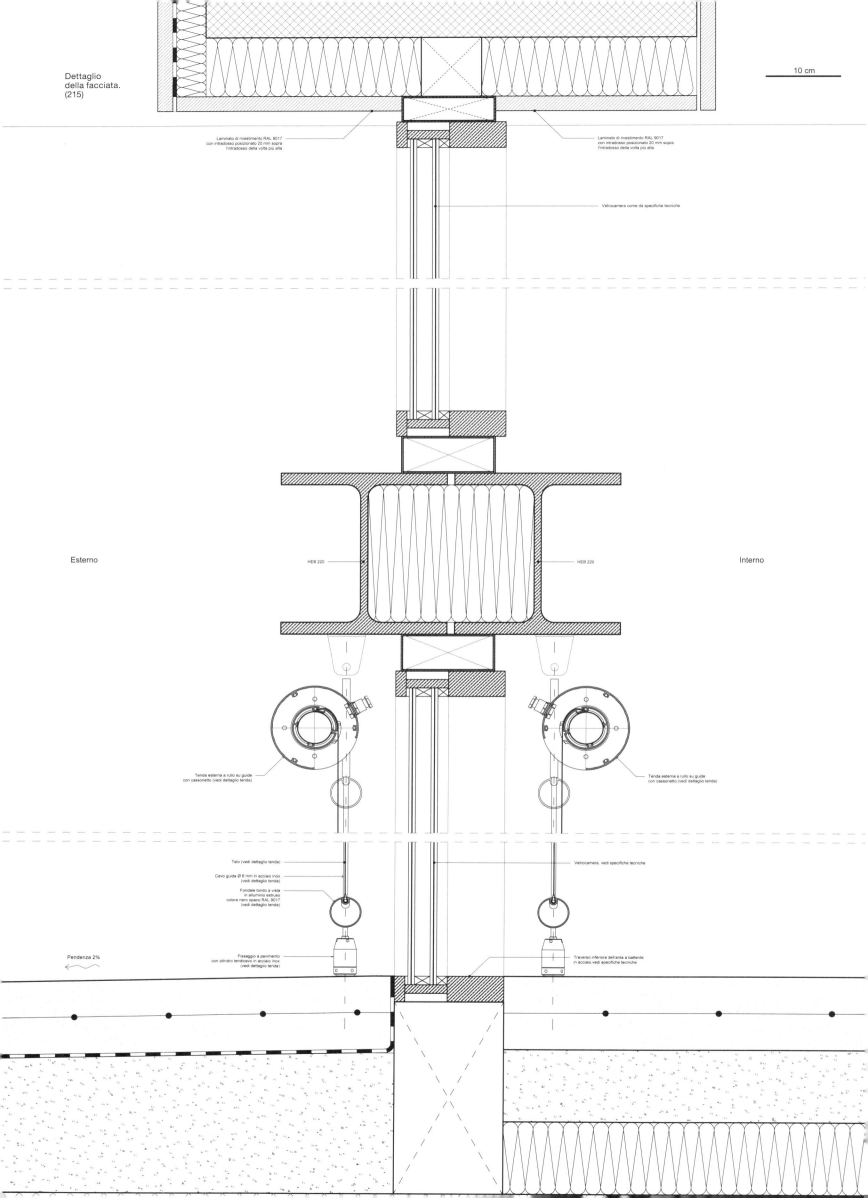

Dettaglio
della facciata.
(215)

10 cm

Laminato di rivestimento RAL 9017
con intradosso posizionato 20 mm sopra
l'intradosso della volta più alta

Laminato di rivestimento RAL 9017
con intradosso posizionato 20 mm sopra
l'intradosso della volta più alta

Vetrocamera come da specifiche tecniche

Esterno

HEB 220

HEB 220

Interno

Tenda esterna a rullo su guide
con cassonetto (vedi dettaglio tenda)

Tenda esterna a rullo su guide
con cassonetto (vedi dettaglio tenda)

Telo (vedi dettaglio tenda)

Vetrocamera, vedi specifiche tecniche

Cavo guida Ø 6 mm in acciaio inox
(vedi dettaglio tenda)

Fondale tondo a vista
in alluminio estruso
colore nero opaco RAL 9017
(vedi dettaglio tenda)

Pendenza 2%

Fissaggio a pavimento
con cilindro tendicavo in acciaio inox
(vedi dettaglio tenda)

Traverso inferiore dell'anta a battente
in acciaio, vedi specifiche tecniche

L'allestimento.
(216)

5350

592　4150　592

D01

D02　D02

5350

420　3200　420

3200

8500

1m

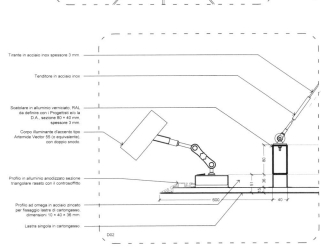

Grigliato in acciaio zincato a caldo e
verniciato nero opaco RAL 9017
maglia 76 × 25 mm -
piatto primario 40 × 3 mm -
piatto secondario 10 × 2 mm.

67
33

128

Binario elettrificato per corpi illuminanti

Sistema di ancoraggio in acciaio inox
spessore 3 mm.

63
20

Tirante in acciaio inox Ø 3 mm.

Terminale femmina in acciaio inox.

Sistema di fissaggio a quattro ali
saldate e forate, in acciaio inox
spessore 3 mm.

Terminale femmina in acciaio inox.

Tirante in acciaio inox Ø 3 mm.

D01

Binario elettrificato per corpi illuminanti

20　20

125

Pannello in grigliato in acciaio zincato
a caldo e verniciato nero opaco
RAL 9017
maglia 76 × 25 mm - piatto primario
40 × 3 mm - piatto secondario
sezione 10 × 2 mm

Sistema di ancoraggio in acciaio inox
spessore 3 mm.

Tirante in acciaio inox Ø 3 mm.

Terminale femmina in acciaio inox.

Sistema di fissaggio a quattro ali
saldate e forate, in acciaio inox
spessore 3 mm

Terminale femmina in acciaio inox.

Tirante in acciaio inox Ø 3 mm.

D01

Tirante in acciaio inox spessore 3 mm.

Tenditore in acciaio inox

Scatolare in alluminio verniciato, RAL
da definire con i Progettisti e/o la
D.A., sezione 80 × 40 mm,
spessore 3 mm.

Corpo illuminante d'accento tipo
Artemide Vector 55 (o equivalente),
con doppio snodo

Profilo in alluminio anodizzato sezione
triangolare rasato con il controsoffitto

Profilo ad omega in acciaio zincato
per fissaggio lastre di cartongesso,
dimensioni 10 × 40 × 36 mm

Lastra singola in cartongesso

80
51
36
15
40

600

D02

Dettagli del velario sospeso.
(217)

25 cm

Anámnēsis:
Museum < > Culture

Museo Diocesano, Milano, 2007
Un museo storico viene rivitalizzato grazie a nuove addizioni contemporanee aperte alla città. Il progetto di rigenerazione del Museo Diocesano a Milano comprende l'integrazione di nuove funzioni capaci di rinnovarne l'attrattività. Alla scala urbana abbiamo proposto un sistema di ricucitura tra il Corso di Porta Ticinese, su cui si affaccia, il Parco delle Basiliche retrostante e il complesso monumentale di Sant'Eustorgio di cui fa parte. Ricomponendo il quarto lato del chiostro storico bombardato e mediante l'allineamento stradale del fronte del museo, viene ridefinito l'isolato urbano e si estende lo spazio pubblico tra città e parco. Alla scala architettonica abbiamo proposto verso il parco un sistema di superfici continue che, raccordando i diversi livelli funzionali, generano attraverso il museo un continuum tra artificiale e naturale. Il grande atrio di accoglienza su tre livelli serve sia le funzioni museali, sia le attività extra istituzionali (convegni, seminari, caffetteria, bookshop): da qui si articola una promenade interna che offre al visitatore una costante relazione con il parco e contemporaneamente manifesta all'esterno la vitalità del suo funzionamento interno, confermando la vocazione urbana e paesaggistica del museo.
(218)

Complesso Sant'Agostino, Genova, 2017
L'incontro tra la collezione e il suo contenitore espositivo può generare un nuovo significato simbolico. Il complesso di Sant'Agostino a Genova risale al 1270, e fu restaurato da Franco Albini dopo le distruzioni belliche del secondo conflitto mondiale. A trent'anni dal restauro, l'operazione che abbiamo sviluppato con la Fondazione Bruschettini per l'Arte Islamica e Asiatica ha come obiettivo quello di esporre, nella chiesa romanica del museo, la collezione della Fondazione, una delle più importanti d'Italia in questo ambito, che comprende manufatti del mondo islamico e orientale: tappeti, dipinti, arazzi, ceramiche e altre opere di grandissimo valore. In questo incontro tra la collezione e la chiesa sconsacrata che la ospiterà, si genera un rapporto dialettico tra arte orientale e occidentale, tra arte islamica e cristiana, in una perfetta coesione tra le opere e la loro cornice ideale, grazie alla coincidenza storica e geografica data dai rapporti tra l'Oriente e Genova, per molti secoli crocevia tra mondo islamico ed Europa. Il museo diventa così medium tra la collezione e la sua intelligibilità.
(220)

Bayt Al Fann Jameel, Jeddah, 2014
Il museo assume un carattere pubblico: l'arte è condensatore di mondi culturali diversi in un unico luogo. Nel contesto urbano di Jeddah, abbiamo cercato di stabilire una forte relazione tra Bayt Al Fann Jameel con la città, includendo uno spazio pubblico all'interno del centro d'arte. Visto da lontano, l'edificio viene percepito come un cubo sospeso, mentre avvicinandosi si disvela una piazza interna che assurge a ingresso principale, connettendo l'architettura del centro al contesto circostante ed estendendo alcune attività pubbliche all'esterno, in uno spazio comune ombreggiato e ventilato, come in un souk contemporaneo. Con una collezione che accoglie artisti da tutto il mondo e travalica i limiti geografici, il museo diventa punto di contatto tra realtà, religioni e culture diverse.
(219)

History and Science Museum, Dalian, 2011
Il museo è catalizzatore dello sviluppo di parti di città di nuova fondazione. I due nuovi musei per la città di Dalian, il Museo di Storia e il Museo di Scienze e Tecnologia, fanno parte di una strategia urbana per incentivare lo sviluppo dell'intera città. Dalian, affacciata sul Mar Giallo e sul Mare di Bohai, è abitata dal 221 a.C., e si è continuamente reinventata nel tempo. Oggi si sta sviluppando con uno sguardo al futuro, occupando parte del mare attraverso un'estensione artificiale. Ma il futuro non è privo di radici: i due musei vogliono costruire l'immagine iconica del futuro della città a partire dalle sue radici storiche. Il progetto si ispira all'immaginario collettivo del patrimonio di Dalian dai punti di vista culturale, storico, artistico e naturale.
(221)

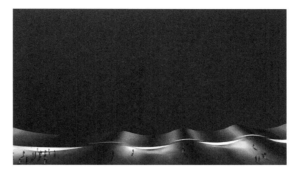

Villa Reale, Monza, 2004

Il destino dei grandi complessi architettonici del passato, con forte valenza storica, non sta solo nella loro musealizzazione, ma anche nella loro rivitalizzazione. Il recupero della Villa Reale di Monza e dei suoi giardini consiste in un importante intervento di valorizzazione della storia artistica e culturale italiana. La villa fu concepita nel 1777 da Giuseppe Piermarini come un complesso unitario, articolato da un sistema di corti aperte sul paesaggio. Con il progetto, abbiamo ripreso l'impianto originario valorizzando il sistema delle corti storiche attraverso un articolato programma, con destinazioni d'uso diversificate e complementari. Oltre al recupero conservativo della villa e dei suoi giardini storici, abbiamo riconnesso le varie corti e le relative nuove funzioni mediante un'unica accoglienza baricentrica che, per non alterare il fronte storico della villa, è pensata ipogea nella corte centrale. Questa nuova accoglienza contemporanea al complesso progetto tiene insieme e distribuisce l'intero intervento, che non si limita a restaurare un edificio di rilevanza storica, destinandolo alla pura musealizzazione, ma, rifunzionalizzandolo, gli restituisce la sua centralità sociale e la sua attrattività.
(222)

Tomihiro Museum, Azuma, 2001

Il museo genera una sinergia tra contenitore e contenuto, valorizzando la collezione attraverso la simbiosi tra architettura e paesaggio. Con il Tomihiro Museum abbiamo ricercato una collaborazione sinergica tra la collezione esposta e l'edificio disegnato per ospitarla. L'opera dell'artista e poeta giapponese Tomihiro Hoshino è un'ode al mondo floreale: rimasto disabile dopo un incidente, l'artista realizza delle rappresentazioni di varietà floreali dipingendo con la bocca, e le accosta ai suoi versi poetici. In una zona del Giappone nota per la ricchezza paesaggistica e naturale, abbiamo voluto celebrare l'osservazione precisa e appassionata del mondo dei fiori da parte dell'artista attraverso un edificio che si fondesse con il paesaggio della campagna giapponese. La copertura organica del museo, piantumata di essenze botaniche, cambia con le stagioni e con la campagna circostante: architettura e paesaggio diventano così una cosa sola.
(224)

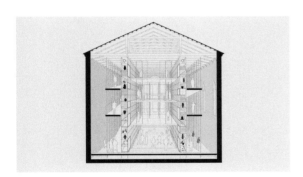

Museo d'Arte Orientale, Venezia, 2017

Il nuovo spazio museale è pensato per ammirare la collezione, ma anche l'involucro espositivo storico. Il progetto consiste nel disegno degli spazi espositivi all'interno della chiesa sconsacrata di San Gregorio a Venezia, per accogliere le collezioni del Museo d'Arte Orientale, oggi ospitate a Ca' Pesaro. Abbiamo pensato a una struttura rimovibile e riciclabile in acciao, legno e vetro. Una struttura leggera e filigranica che si sviluppi nell'intera altezza della navata della chiesa, in cui possano trovare posto le collezioni. Un sistema di rampe sospese circonda la struttura, definendo un percorso continuo e ininterrotto che permette, da un lato, di osservare i manufatti, dall'altro di ammirare la chiesa stessa, i suoi dettagli e i suoi ornamenti, con una vicinanza a oggi preclusa. L'impianto museografico così concepito sfuma la separazione tra museo e opera, contenuto e contenitore, in un'esperienza culturale trasversale.
(223)

IV

World-City < > City-World

Dialogo con Georges Amar

GA   Georges Amar
PB   Paolo Brescia
TP   Tommaso Principi

TP   Partiamo dal concetto di *prospective* nel suo uso francese, che ci sembra più preciso rispetto al termine *futurologia*, utilizzato in inglese e in italiano, in quanto coinvolge l'immagine spaziale ma anche temporale di questa disciplina. Tu sostieni che una delle responsabilità fondamentali del *prospettivista* è proprio quella di identificare le giuste parole per descrivere i cambiamenti, così da illuminare degli aspetti della realtà non ancora pienamente riconosciuti, in modo che possano dispiegarsi. Affermi anche che per innovare abbiamo bisogno di poeti.
Vuoi raccontarci la tua idea di *prospective*?

GA   Spesso si pensa che la *prospective* preveda il futuro. Naturalmente sappiamo anche che è impossibile prevedere il futuro, e forse non è neanche così interessante. Una formula abbastanza diffusa per descrivere il lavoro dei *prospettivisti* è disegnare "futuri desiderabili". Personalmente non credo che questa definizione sia appropriata, perché il desiderio è un sentimento condizionato dalla cultura. Si desidera ciò che si conosce già.
Il filosofo francese René Girard ha elaborato una teoria sul *désir mimétique* che può esserci molto utile in questo ragionamento. Secondo questa teoria, possiamo desiderare solo ciò che è desiderato da altri. Il che comporta la nascita della violenza, perché se due uomini desiderano la stessa cosa diventano immediatamente rivali. Ma quello che mi interessa è che Girard dimostra come il desiderio non sia una libera scelta, ma venga condizionato da molti fattori. Permettetemi di fare un esempio citando un libro di Alain Corbin che ho letto molti anni fa: *Le territoire du vide: l'Occident et le désir du rivage*[1]*,* in cui l'autore dimostra che il desiderio è un costrutto sociale e culturale. Da un punto di vista storico, infatti, il nostro desiderio di vivere vicino all'acqua è recente. Oggi, tutti vogliono vivere vicino all'acqua, mentre un paio di secoli fa la costa era considerata un luogo pericoloso, maleodorante, sgradevole. Sono stati i poeti inglesi a scoprire, in Italia e in Francia, i luoghi affacciati sull'acqua come località desiderabili: da lì è nata l'industria turistica. Ciò dimostra che si può rendere desiderabile ciò che non lo è. Per questo penso che la nozione di desiderabilità, come oggetto della ricerca della *prospective*, non sia prolifico.
A essere sinceri, neanche la parola *prospective* è molto precisa, e forse non deve esserlo. Per me il vero obiettivo – e lo lascio volutamente vago – è di lavorare sul futuro, o *riaprire* il futuro. Credo che sia un dovere, in qualche modo. Alle future generazioni dobbiamo lasciare non solo un pianeta pulito o un debito non troppo pesante, ma un futuro che non sia ancora definito. Vedo come una responsabilità etica quella di offrire un vero futuro che non sia scritto dal passato.
In termini più pratici, mi piace definire il mio lavoro di *prospettivista* con una semplice frase: lo studio dei cambiamenti di paradigma. Cosa intendo per *studio*? Innanzitutto osservare. Osservare quello che succede, quello che è nascente. Poi, criticare. Criticare i paradigmi dominanti e l'obsolescenza dei concetti. Infine, significa formulare nuovi paradigmi e ri-formulare i vecchi. E qui sta l'importanza del linguaggio. La lingua ha il potere di aprire, generare, produrre frasi mai pronunciate. Questi ultimi due aspetti sono inscindibili: si può criticare il vecchio solo se si può formulare il nuovo, e viceversa. E cosa intendo per *cambiamenti di paradigma*? Si potrebbe anche chiamarli "cambiamenti di desideri", o "cambiamenti di linguaggio". È la stessa cosa. Il cambiamento non implica il movimento da un paradigma A a un paradigma B, ma piuttosto da un paradigma A – quello dominante – a un nuovo paradigma che è in parte sconosciuto e quindi fertile, che potrebbe essere il paradigma X. E non deve per forza essere nuovo: nuovo non vuol dire necessariamente migliore. Può essere nuovo e ininteressante, oppure può essere vecchio ma fertile.

TP   Nel tuo libro *Homo Mobilis*[2] citi Jules Verne e il suo modo di immaginare il futuro. Credi che, come professionisti che lavorano con il futuro, dobbiamo cercare di collocarci nel futuro o partire dal perimetro del nostro presente?

GA   È una domanda molto teorica. A essere sinceri, non credo che Jules Verne fosse così creativo: raggiungere la Luna con un proiettile non era un'idea molto fantasiosa. Ha semplicemente usato quello che conosceva, è partito dalla scienza del suo tempo. Mi interessa Verne da un punto di vista letterario, ma non da un punto di vista tecnologico.

L'École des Mines di Parigi, dove insegno, è specializzata in *innovative design* e si interroga sulla questione: "È possibile formulare o produrre qualcosa di completamente nuovo?". Si può affrontare questa domanda in diversi modi. I ricercatori lavorano con la matematica avanzata, come il "metodo del forcing" di Paul Cohen o gli "enunciati indecidibili" di Kurt Gödel. Oggi esistono strumenti teorici in grado di descrivere la produzione di nuove realtà a partire da quelle esistenti. Per me è una questione di linguaggio. Non posso inventare il futuro, ma posso produrre un linguaggio capace di aprire nuove possibilità. Come *prospettivista*, cerco di formulare concetti, di arricchire il linguaggio. Non propongo soluzioni: un concetto non è una soluzione. Puoi produrre soluzioni solamente in un contesto di azione. Se sei un project manager, per esempio, devi fornire soluzioni. Il mio ruolo da *prospettivista* è invece di aiutare chi agisce, proponendo concetti e producendo un certo disordine cognitivo, sperando che questo sia fertile. Si potrebbe dire che il mio lavoro è di aiutare scardinando.

TP Nei tuoi studi su come sta cambiando il mondo della mobilità sotto la spinta delle nuove tecnologie, dei nuovi costumi, dell'attenzione ai cambiamenti climatici, della globalizzazione economica, tu ipotizzi il passaggio a un nuovo paradigma di lettura. L'affermazione stessa del termine *mobilità*, che ha sostituito il termine *trasporto*, implicherebbe un cambiamento concettuale radicale che sposterebbe il discorso dalla prestazione dello spostamento all'importanza della qualità del percorso, che passa anche dalle relazioni, dalle connessioni, dalle sinergie e dalle opportunità offerte. Troviamo molto interessante il superamento del valore della velocità tout court. È una rivincita del *flâneur* baudelairiano...?

GA Il *flâneur* è una figura interessante. Può impersonare il legame fra movimento e luogo. Ma possiamo anche utilizzare un altro concetto, quello che io chiamo *adhérence*. In meccanica, la chiameremmo frizione. Ha a che fare con la relazione tra la mobilità e il suo ambiente e

implica un'interazione. Utilizzo questo concetto per costruire una critica positiva della velocità: quando consideriamo un movimento, una modalità di mobilità, un mezzo di trasporto, possiamo valutarlo non solo attraverso la sua velocità o la sua potenza, ma anche osservando la sua *adhérence*. Solitamente, maggiore è la velocità, minore è l'*adhérence*. Mi preme sottolineare l'aspetto positivo della frizione come alternativa alla velocità.

PB Altre volte hai anche usato la parola "*caresse*"...

GA Sì, è un altro modo di vedere la questione. Una carezza territoriale è una metafora che sottolinea il valore dell'interazione con il territorio.

Vorrei aggiungere qualche parola sulla nozione di mobilità. Quando dico che stiamo passando dal paradigma del *trasporto* a quello della *mobilità*, voglio insistere sul fatto che non fornisco una definizione fissa di mobilità. La mobilità deve rimanere *x*, cioè parzialmente sconosciuta. Sappiamo cos'è il trasporto: andare il più velocemente possibile da un punto A a un punto B, possibilmente in un modo confortevole, economico e sicuro. Ma non sappiamo ancora cosa sia la mobilità. Ecco perché è interessante come paradigma. Siamo fortunati ad avere due parole: *trasporto* e *mobilità*. Sono parole che io definisco *polinimiche*, per dire che la mobilità non ha niente a che vedere con il trasporto. E qui sta il potere del linguaggio: ci aiuta a identificare certe differenziazioni che aprono a nuovi significati.

TP Rimanendo sul linguaggio, tu proponi un concetto molto interessante, quello di *abitare la mobilità*: riempire il movimento di nuovi significati, che coinvolgono la connessione e l'interazione. Questo getta una luce ottimistica sui *nonluoghi* di Marc Augé che si distinguono per essere non identitari, asimbolici, astorici. Sono spesso luoghi legati al movimento – aeroporti, hub, poli intermodali, ma anche grandi catene alberghiere o commerciali – dove da un lato la mobilità estremizzata, dall'altro la globalizzazione sfrenata, hanno omogeneizzato e azzerato le diversità e dove le individualità si incrociano senza relazione e in anonimità. Ci rassicura pensare che questi luoghi possano essere destinati, secondo la tua analisi, a sgretolarsi a favore di una mobilità "abitata" e densa di contenuti. Ti confesso infatti che guardiamo con preoccupazione la deriva consumistica e globalizzata di tanti *hub* della vita contemporanea. Credi davvero che i luoghi che oggi definiamo della mobilità possano tornare a essere teatro di una vita autentica?

GA   Nel passato – e avevo probabilmente torto – ero solito affermare che Marc Augé non capiva il concetto di mobilità. Se generalizziamo la sua teoria, possiamo dire che ogni luogo della mobilità è un nonluogo. Molti pensano ancora che una grande stazione ferroviaria o un aeroporto siano nonluoghi. Ma cosa significa? Ogni luogo ha una relazione profonda con il territorio e con la sua storia. Augé pensa che la mobilità non crei luoghi, ma ne distrugga il senso, mentre io penso che non ci sia contraddizione tra mobilità e luogo. Naturalmente, esistono luoghi della mobilità negativi. Gli incroci autostradali di Los Angeles, per esempio, dove ci s'incrocia senza incontrarsi, possono essere definiti nonluoghi perfetti. Tuttavia, se cerchiamo un autentico luogo di mobilità umano, quello è proprio la città! La città è un buon luogo per una buona mobilità. Questa potrebbe essere la sua stessa definizione.

TP   Potremmo dire che luoghi come le stazioni e gli aeroporti stanno cambiando perché la mobilità è più *abitata*, rispetto al passato? Pensi che stiano cambiando qualità, diventando più autentici?

GA   Certamente, perché nel passato eravamo immersi nel paradigma dominante del trasporto. Nel mio linguaggio, "trasporto" non ha niente a che vedere con "mobilità". Quando Augé definisce il nonluogo, si riferisce al trasporto. Concordo con lui quando dice che un nonluogo è un luogo per il trasporto puro. Sarebbe stato davvero interessante discuterne insieme.

PB   Questo ci porta alla tua idea di *reliance*. Sostieni infatti che il valore della mobilità risiede nel significato della *reliance*, che ha a che vedere con la creazione di legami, opportunità, connessioni, che possano essere favoriti dalla mobilità. La *reliance* apre la possibilità di relazioni umane attive. Attraverso la nostra attività progettuale, cerchiamo di favorire il senso di comunità e di appartenenza a un luogo specifico, pur sempre favorendo le identità individuali di ciascuno, in modo che ognuno si senta parte di un tutto. Pensi che la tua idea di *reliance* possa essere applicata anche all'architettura?

GA   Anni fa scrissi un saggio sulle stazioni, sfruttando un concetto ispirato al libro sul cinema di Gilles Deleuze *L'image-mouvement*[3]. Mi sembrava perfetto definire la stazione come un *luogo-movimento*, mescolando due nozioni generalmente opposte: luogo e movimento. Cos'è una stazione della metropolitana se non un luogo di movimento?
Deleuze lavora con la creazione di concetti e credo che la *prospettiva* abbia a che fare con la stessa dimensione. Per capire il significato di *stazione*, bisogna prendere in considerazione la sua lunga storia nel sistema di trasporti. Le stazioni sono *mal-aimées*, specialmente da chi lavora nel campo dei trasporti. Per un ingegnere, una stazione è infatti una perdita di tempo: le migliori linee della metropolitana sono le più veloci. Mi interessano le stazioni come modo di articolare il movimento. Suona come una questione pratica, ma ha anche un altro valore. E sembra che gli architetti non siano sempre molto interessati al movimento e alla mobilità. Sembrano preferire lo spazio al movimento.

PB   Ricordo un esperimento che realizzammo quando eravamo studenti. Piazzammo una mappa della metropolitana di Milano nella stazione di Cadorna. Quando la recuperammo una settimana dopo, trovammo un foro provocato dai tanti passeggeri che avevano puntato il dito sulla mappa per orientarsi, affermando: "io sono qui!". Ebbene, in quel foro risiedeva l'essenza dello spazio pubblico. L'*adhérence* a quel piccolo punto teneva insieme le persone in un modo fisico. Quell'esperimento fu significativo per dimostrare che una stazione può essere molto più che un edificio in termini di interazione sociale.

GA   La domanda ora è: "Cos'è lo spazio pubblico nell'era della mobilità?". Possiamo iniziare a rispondere investigando i luoghi della mobilità. Cosa succede in una stazione? Cosa fanno le persone insieme (o non insieme) in un autobus o in qualunque mezzo di trasporto? Che effetto ha la vita mobile sullo spazio pubblico? Dobbiamo studiare come si interagisce nella mobilità. È una domanda che ha a che fare con la sociologia, naturalmente. Con il sociologo Isaac Joseph della Chicago School abbiamo studiato la metropolitana come spazio di transito, dove avvengono quelli che chiamiamo "legami deboli". La sociologia generalmente studia i "legami forti" – le relazioni familiari o amorose, per esempio – mentre nello spazio pubblico della mobilità i legami sono leggeri, quasi nulli. Ma *quasi nullo* non è *completamente nullo*.

PB   Ha a che vedere con la *serendipity*, trovare qualcosa che non stavi cercando, ma che scopri perché sei in uno stato di ricerca. Ricordo che dicesti che una fermata d'autobus può avere diversi significati a seconda della tua consapevolezza del tempo di attesa.

GA   Aspettare un autobus è generalmente considerato una perdita di tempo, ma quando sai quanto dovrai aspettare, scompare la nozione di attesa. Diventa un tempo della mobilità. Il paradigma del trasporto contempla le nozioni di tempo *perso* e di tempo *attivo*. Invece, il paradigma della mobilità è fatto di sequenze. Non c'è differenza tra aspettare alla fermata dell'autobus e viaggiare sull'autobus. Quando parlo di cambiamento di paradigma, intendo che questi concetti stanno cambiando. La differenza tra non-mobile e mobile si sta indebolendo, la nozione di attesa sta scomparendo. Ora mi piacerebbe fare a voi una domanda. Avrete probabilmente capito che il mio concetto di *reliance* è una critica positiva del concetto di trasporto. Per introdurre un nuovo concetto, bisogna concentrarsi su ciò che c'è di obsoleto in quello attuale. Vorrei chiedervi, come architetti: qual è il paradigma dell'abitare dominante che cambiereste, che pensate sia superato?

TP   Credo che il concetto di proprietà della casa sia obsoleto. Oggi si preferisce condividere piuttosto che possedere. Essere liberi di cambiare casa durante la propria vita, che ormai è sempre più mobile. Possedere una casa per tutta la vita non è più un obiettivo desiderabile per tutti. Ora c'è la necessità di muoversi e di sperimentare luoghi diversi.

PB   Credo che l'abitare si stia evolvendo radicalmente. Del resto è come viviamo che determina l'abitare, non viceversa. Oggi si lavora da casa così come si vive in ufficio. Ecco perché sempre di più l'architettura indaga spazi flessibili e mutevoli. Immaginiamo spazi dell'abitare che stimolino i loro abitanti ad avere con la propria casa un rapporto simile a quello del giardiniere con il proprio giardino. Tra il giardiniere e il giardino si crea una relazione biunivoca e, diremmo, simbiotica. In questo senso, immaginiamo case plasmate dai loro abitanti che ne hanno cura. Pensiamo a case disegnate più da chi ci vive che dagli architetti. Così come la mobilità scopre il paesaggio "accarezzando" il territorio, ognuno dovrebbe scoprire la propria casa prendendosene cura.

TP   Mi piacerebbe discutere la rivoluzione che le automobili guidate da intelligenza artificiale imporranno sulla mobilità. Si può pensare che presto sarà possibile lavorare o dormire, spostandosi in una macchina a guida autonoma,

e che questa diventerà di volta in volta un ufficio, o una casa. Credi che questo cambio di funzione potrà avere un impatto sull'idea stessa che abbiamo di casa?

GA   Quando utilizziamo l'espressione *abitare la mobilità*, è importante definire cosa *abitare* significhi davvero. Potremmo chiedere a dei ballerini che effetto faccia abitare il proprio corpo o a dei musicisti cosa voglia dire abitare il proprio suono. Abitare è una nozione molto generale che dobbiamo reinventare. Durante il lockdown legato alla pandemia, alcuni hanno riscoperto il proprio appartamento e i suoi dintorni. Per capire cosa significhi abitare – un luogo, un corpo, un movimento – penso che dovremmo aprire il campo di apprendimento ad altre discipline.

PB   In *Costruire, abitare, pensare*[4], Martin Heidegger aveva già ampliato il senso dell'abitare estendendolo a tutto ciò che ospita l'essere umano, superando l'alloggio stesso e comprendendo anche luoghi non statici. Questo mi ricorda il "mobilis in mobili" di Jules Verne[5].

GA   Credo che l'opposizione classica nomadismo-sedentarietà sia troppo forte. Mobilità è abitare. Nel mio appartamento io sono mobile. Nella città io sono mobile. Nel territorio io sono mobile. Tre livelli di mobilità a tre diverse scale dell'abitare. Non siamo mai sedentari: la non-mobilità non esiste. Non c'è bisogno di essere nomadi per essere mobili.

TP   Oggi il termine "smart" sembra aver invaso il dibattito sulla città, spesso con un utilizzo impreciso e vago, ma si ha l'impressione che ancora non si sia messa davvero a fuoco la sua natura. Vengono definite smart alcune città di nuova fondazione, progettate secondo criteri di minimizzazione dell'impatto ambientale, massima efficienza, gestione tecnologica assoluta, ma anche le nostre città del vecchio continente che cercano di adattare la loro struttura storica alle più recenti innovazioni tecnologiche. Vediamo con diffidenza questo termine, che ci sembra spesso legato solo a una dimensione tecnologica, mentre la città, soprattutto quella di nuova fondazione, va riempita di senso e contenuti. Che futuro smart vedi per le nostre città?

GA   La parola "smart" è interessante perché ci sono almeno tre modi di intenderla. Originariamente significa intelligente. Oggi ha a che fare con la tecnologia, i *big data*, l'intelligenza artificiale. Ma esiste un altro significato, che possiamo discutere prendendo in considerazione lo smartphone. L'oggetto smartphone è difficile da definire. È un oggetto emblematico dei nostri tempi. La prima cosa che non si può dire di uno smartphone è che sia *smart*! Intendo dire che non è un "buon" telefono, semplicemente perché non è un telefono. Si può usare come telefono, ma non è un telefono. La formula "questo non è un telefono" è quello che io chiamo il "principio di Magritte": è una frase generale che apre la definizione della realtà. Non sappiamo veramente cosa diventerà lo smartphone tra dieci anni. Quindi "smart" significa cambiare identità verso un'identità sconosciuta. Si può dire che un'automobile smart sia un'automobile piena di dispositivi tecnologici. Ma diventa più interessante dire che un'automobile smart non è una automobile. Dire che la mobilità smart non è mobilità, o che una città smart non è una città, apre la loro definizione. Quindi "smart" diventa un modo di coinvolgere l'ignoto. Credo che una buona definizione del futuro sia: il futuro smart è un futuro aperto.

Ora investighiamo il significato di smart quando ha a che fare con l'intelligenza. Se usiamo "smart" in questo senso, dovremmo chiederci: cos'è la nuova intelligenza dei nostri tempi? Sarà un'intelligenza razionale, immaginaria o creativa? Quando ho sentito l'espressione "smart city" per la prima volta, ho pensato che la parte interessante fosse il fatto che questa espressione ci ricordasse che la città è intelligente. La città è un'intelligenza collettiva. È quello che l'umanità ha inventato per permetterci di lavorare, creare, vivere, amare. Per certi versi la città è più smart che tecnologica perché comprende l'hardware e il software. È carne e anima, è sociale e tecnologica, nella sua interezza. Il digitale è un nuovo fuoco, una nuova energia, ma deve essere civilizzato. Se falliamo, distruggerà molte cose, dal lavoro alle relazioni sociali. Credo che l'operatore della civilizzazione sia la città. Quindi la "smart city" può anche essere concepita come un modo di civilizzare il digitale: la relazione tra *smart* e *city* non consiste nel fatto che la città diventi intelligente grazie alla tecnologia, ma che la città debba civilizzare la tecnologia.

PB   Questo mi fa pensare a un altro aspetto. Come diceva Paul Virilio, viviamo in un mondo che è diventato un "mondo-città" in cui circolano le stesse informazioni, immagini, messaggi, cose e persone. Ma è anche vero che le città sono sempre più delle "città-mondo" con le loro specificità etniche, culturali e sociali (in un certo senso smentendo le illusioni del "mondo-città"). È in questo terreno incerto tra città e mondo che dovremmo pensare alle città del futuro?

GA   La città deve essere ridefinita. Ma anche il mondo. Nel 2015 ho co-organizzato un simposio internazionale intitolato "Ville et géopoétique"[6]. La geopoetica è un movimento culturale fondato nel 1989 dal poeta franco-scozzese Kenneth White. Durante il simposio abbiamo messo in discussione la relazione tra gli esseri umani e Gaia, la Terra, prendendo come assunto che non si tratta solo di una questione di scienza, ecologia, economia o politica, ma anche di una questione poetica. Abbiamo bisogno di nuove definizioni di *città* e di *mondo*; non possiamo darle per scontate.

TP   Con il paradigma della mobilità, sostieni che le frontiere fra le vecchie scale di trasporto (nazionale/regionale/interurbano/urbano) sfumeranno a favore di nuove interconnessioni e intermodalità. Pensiamo soprattutto ai bordi urbani, luoghi di estrema fragilità e importanza, spesso ancora gestiti molto maldestramente. Credi che in prospettiva assisteremo a un ribaltamento delle gerarchie centri-periferie?

GA   Credo che dovremmo superare la nozione gerarchica centro-periferia. Il geografo francese Jacques Lévy definisce l'urbano come un mix di densità e diversità[7]. La sua nozione di centralità al plurale indebolisce l'opposizione fra centro e periferie. Dovremmo avere numerose centralità e densità diverse. Questo produrrà meno trasporti. Dico spesso che abbiamo bisogno di più mobilità e meno trasporti. E questo cambierà non solo la struttura, ma anche l'identità della città. Una città non si definirà solamente come diverse centralità collegate dai trasporti, ma come diffusione di centralità. Così l'urbano non distingue topologicamente centro e periferia.

PB   Più mobilità e meno trasporto erano alla base della ricerca che avevamo realizzato nel 2013 per la mostra "Energy", curata da Pippo Ciorra per il MAXXI a Roma. La nostra installazione si intitolava *Right to Energy*[8] e si proponeva di stimolare una discussione sul destino del pianeta in relazione all'impatto che l'energia ha sull'architettura e sul paesaggio, immaginando come le persone si confronteranno con l'energia nell'era del post-petrolio. La domanda che animava la nostra ricerca era: come l'architettura potrà ridefinire un migliore rapporto del mondo con le sue risorse, soprattutto in riferimento alle nuove forme di energia rinnovabili? Ovviamente lo scopo di una mostra è stimolare delle riflessioni, più che dare delle soluzioni. In pratica, immaginavamo una nuova forma di smart grid di tipo locale che incentivasse la produzione individuale di energia, ovvero una nuova forma di democratizzazione dell'energia per cui tutti potranno trasformare e scambiare un'energia più libera e accessibile. Qual è la tua visione sull'energia?

GA   Condivido questa idea, ma il mio ruolo da *prospettivista* deve investigare una direzione diversa. Credo che un lavoro "prospettivo" debba essere portato avanti per trovare una nuova definizione di energia tramite una critica positiva della nozione stessa. Permettetemi di fare un esempio. Marcel Duchamp scrisse un breve testo chiamato *Transformateur destiné à utiliser les petites* énergies *gaspillées*[9], che esortava a utilizzare l'energia di tante piccole azioni, come gli starnuti, e persino le flatulenze! Chiaramente si tratta di una provocazione, è dadaismo. Ma credo che una visione dirompente possa aiutarci a trovare nuove definizioni, in questi tempi in cui alcuni concetti si sono inceppati. Rompere le regole grazie all'immaginazione non ha solo a che vedere con la distruzione, ma anche con la creazione. Dovremmo applicare questo stesso principio all'energia. È un peccato che disponiamo solamente di una parola per definire l'*energia*: dovremmo trovare parole alternative. Prendete la parola *azione*, per esempio. Agli albori della fisica e della meccanica, in Galileo, Leibniz, Newton, la nozione di azione venne prima di quella di energia. Anche Goethe utilizzò *azione*, anziché *verbo* nella sua traduzione della frase del Vangelo: "In principio era l'*Azione*"[10], proponendo una nuova interpretazione dell'inizio del tutto. La nozione di *azione* potrebbe essere fertile. Credo che la vera indagine *prospettiva* stia nella ricerca di una nuova idea di *energia*.

TP   Vorremmo concludere questa chiacchierata ragionando su quello che abbiamo discusso, sulla mobilità e il suo territorio, prendendo in considerazione il recente libro di Bruno Latour *Où atterrir?*. In particolare, ci ha colpito l'idea che se la Terra comincia a ribellarsi all'attività umana e se il terreno sotto i nostri piedi, che credevamo stabile e fisso, comincia a sgretolarsi, lo spazio stesso assume una valenza assolutamente nuova. "Finché la terra sembrava stabile, potevamo parlare di spazio e situarci all'interno di questo *spazio* e su una porzione di territorio che pretendevamo di occupare. Ma come fare se il territorio stesso si mette a partecipare alla storia, a rendere colpo per colpo, cioè, a occuparsi di noi?"[11]. Lo spazio non è quindi più il quadro dell'azione umana, ma un attore che convive insieme a noi: se perde la sua staticità e atemporalità, è necessaria una vera rivoluzione di prospettiva. Cosa ne pensi? Cosa fare?

GA   Non credo sia tempo di *atterrare*, come evoca il titolo del libro di Latour. Non ancora. Abbiamo parlato di Jules Verne e del suo "mobilis in mobili". Questa espressione ha anticipato il concetto di surfare, cioè muoversi su un terreno mobile. Se il terreno si muove, per atterrare dobbiamo imparare a surfare.

Come fare, concettualmente? Abbiamo a che fare con la mobilità dell'identità. Una macchina non è una macchina, un telefono non è un telefono. Nel suo libro *Gender Trouble*[12], la femminista Judith Butler afferma che dobbiamo imparare a vivere nel disturbo, che non vuole dire dolore, ma incertezza. Questi tempi non sono confortevoli, ma se sai come surfare, puoi viverli bene. Sono tempi fertili per l'innovazione, per nuove definizioni, per progettare un mondo mobile. Questo ci riporta all'inizio della nostra conversazione, al bisogno di un approccio umanistico alla mobilità. È quello che io chiamo "civilizzare la mobilità", che significa rendere la mobilità parte della nostra cultura. È un aspetto critico perché il trasporto non ha una cultura, mentre la mobilità è in grado di produrre qualcosa di antropologizzato, di profondamente umano e culturale.

Il miglior modo di capire quest'idea è tramite un'analogia con il cibo. Mangiare e muoversi sono due fondamenti imprescindibili della vita umana. Siamo consapevoli che mangiare sia un fatto culturale; sappiamo che mangiare coinvolge sapori, piaceri, memorie emotive. Non consideriamo il cibo solo in termini di chilogrammi o chilocalorie. Il cibo è anche attività sociale, con una sua geografia, storia, industria, tecnologia. Abbiamo bisogno di questo nella mobilità: considerarne il significato, il sapore, le dimensioni sociali. Dobbiamo coltivare la mobilità come questione culturale. Certo, dovremo diminuire la mobilità in futuro, e la pandemia ha già contribuito a questo processo. Possiamo limitare gli spostamenti tramite regolamentazioni o principi morali, oppure possiamo farlo tramite il gusto. Dobbiamo lavorare per una buona mobilità e questo implica economia, tecnologia, ma anche un certo stile. Per esempio, possiamo considerare l'andare in bicicletta attraverso la nozione di stile di vita: ad Amsterdam, la bicicletta fa parte della vita urbana, ci si muove su due ruote. Ricordo un uomo che suonava il flauto mentre pedalava! Era l'emblema dell'andare in bici con bellezza.

Il paradigma del trasporto ha tolto cultura alla mobilità solo di recente. Abbiamo guadagnato in efficienza sacrificando il significato: più siamo efficienti, meno siamo significativi. Se vogliamo contribuire al bene del pianeta, dobbiamo rivolgerci alla poesia: restituire significato, sapore, linguaggio. Abbiamo bisogno di un lavoro culturale e poetico.

1. Alain Corbin, *Le territoire du vide. L'Occident et le désir du rivage*, Paris, Flammarion, 2018.

2. Georges Amar, *Homo Mobilis. Une civilisation du mouvement*, Limoges, FYP Éditions, 2016.

3. Gilles Deleuze, *L'immagine-movimento. Cinema 1*, Milano, Ubulibri, 1989.

4. Martin Heidegger, "Costruire, abitare, pensare" in Vattimo G. (a cura di), *Martin Heidegger. Saggi e discorsi*, Milano, Mursia, 1976.

5. Jules Verne, *Ventimila leghe sotto i mari*, Milano, Feltrinelli, 2018.

6. Georges Amar, Rachel Bouvet, Jean-Paul Loubes, *Ville et géopoétique*, Paris, L'Harmattan, 2016.

7. Jacques Lévy, "Vers le concept géographique de ville", in *Villes en Parallèle* n. 7, 1983.

8. Right to Energy, MAXXI, Roma, p. 284.

9. Marcel Duchamp, *Transformateur destiné à utiliser les petites* énergies *gaspillées*, inchiostro nero e grafite su carta, non datato, Parigi, Centre Pompidou, n. inv. AM 1997-8 (187).

10. Johann Wolfgang von Goethe, *Faust*, Milano, BUR Rizzoli, 2013.

11. Bruno Latour, *Tracciare la rotta. Come orientarsi in politica*, Milano, Raffaello Cortina Editore, 2018.

12. Judith Butler, *Questione di genere. Il femminismo e la sovversione dell'identità*, Bari, Editori Laterza, 2013.

19 Bassi Business Park Milano

Project team:
OBR, Favero & Milan Ingegneria,
GAe Engineering, Jacobs Italia, Openfabric

OBR design team:
Paolo Brescia e Tommaso Principi,
Maria Bottani, Francesco Cascella,
Andrea Casetto, Giulia D'Angeli,
Biancamaria Dall'Aglio, Giorgia De Simone,
Paolo Dolceamore, Francesca Fiormonte

OBR design manager:
Andrea Casetto

Direzione artistica:
Paolo Brescia

Committente:
Generali Real Estate SGR S.p.A.
Head of Southern Europe Region:
Benedetto Giustiniani
Head of Engineering and Project Management:
Paolo Micucci
Head of Project Management:
Riccardo Guzzi
Project Manager:
Niccolò Bombonato
Building Management:
Flavio Iardino
Project Manager, Refurbishment and Development:
Luca Capasso

Direttore lavori:
Claude Van Steenweinkel

Imprese:
Percassi S.p.A., Cefla S.C.

Luogo:
Milano

Programma:
uffici

Dimensioni:
area di intervento 19.700 mq
superficie costruita 56.000 mq

Cronologia:
2023 inizio lavori (lotto 4)
2022 inizio lavori (lotto 3)
2021 fine lavori (lotti 1 e 2)
2020 inizio lavori
2019 direzione artistica progetto esecutivo
2018 progetto definitivo
2018 progetto preliminare
2017 studio di prefattibilità

Il complesso Bassi Business Park si colloca all'interno di un contesto fortemente significativo di Milano, tra il quartiere di Porta Nuova, la stazione dell'alta velocità di Porta Garibaldi e l'area in trasformazione dello Scalo Farini.

Gli otto edifici che lo compongono, realizzati negli anni settanta, necessitano di un ripensamento in linea con il rapido sviluppo dell'area. Anziché demolire e ricostruire con dispersione di risorse in termini ecologici ed economici, abbiamo optato per rigenerare il costruito, come valorizzazione del patrimonio edilizio milanese.

Recuperando le strutture originarie degli edifici, abbiamo ricercato nuove relazioni spaziali tra i corpi esistenti tramite demolizioni puntuali e innesti mirati a rivitalizzare il complesso. L'intervento prevede il collegamento aereo tra alcuni edifici che si uniscono tra loro, aprendo al contempo percorsi e nuove visuali che favoriscono l'interconnessione del complesso con il contesto, trasformando ciò che prima era un fianco in un nuovo fronte urbano.

L'involucro esterno alleggerisce la volumetria degli edifici attraverso una facciata stratificata che consente da un lato di smaterializzare il volume retrostante e dall'altro di specchiare l'immagine del contesto.

Abbiamo immaginato un'architettura riflettente di giorno e cangiante di notte. Le ampie superfici vetrate delle facciate sono caratterizzate da un sistema di *brise-soleil* studiati secondo una gamma cromatica dal caldo al freddo, che crea uno spazio di termoregolazione che contribuisce al raggiungimento della certificazione LEED Gold.

La grande corte interna è stata concepita come una "foresta urbana", in cui avere il piacere di stare e ritrovarsi all'aperto in un contesto urbano, ma anche naturale.

Gli ambienti interni sono caratterizzati da trasparenza e flessibilità, adattandosi a diverse modalità di lavoro: coworking, spazi comuni, condivisi o individuali, facilmente riconfigurabili, sfumati tra indoor e outdoor, pensati per facilitare l'interazione sociale e stimolare quel ping-pong mentale e psicologico che si gioca tra persone che stanno fisicamente insieme.

Gli spazi del lavoro sono concepiti secondo una nuova idea di ufficio, pensato come il miglior posto dove andare per incontrarsi, scambiare esperienze, imparare dagli altri, formare la propria identità. Questo progetto tiene insieme le persone, contribuendo a tessere quelle relazioni casuali, non prevedibili e inattese, che il telelavoro difficilmente potrà provocare.

Immagine pagina successiva: l'inserimento del nuovo intervento nel tessuto urbano.
(225)

La grande corte centrale con la foresta urbana.
(226)

L'affaccio verso la stazione Garibaldi.
(228)

La foresta urbana nella corte centrale.
(227)

Dettaglio della facciata.
(229)

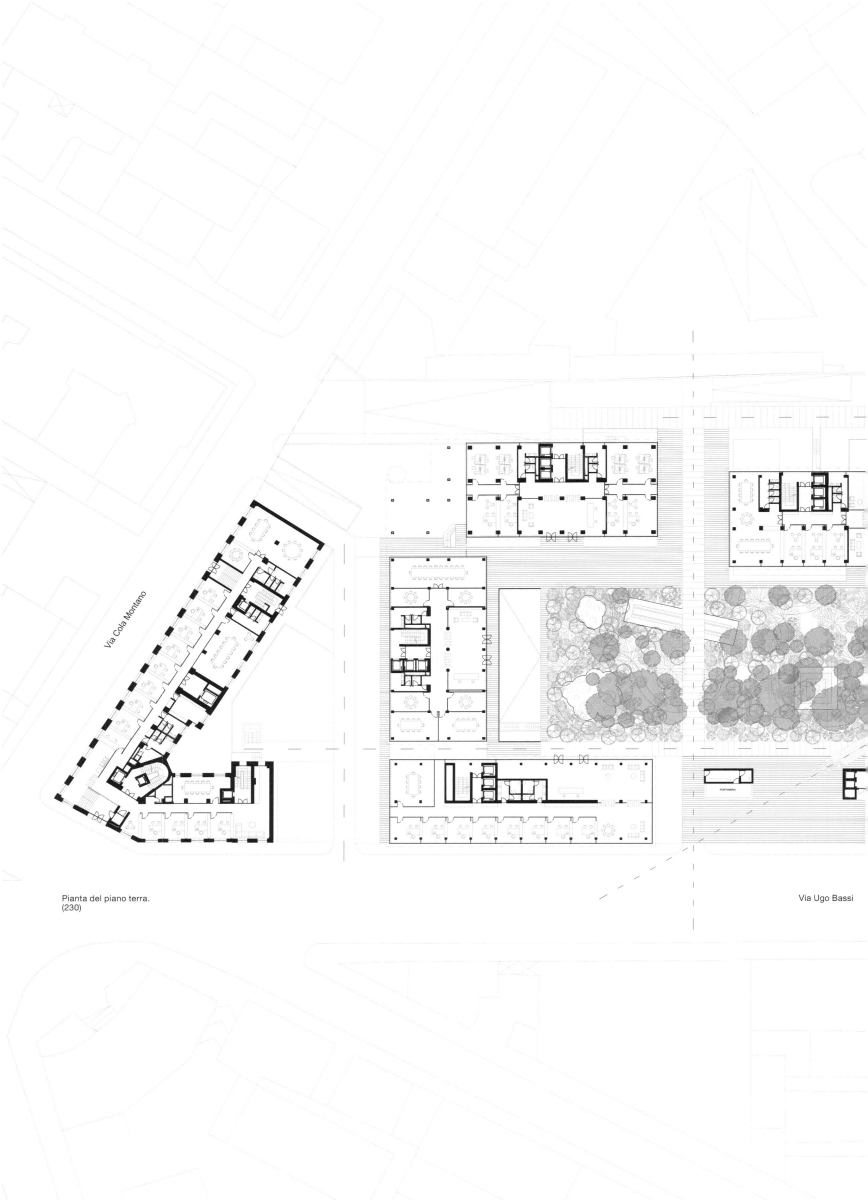

Via Cola Montano

PORTINERIA

Pianta del piano terra.
(230)

Via Ugo Bassi

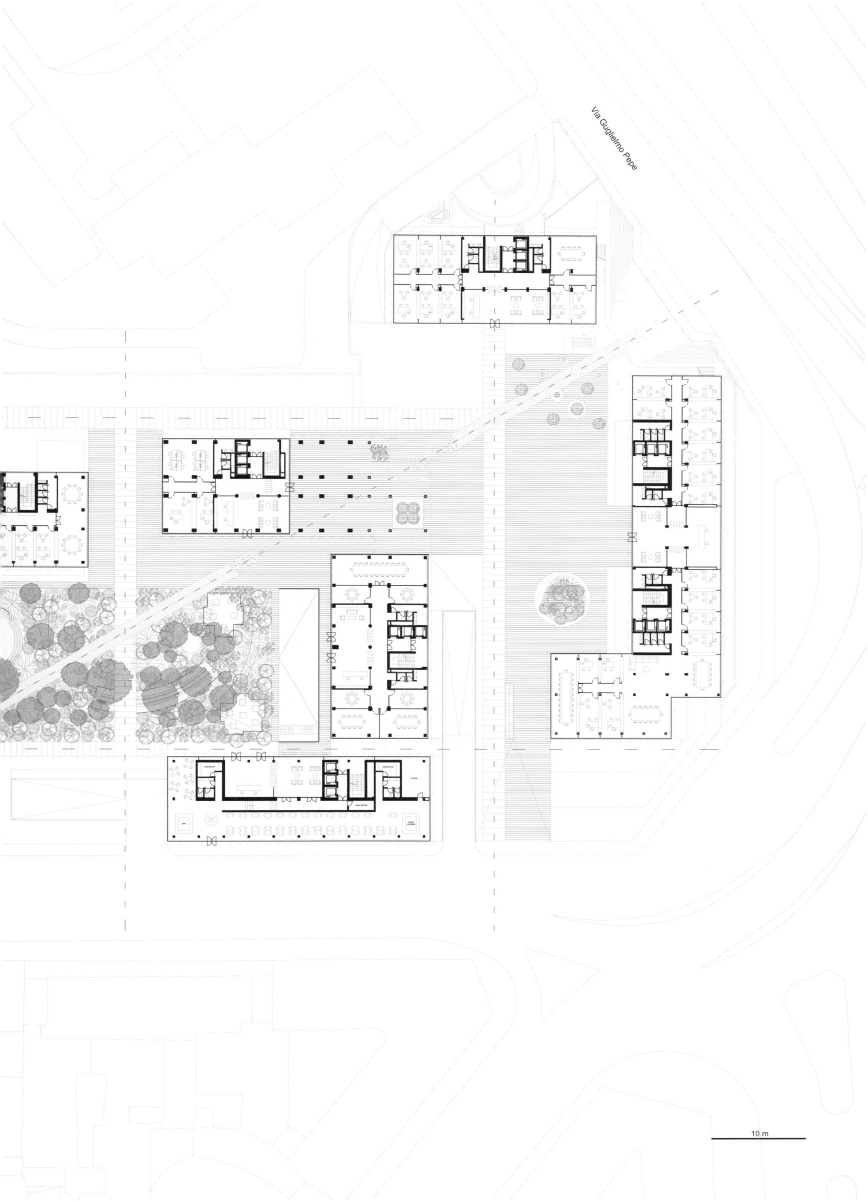

Via Guglielmo Pepe

10 m

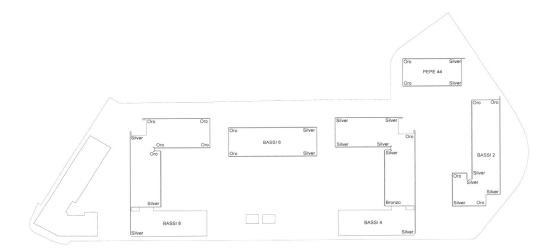

Le tipologie delle differenti facciate.
(231)

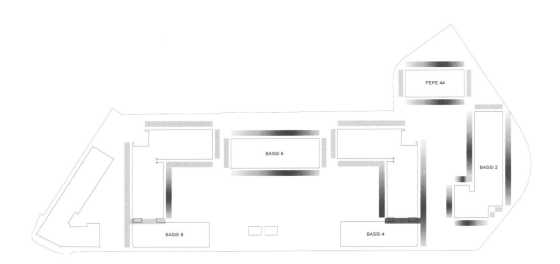

Il gradiente cromatico delle facciate
"dal caldo al freddo".
(232)

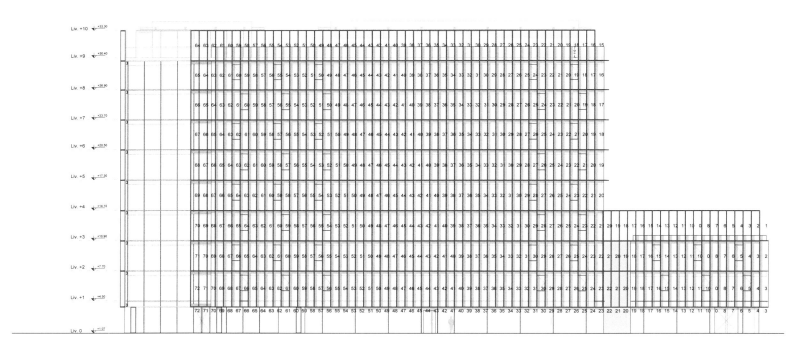

Schema della facciata lato parco.
(232)

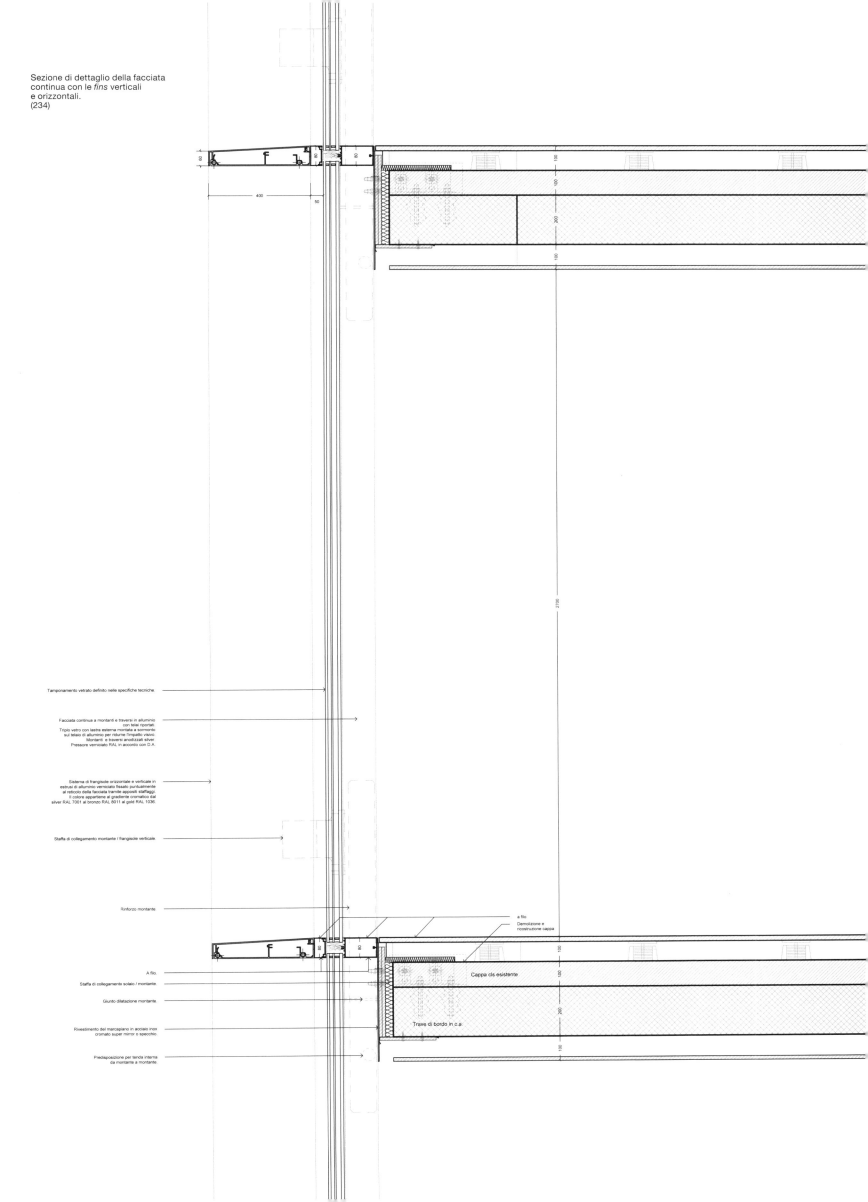

Sezione di dettaglio della facciata
continua con le *fins* verticali
e orizzontali.
(234)

Tamponamento vetrato definito nelle specifiche tecniche.

Facciata continua a montanti e traversi in alluminio
con telai riportati.
Triplo vetro con lastra esterna montata a sormonto
sul telaio di alluminio per ridurne l'impatto visivo.
Montanti e traversi anodizzati silver.
Pressore verniciato RAL in accordo con D.A.

Sistema di frangisole orizzontale e verticale in
estrusi di alluminio verniciato fissato puntualmente
al reticolo della facciata tramite appositi staffaggi.
Il colore appartiene al gradiente cromatico dal
silver RAL 7001 al bronzo RAL 8011 al gold RAL 1036.

Staffa di collegamento montante / frangisole verticale.

Rinforzo montante.

A filo.

Staffa di collegamento solaio / montante.

Giunto dilatazione montante.

Rivestimento del marcapiano in acciaio inox
cromato super mirror o specchio.

Predisposizione per tenda interna
da montante a montante.

a filo
Demolizione e
ricostruzione cappa

Cappa cls esistente

Trave di bordo in c.a.

20 Ex Cinema Roma Parma

Project team:
OBR, Policreo, Studio Nocera,
Studio Tecnico Zanni

OBR design team:
Paolo Brescia e Tommaso Principi,
Paola Baratta, Alessandra Bruzzone,
Tvrtko Buric, Andrea Casetto, Giulia D'Ettorre,
François Doria, Aleksandar Petrov,
Michele Renzini, Paolo Salami, Izabela Sobieraj,
Massimo Torre, Barbara Zuccarello

OBR design manager:
François Doria

Direzione artistica:
Paolo Brescia

Committente:
Qualità Urbana S.r.l.

Direttore lavori:
Pierpaolo Corchia

Project management:
Luigi Pezzoli

Impresa:
Costruzioni Ferroni Primo & C. S.p.A.

Luogo:
Parma

Programma funzionale:
uffici, commercio, residenze

Dimensioni:
area di intervento 2.508 mq
superficie costruita 3.884 mq

Cronologia:
2013 fine lavori
2009 progetto esecutivo
2008 progetto definitivo
2007 progetto preliminare
2006 concorso di progettazione (1° premio)

Abbiamo immaginato l'area dell'ex Cinema Roma come un episodio della sequenza degli spazi pubblici che connettono il centro storico di Parma all'Auditorium Paganini progettato da Renzo Piano e all'Area del ex Barilla Center all'arrivo della storica Via Emilia nella città.

Il progetto dell'ex Cinema Roma prevede il riuso di una struttura preesistente, ripensata con un mix di funzioni – uffici, residenze, atelier, retail – e affacciata su una nuova piazza pubblica. Si tratta di una rigenerazione urbana con effetti allargati oltre i propri confini. Ibridando le diverse funzioni a vantaggio di spazi flessibili e riconfigurabili, abbiamo immaginato un ambiente che potesse facilitare l'interscambio tra persone diverse, durante tutto l'arco del giorno, stimolando nuove dinamiche lavorative e abitative.

Per massimizzare la funzionalità e la flessibilità, abbiamo compattato la distribuzione verticale al centro, liberando lo spazio interno dal maggior numero possibile di vincoli strutturali e impiantistici. In questo modo lo spazio interno a ogni piano è adattabile a diversi layout: spazi collettivi e individuali, sale riunioni, coworking e aree relax.

Come per gli interni, anche le facciate sono totalmente dinamiche attraverso un sistema modulare di pannelli frangisole apribili a libro che, creando uno spazio tampone tra interno ed esterno, regola l'irraggiamento diretto del sole e lo scambio termico, aumentando le valenze energetiche complessive dell'edificio.

Il piano terra è pensato come spazio permeabile, trasparente, aperto, con funzioni che possano estendersi allo spazio pubblico circostante, creando nuove relazioni con l'intorno urbano.

Arretrato rispetto alla strada, l'edificio libera lo spazio per una nuova piazza che restituisce al dominio pubblico esattamente la stessa sagoma dell'edificio.

La piazza è caratterizzata da un giardino piantumato con specie a fioritura differenziata durante tutto l'arco dell'anno e da una pavimentazione lapidea che intercetta i flussi pedonali nella zona antistante l'edificio.
La geometria dei moduli della facciata si rispecchia sulle superfici orizzontali delle sistemazioni esterne, naturali e artificiali, creando un unico disegno d'insieme che sfuma la soglia tra edificio, piazza e giardino.

Immagine pagina successiva: inserimento urbano del nuovo intervento. (235)

L'Ex Cinema Roma e la nuova piazza antistante.
(236)

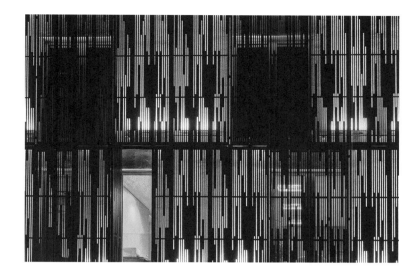

La facciata apribile a libro.
(237)

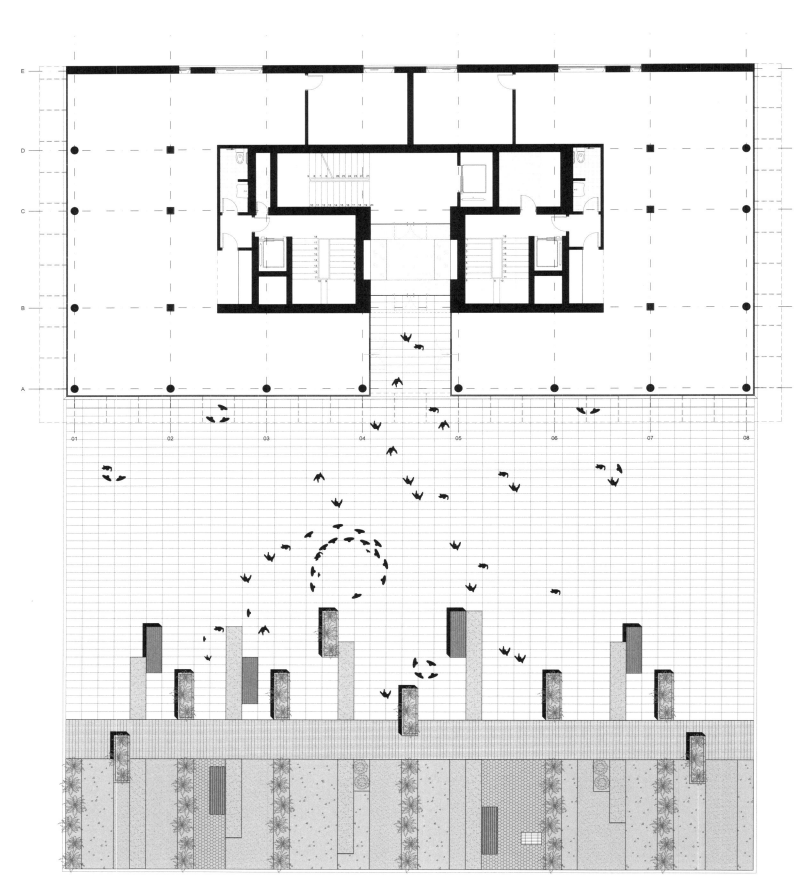

Pianta del piano terra e della piazza antistante.
(238)

5 m

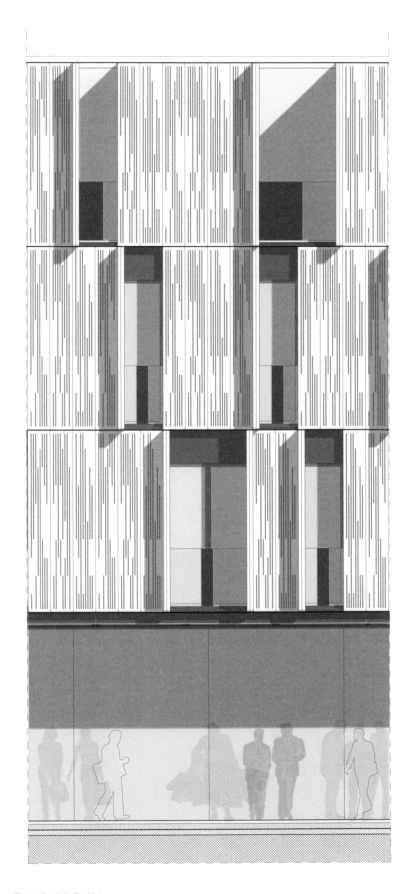

Dettaglio della facciata.
(239)

Sezione trasversale.
(240)

21 MIND Innovation Hub Milano

Project team:
OBR, BMS Progetti, Deerns Italia,
GAe Engineering, GAD

OBR design team:
Paolo Brescia e Tommaso Principi,
Paola Berlanda, Andrea Casetto, Sara Bianco,
Francesco Cascella, Amr Elhadari,
Chiara Gibertini, Luca Marcotullio,
Simona Oberti, Federico Salvalaio,
Giulia Todeschini

OBR design manager:
Paola Berlanda

Direzione artistica:
Paolo Brescia e Tommaso Principi

Committente:
Lendlease S.r.l.
Simone Santi, Cristiana Colli, Francesca Greco,
Ezio Bardella, Silvia Leali

Impresa:
Renco S.r.l.

Luogo:
Milano

Programma:
uffici, coworking

Dimensioni:
area di intervento 7.871 mq
superficie costruita 10.868 mq

Cronologia:
2022 progetto esecutivo
2021 progetto definitivo
2021 progetto preliminare
2020 concorso di progettazione (1° premio)

Il progetto dell'Innovation Hub rientra nel programma di trasformazione urbana MIND Milano Innovation District, sviluppato da Lendlease nell'area che nel 2015 ha ospitato l'EXPO, su una superficie di cento ettari a nord-ovest di Milano.

Riunendo attività educative, creative, culturali e di ricerca, l'Hub è pensato come il manifesto dell'architettura *carbon zero*, espressione di una rinnovata sensibilità ambientale e sociale.

Localizzato all'ingresso dell'area di West Gate, porta ovest di MIND, il progetto contribuisce alla sequenza di spazi pubblici interconnessi a partire dalla stazione della metropolitana e della ferrovia. Come un Giano bifronte, l'Innovation Hub si affaccia verso ovest sulla Gateway Square e verso est sulla Central Piazza, configurandosi come il baluardo e il cuore pulsante del distretto dell'innovazione.

L'architettura dell'Hub è un cubo di 40 metri di lato, caratterizzato da due colonnati a tutta altezza che come due pronai contrapposti si affacciano verso le piazze pubbliche a ovest e a est. I colonnati sono collegati a due androni speculari che conducono a loro volta verso la corte centrale, la quale distribuisce verticalmente l'intero edificio fino alla terrazza panoramica. In questo modo, l'Innovation Hub massimizza la continuità spaziale del *common ground* di MIND, pensato come connettivo pubblico tra i piani terra dei vari edifici del distretto, estendendo l'uso pubblico del piano terra in copertura.

Il roof garden a uso pubblico è protetto dalla grande copertura, il *flying carpet* energetico, sorretto dai due pronai frontali, che con i suoi 1.600 metri quadri di pannelli fotovoltaici disegna il "quinto prospetto". Il *flying carpet* energetico è un dispositivo passivo e attivo: offre riparo proteggendo dalle intemperie e dal sole diretto, e genera al contempo energia (200 megawatt ora/anno) contribuendo al fabbisogno dell'edificio e del suo intorno urbano.

La regolarità dell'architettura dell'Hub, basata sulla ripetizione paratattica del modulo di 6 metri, si estende dalla struttura esterna in acciaio del pronao alla struttura interna in legno dell'edificio fino al layout degli interni, disegnati sul sottomodulo di 1,5 metri, che consente l'adattabilità a molteplici configurazioni mutevoli nel tempo.

La progettazione integrata è stata sviluppata secondo il metodo DfMA Design for Manufacturing and Assembly, che prevede la produzione off-site dei componenti in ambienti controllati, con alto livello di precisione e sicurezza, riducendo il numero totale dei componenti e sub-assemblati, e i tempi di costruzione.

L'Innovation Hub è un progetto corale, che vede il coinvolgimento attivo di Lendlease fin dalle fasi iniziali: con Simone Santi abbiamo maturato la convinzione che l'Hub dovesse promuovere un rinnovato senso di urbanità. In questo senso l'Hub è pensato come un condensatore di energie che aggrega molteplici attività durante tutto l'arco dell'anno, capace di generare nuove occasioni di frequentazione e di incontro: spazio pubblico, aperto e permeabile, dove succede sempre qualcosa.

Continuiamo a inventare nuove tecnologie per connetterci gli uni agli altri, ma più media introduciamo, più desideriamo spazi di relazione attraverso l'architettura. Tuttavia, il fisico e il digitale non si escludono a vicenda, sono sempre più intrecciati. Essendo una piattaforma sperimentale, questo progetto mette in luce le potenzialità di ibridazione tra fisico e digitale, verso ambienti sempre più aperti ai cambiamenti futuri, per definizione non prevedibili, e sempre più serendipici.

Immagine pagina successiva: l'Innovation Hub verso ovest su Gateway Square. (241)

La facciata sud.
(242)

Particolare del pronao.
(243)

La corte interna.
(245)

L'Innovation Hub verso est sulla Central Plaza.
(244)

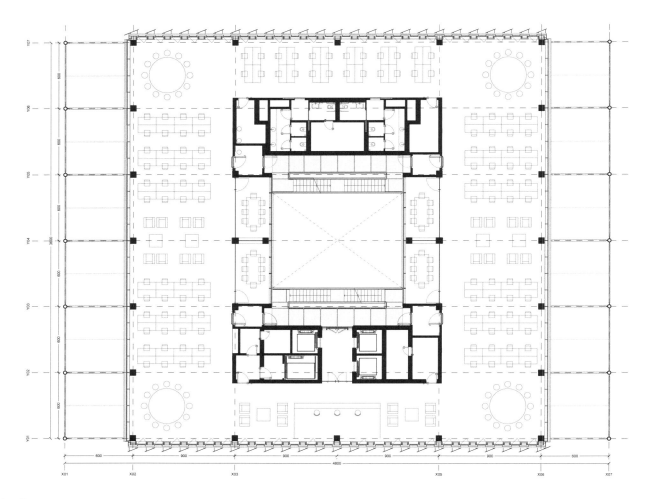

Pianta del piano tipo.
(246)

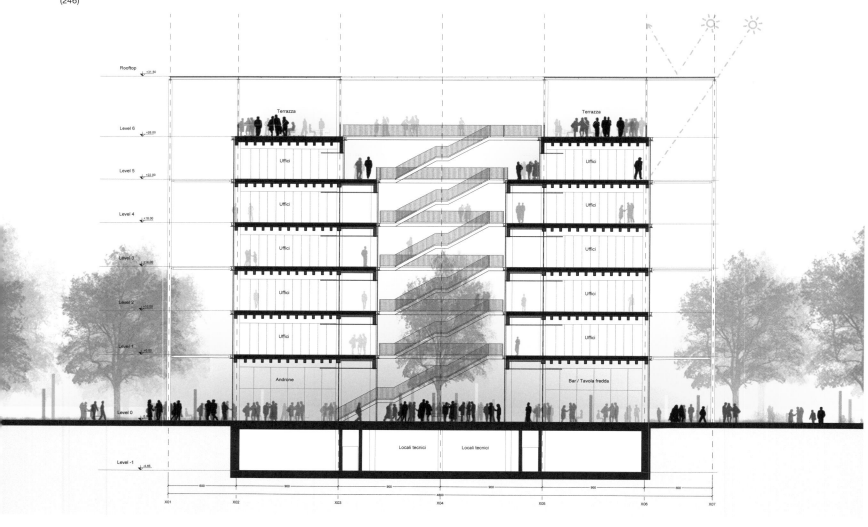

Continuità tra androni, corte centrale e terrazza panoramica.
(247)

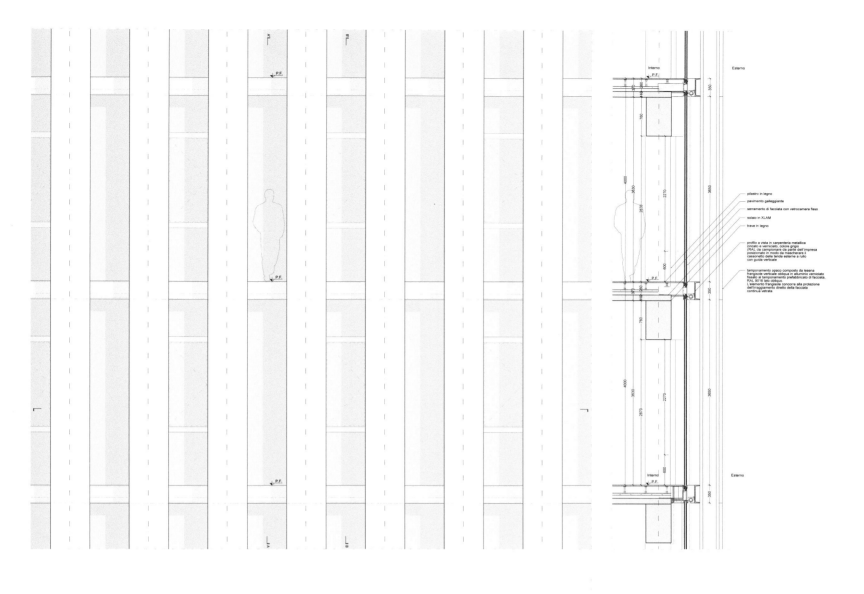

pilastro in legno
pavimento galleggiante
serramento di facciata con vetrocamera fisso
solaio in XLAM
trave in legno

profilo a vista in carpenteria metallica
zincato e verniciato, colore grigio
(RAL da campionare da parte dell'impresa
posizionato in modo da mascherare il
cassonetto delle tende esterne a rullo
con guida verticale

tamponamento opaco composto da lesena
frangisole verticale obliqua in alluminio verniciato
fissato al tamponamento prefabbricato di facciata,
RAL 9016 lato obliquo.
L'elemento frangisole concorre alla protezione
dell'irraggiamento diretto della facciata
continua vetrata

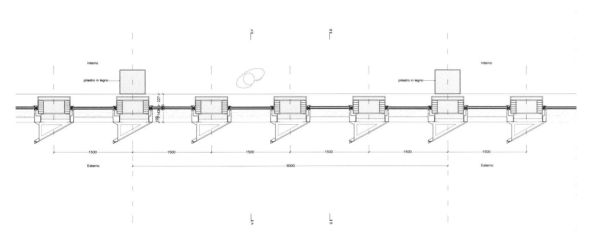

Le lesene verticali frangisole, prospetto, pianta e sezione.
(248)

22 Michelin HQ & RDI New Delhi

Project team:
OBR, Michel Desvigne Paysagiste,
Buro Happold, Currie & Brown, Masters PMC,
Human Project, MIC Mobility in Chain,
Perfect Solution, S. Bajaj & Associates

OBR design team:
Paolo Brescia e Tommaso Principi,
Edoardo Allievi, Francesco Cascella,
Andrea Casetto, Teresa Corbin, Iris Gramegna,
Emma Greer, Gayatri Joshi, Giulio Lanzidei,
Maria Lezhnina, Ipsita Mahajan,
Giulia Negri, Cecilia Pastore, Enrico Pinto,
Carlotta Poggiaroni, Stella Porta, Elisa Siffredi,
Ludovic Tiollier

OBR design manager:
Elisa Siffredi

OBR project coordinator:
Ipsita Mahajan

Committente:
Michelin Group

Luogo:
New Delhi

Programma:
uffici e laboratori di ricerca

Dimensioni:
area di intervento 55.000 mq
superficie costruita 32.000 mq

Cronologia:
2015 progetto preliminare
2014 concorso di progettazione (1° premio)

Il progetto della nuova sede del Gruppo Michelin Asia a Delhi è il frutto di un lavoro interdisciplinare che ha l'obiettivo di riunire gli uffici direzionali con i laboratori di ricerca in un unico luogo, stimolando l'interazione tra i manager e i ricercatori, ma anche indagando l'attività del gruppo con particolare riferimento al contesto specifico indiano.

Michelin ha contribuito dal 1889 allo sviluppo della mobilità nel mondo attraverso l'innovazione, proponendo una visione allargata di mobilità intesa come scambio, scoperta e cultura. Coinvolgendo anche le relazioni sociali, la condivisione dello spazio e delle informazioni, la mobilità condiziona costantemente la nostra vita. Questo è particolarmente vero in India, dove le strade sono vissute come estensione della vita sociale.

La nostra intenzione è di ricondurre questa esperienza nell'architettura del campus Michelin, che per questo motivo abbiamo deciso di articolare lungo una strada interna che si sviluppa in diagonale nella profondità del lotto. Questa strada definisce uno spazio pubblico aperto verso l'esterno – la Bibendum Plaza – sulla quale affacciano il centro espositivo, la caffetteria e il kindergarten. L'ingresso agli uffici è pensato arretrato fino quasi al centro del progetto. Lungo la strada interna, che crea una graduale progressione dalle aree più pubbliche a quelle più controllate e riservate, sono disposti i singoli padiglioni, intervallati da giardini seriali piantumati ad orto, che costituiscono l'affaccio degli spazi interni, collocati su una maglia strutturale ortogonale 10x10 m.

La cultura della strada, associata alla mobilità, ha un forte richiamo nell'immaginario collettivo indiano. La strada interna che abbiamo pensato per il campus non è solo la spina funzionale e distributiva, ma il catalizzatore di interazione sociale, come avviene nel *chowk* indiano, il tipico incrocio urbano dove proliferano attività commerciali spontanee. Essa riflette l'idea di spazio pubblico, teatro del lavorare insieme, luogo di scoperta, creatività e convivialità.

La Bibendum Plaza, la strada interna, l'ingresso, la corte centrale e i giardini sono disegnati per celebrare l'esuberante vita sociale indiana, ospitando installazioni, performance e attività informali.

La grande copertura assume una doppia valenza: ambientale, sfruttando l'energia del sole e contribuendo alla regolazione termica degli spazi semi-esterni, e architettonica, sfumando il confine tra interno ed esterno.

Allo stesso modo, gli schermi verticali delle facciate ombreggiano l'edificio verso est e ovest e favoriscono le visuali dall'interno verso il paesaggio, preservando la privacy richiesta dalle attività svolte nei laboratori di ricerca.

In questo progetto si realizzano i benefici di avere unito nello stesso luogo gli uffici direzionali con i laboratori di ricerca, creando una connessione che non è puramente funzionale e distributiva, bensì il cuore del progetto, un luogo dove incontrarsi e condividere ricerche scientifiche ed esperienze creative.

Immagine pagina successiva: l'apertura del campus verso lo spazio pubblico. (249)

La corte interna.
(250)

Gli uffici affacciati sui giardini interni.
(251)

La grande copertura energetica.
(252)

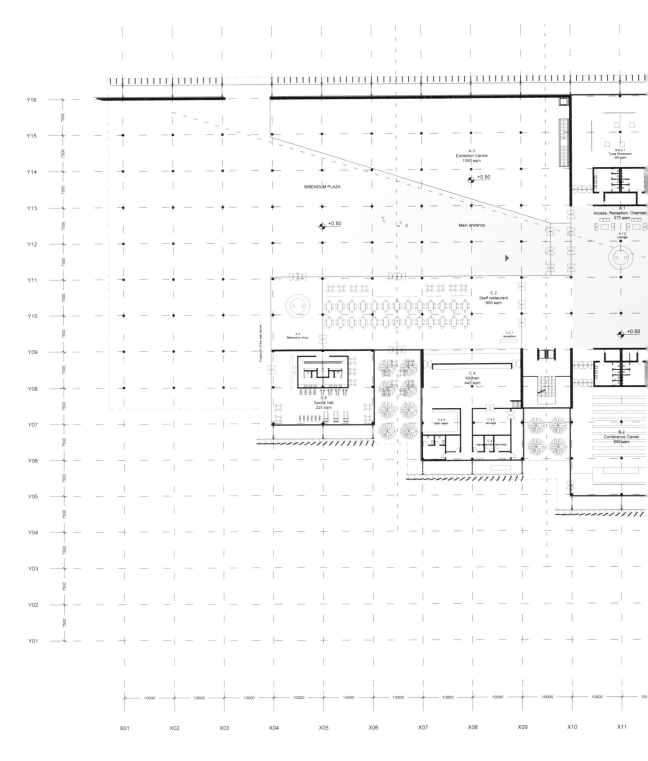

Pianta del piano terra.
(253)

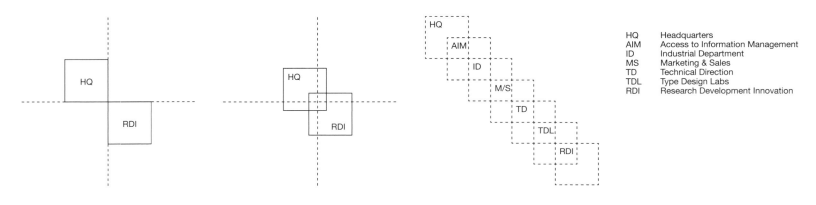

Diagrammi della flessibilità funzionale.
(254)

HQ	Headquarters
AIM	Access to Information Management
ID	Industrial Department
MS	Marketing & Sales
TD	Technical Direction
TDL	Type Design Labs
RDI	Research Development Innovation

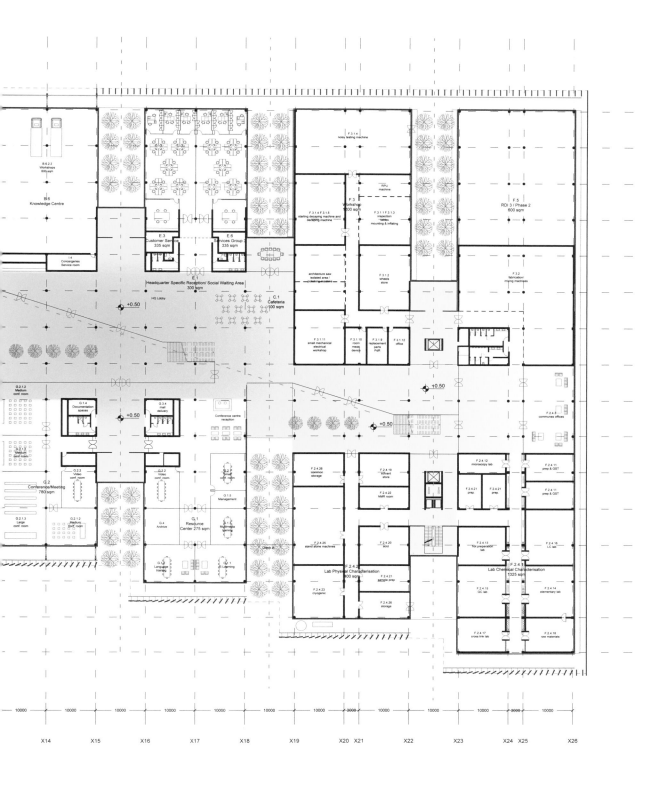

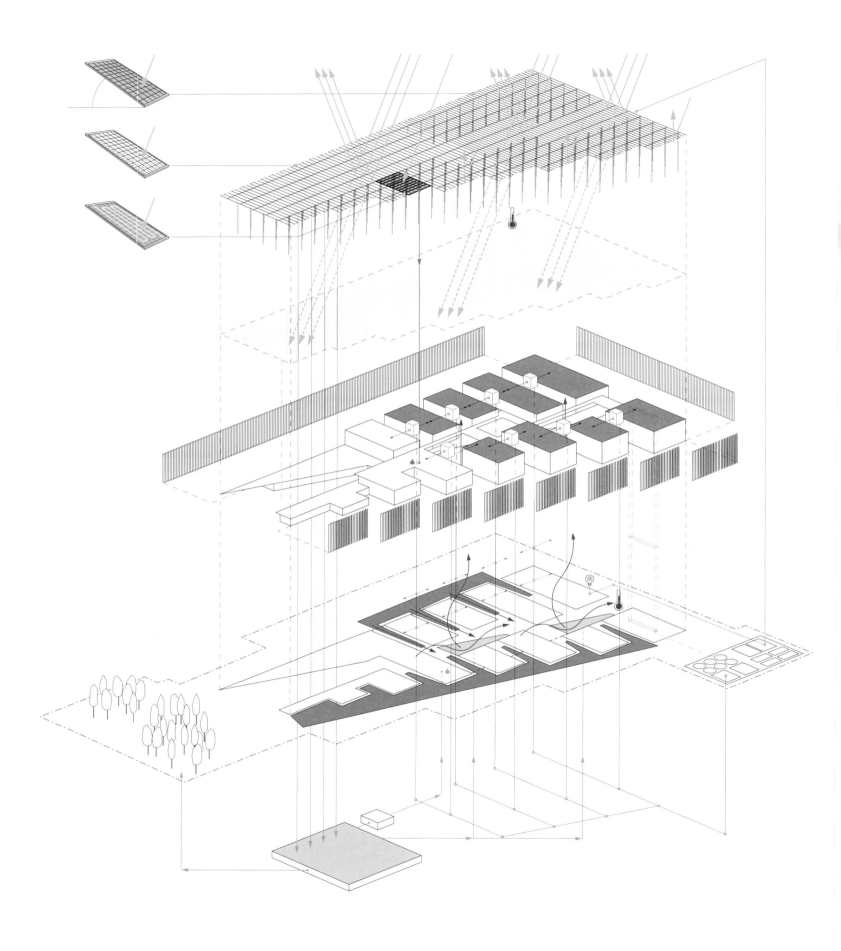

Il sistema energetico-ambientale.
(255)

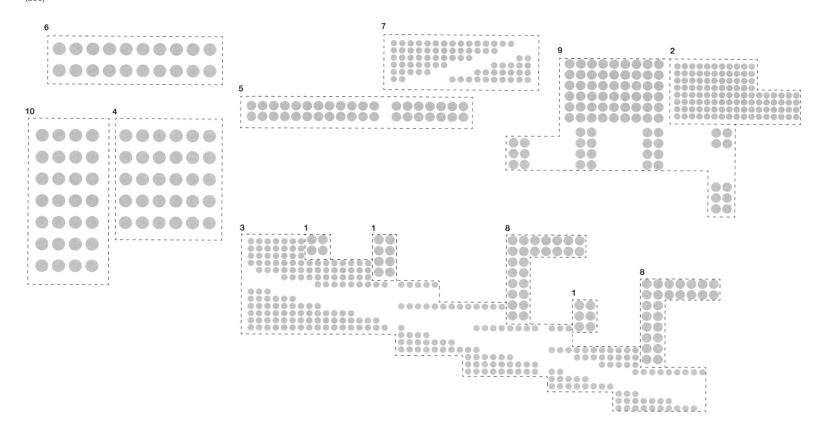

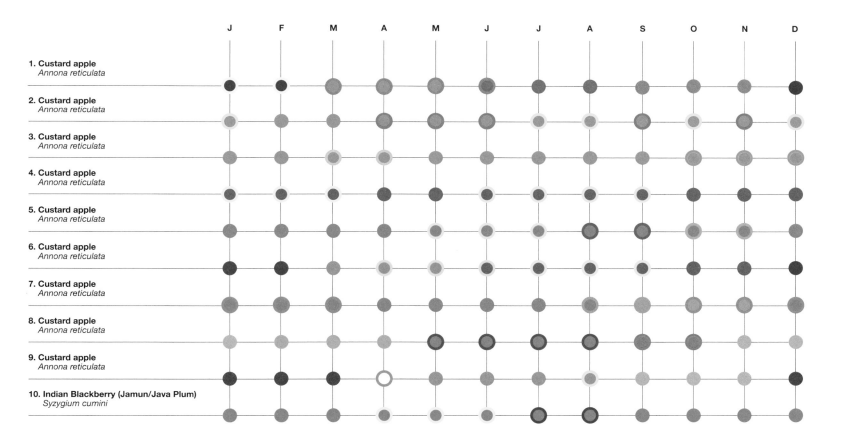

23 VEMA, 10. Biennale Architettura Venezia

Project team:
OBR, ecoLogicStudio, Paolo Inghilleri,
Marco Rossi, Linzmuzik, Cristiano Pinna,
Umberto Saraceni

OBR design team:
Paolo Brescia e Tommaso Principi,
Vera Autilio, Veronica Baraldi, Dahlia De Macina,
Nadine Hadamik, Andrea Malgeri,
Margherita Menardo, Gabriele Pitacco,
Chiara Pongiglione, Paolo Salami,
Izabela Sobieraj, Clara Sollazzo, Luca Vigliero,
Francesco Vinci, Barbara Zuccarello

OBR design manager:
Veronica Baraldi

Curatore Mostra Internazionale di Architettura:
Richard Burdett

Curatore Padiglione Italia:
Franco Purini

Co-curatore Padiglione Italia "Italia-y-2026":
Francesco Menegatti

Committente:
La Biennale di Venezia

Luogo:
Venezia

Cronologia:
2006

VEMA è il titolo del Padiglione Italiano curato da Franco Purini all'interno della 10. Biennale di Architettura di Venezia, diretta da Richard Burdett.

Vema è una città ideale di nuova fondazione pensata tra Verona e Mantova, all'incrocio tra i corridoi infrastrutturali IV (Palermo-Berlino) e V (Barcellona-Kiev).

Venti studi italiani sono stati chiamati a declinare diversi temi urbani di Vema. OBR si è occupata di immaginare un parco dello sport e un isolato urbano che accogliesse alcune residenze e il cinema della città.

Il progetto è stato concepito nel 2006, prefigurando uno scenario futuro ambientato nel 2026. Quando pensammo il progetto, ci si aspettava che il corpo umano con le sue protesi, sostanze chimiche e chip integrati sarebbe stato sempre più artificiale e configurabile. Da qui si è avviata la nostra ricerca.

L'evoluzione dello sport contemporaneo è diventata l'occasione per pensare a un nuovo paesaggio, costituito dall'interazione di due livelli: il parco tematico e il giardino spontaneo. Il parco tematico rappresenta la dimensione più infrastrutturale, organizzata e formale dello sport, mentre il giardino spontaneo quella più libera, creativa e informale. Questi due livelli interagiscono in funzione delle mutevoli pulsioni vitali della società e dell'individuo: dall'appartenenza al gruppo alla percezione del sé e del proprio corpo.

Il paesaggio dello sport si definisce a partire dalla griglia della città di Vema, che viene deformata con lievi modellazioni orografiche creando spazi a quote leggermente diverse, che appartengono di volta in volta al livello del parco tematico o a quello del giardino spontaneo. Se il parco tematico ha una dimensione più prescrittiva nello svolgimento dello sport, il giardino spontaneo viene invece determinato dagli abitanti di Vema, contribuendo a sviluppare un senso di appartenenza. Questo è il luogo dove si compiono quelli che abbiamo

immaginato come nuovi "sport ibridi", dove, attraverso il remapping del paesaggio esistente, avvengono processi dinamici simili a quelli della rotazione agricola tipici della pianura padana, dove una parcella che oggi è coltivata a mais potrà diventare campo da calcio, per poi tornare a essere nuovamente terreno agricolo.

L'isolato urbano prevede uno spazio condiviso al centro, sul quale affacciano il cinema e le residenze. Queste sono pensate come organismi evolutivi che interagiscono con l'uomo e l'ambiente, in cui è il vivere che determina l'abitare e non viceversa.

Infine abbiamo immaginato il cinema come un ambiente interattivo che crea nuove relazioni tra film e spettatore. A questo scopo abbiamo previsto un'installazione che sovrappone al film proiettato la ripresa in tempo reale dello spettatore, il quale sarà libero di interagire con il film, sfumando la separazione tra l'oggetto della storia e il soggetto dell'osservazione.

Pensare nel 2006 a una città da realizzare vent'anni dopo è stata l'occasione per riflettere su alcune tematiche, come reale/virtuale, natura/artificio, corpo/genere, collettività/individuo, privato/pubblico, stabile/mutevole, constatando poi che le domande essenziali rimangono le stesse nel tempo.

Immagine pagina successiva:
il parco dello sport.
(257)

La griglia.
(258)

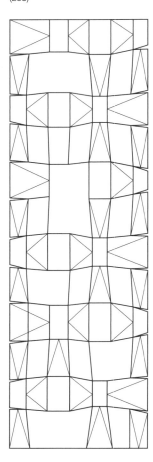

Il parco.
(259)

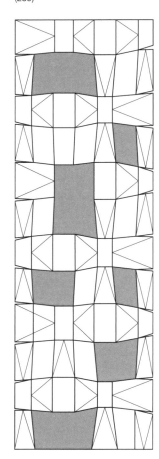

Il giardino.
(260)

Le connessioni del parco.
(261)

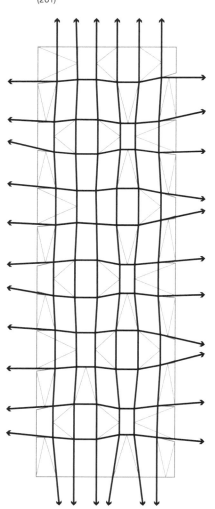

Le connessioni del giardino.
(262)

Le funzioni.
(263)

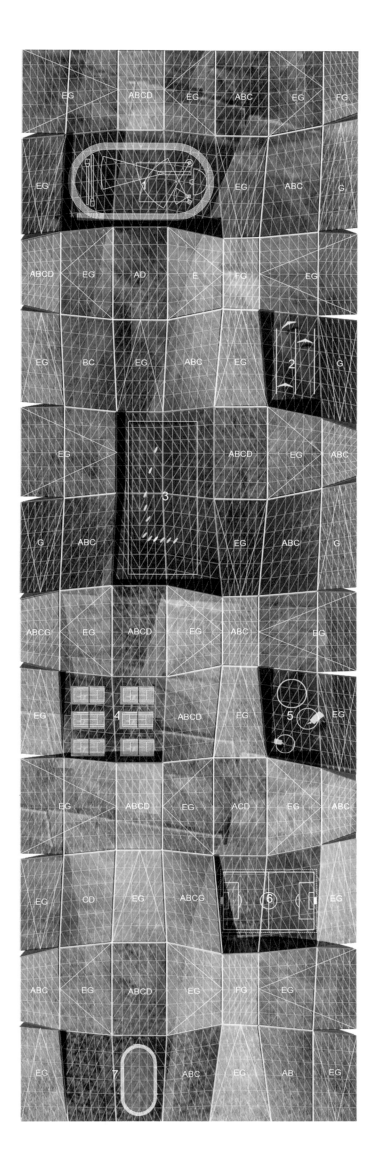

1 - Corpo
2 - Volo
3 - Acqua
4 - Attrezzo
5 - Vento
6 - Sfera
7 - Ruota

A - Svago
B - Sport ibridi
C - Eco installazioni
D - Artisti
E - Tribune
F - Belvedere
G - Campi

Disegno a mano libera di Tommaso Principi
(264)

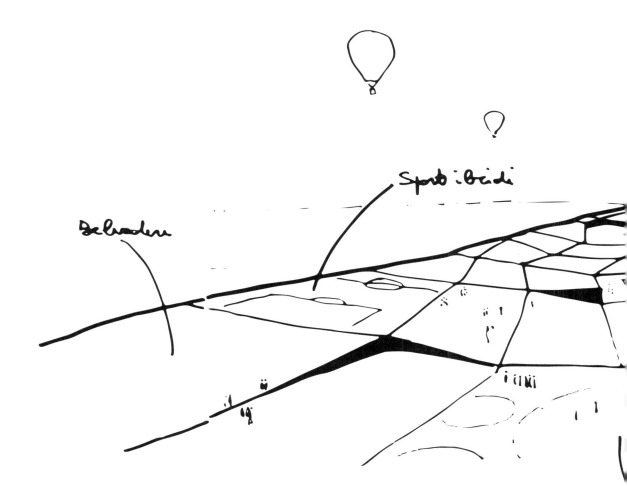

Diagrammi.
(265)

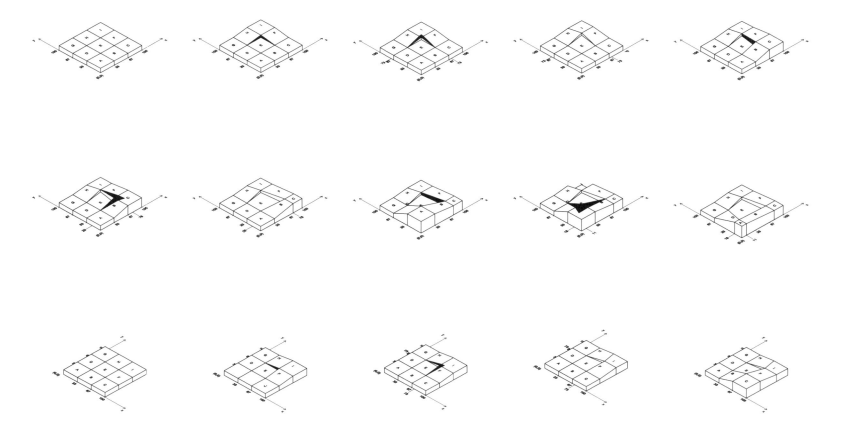

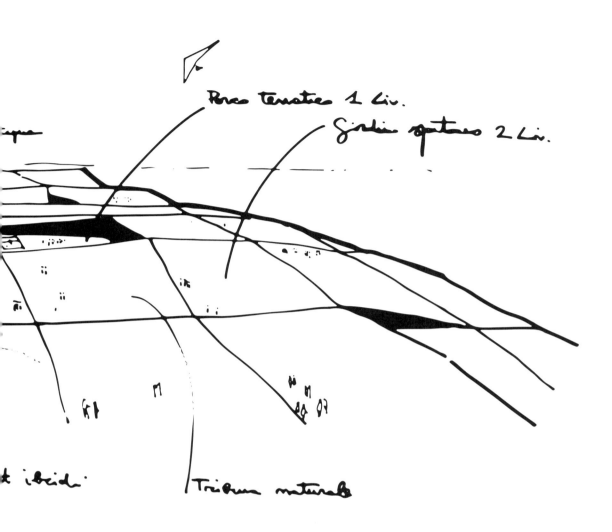

Parco tematico 1 Liv.

Giardino spazioso 2 Liv.

Tribuna naturale

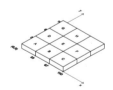 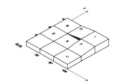 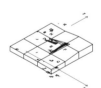 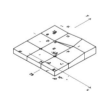 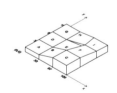

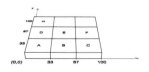 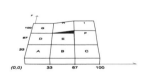 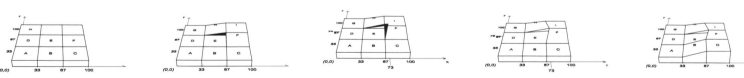 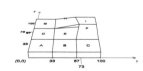 

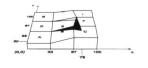 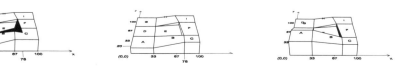 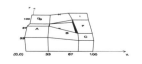 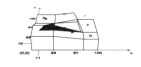 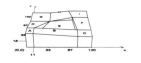

24 Right to Energy, MAXXI Roma

Project team:
OBR, Articolture, Artiva Design,
Bartolomeo Mongiardino, Buro Happold, Liraat,
Microb&co, Visual Lab

OBR design team:
Paolo Brescia e Tommaso Principi,
Viola Bentivogli, Andrea Casetto, Dario Cavallaro,
Benedetta Conte, Andrea Debilio, Maria Lezhnina,
Michele Renzini, Elisa Siffredi, Izabela Sobieraj

OBR design manager:
Andrea Debilio

Committente:
MAXXI
Presidente Giovanna Melandri
Direttore Margherita Guccione
Curatore Pippo Ciorra
Co-curatori Silvia La Pergola, Elena Motisi,
Alessio Rosati

Luogo:
Roma

Cronologia:
2013

La mostra "Energy", curata nel 2013 da Pippo Ciorra per il MAXXI di Roma, si proponeva di stimolare una discussione sul destino del pianeta in relazione all'impatto che l'energia ha sull'architettura e sul paesaggio.

Essendo necessario investigare nuovi scenari legati a fonti di energia alternative agli idrocarburi, la domanda che ci siamo posti è: come ci confronteremo con l'energia e con tutto quello che ci serve per far andare avanti il mondo nell'era del post-petrolio?

Abbiamo identificato nel sistema smart grid – la rete "intelligente" i cui nodi energetici ottimizzano e ridistribuiscono l'energia del sistema – l'ipotesi più sostenibile, in termini ambientali, energetici ed economici. Con la nostra installazione *Right to Energy* abbiamo immaginato i nodi energetici della smart grid come delle stazioni di servizio del futuro, sempre più capillari sul territorio, che saranno anche centri intermodali e sociali, in cui potremo scambiare energia e dati interagendo con gli altri, come se fossimo in un mercato, in una "Energy Mall" del futuro, proiettata nell'era del Novacene di James Lovelock.

Abbiamo immaginato che nelle Energy Mall potremo passare da mezzi di trasporto collettivi "volumetrici" per le lunghe distanze (aerei, treni, automobili) a mezzi individuali "corporei" per le brevi distanze (mezzi singoli elettro-assistiti, che verranno utilizzati come estensione del proprio corpo). In questo senso, consideriamo la bicicletta ancora come un perfetto esempio di mezzo corporeo (peraltro insuperato in termini di efficienza energetica), oltre che simbolo di questa rivoluzione sociale: uso il mio corpo per spostarmi nello spazio, facendo esperienza reale dell'ambiente, trasformando e accumulando energia che potrò successivamente riutilizzare per altri usi. In pratica, abbiamo immaginato una forma di smart grid che non sarà solo globale, ma anche mobile, e che incentiverà la produzione individuale di energia attraverso il nostro fare e il nostro spostamento quotidiano.

Alla base di questa proposta c'è l'idea di una nuova forma di democratizzazione dell'energia, in cui tutti potranno trasformare e scambiare un'energia più libera ed accessibile (da cui appunto il "diritto all'energia").

L'installazione *Right to Energy* è pensata per coinvolgere attivamente i visitatori, in modo che diventino i soggetti di una performance ambientata in un contesto urbano di Roma, realizzando al contempo una situazione reale di socialità tra i visitatori che partecipano all'interazione.

L'installazione prevede una camera immersiva composta da una pedana e una parete su cui è proiettato un video di una strada. Al centro della pedana vi sono due biciclette. Pedalando, i visitatori in coppia avviano il video immergendosi in uno scenario urbano che percorrono virtualmente. Pedalando, si accumula energia nelle batterie che a loro volta ricaricano altri dispositivi, come telefoni, tablet… dimostrando che il nostro comportamento quotidiano può anche produrre energia, non solo consumarla. Dopo pochi minuti il video della strada del presente conduce i visitatori nelle Energy Mall del futuro, in cui finalmente possono passare dal mezzo corporeo individuale della bicicletta per le brevi distanze, al mezzo collettivo volumetrico per le lunghe distanze.

Nelle Energy Mall si potranno scambiare dati ed energia, in uno spazio generato da tre tipi di "Mattoni Energetici": un mattone trasparente che genera energia, uno opaco che la accumula e infine uno traslucido che produce ossigeno dalle alghe. Combinati tra loro, questi "Pixel Energetici" formeranno le architetture dell'era post-petrolio.

A dieci anni dalla mostra "Energy" siamo ancora lontani dal superamento dell'uso del petrolio, nonostante se ne vedano i primi segnali. Ma la domanda di allora che continua a suscitare il nostro interesse è: arriveremo mai alla completa democratizzazione dell'energia, ovvero a un'energia libera, pulita, ovunque e per tutti?

Immagine pagina successiva:
Energy Mall nella stazione
di Roma Termini.
(266)

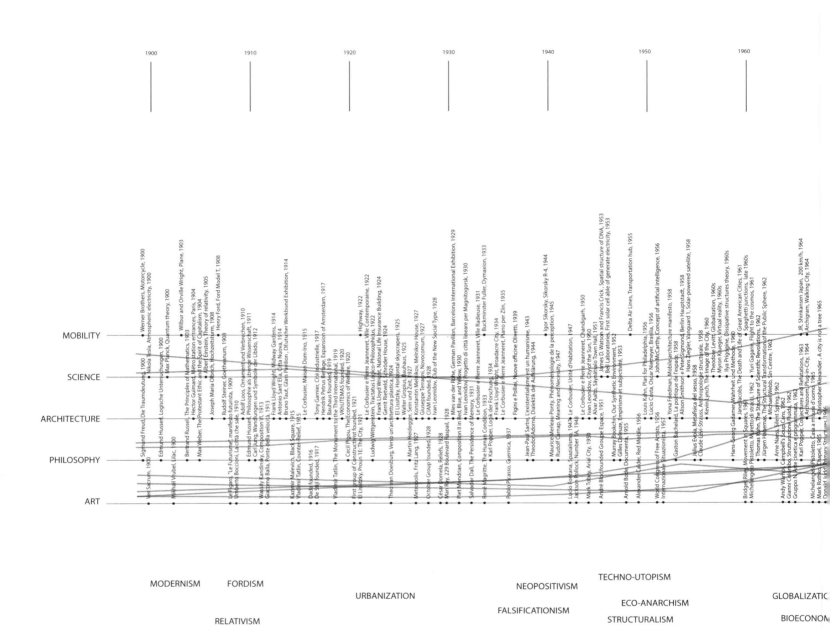

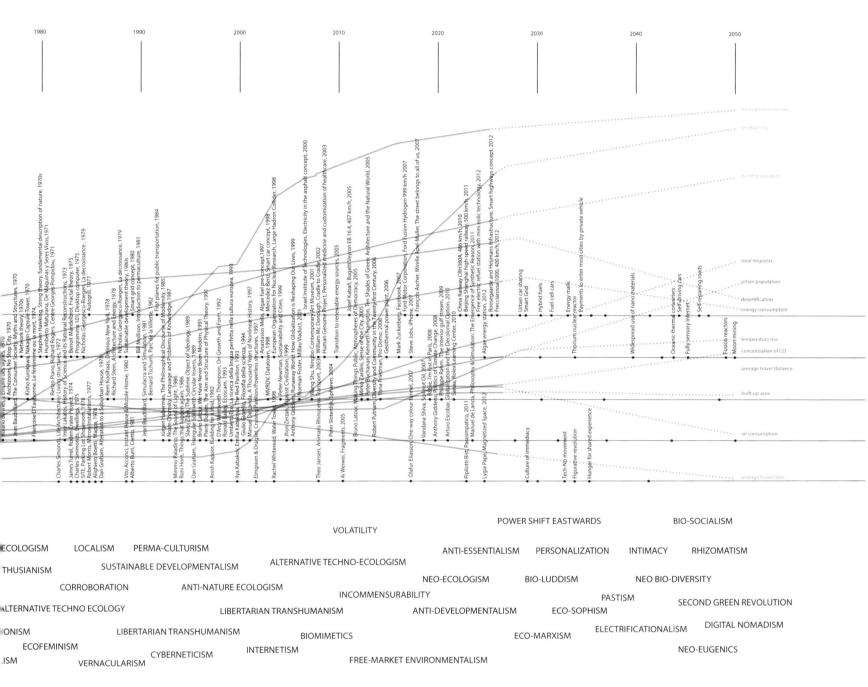

1980   1990   2000   2010   2020   2030   2040   2050

Right-side axis labels:
international tourism
productivity
world population
total migrants
urban population
desertification
energy consumption
temperature rise
concentration of CO
average travel distance
built-up area
oil consumption
average travel time

Timeline entries (selected):

Jean Baudrillard, The Consumer Society: Myths and Structures, 1970
Archizoom, No Stop City, 1970
Charles Simondi, L'architecture: L'empire des signes, 1970
Network theory, 1970s
Kisho Kurokawa, Nakagin Capsule Tower, 1970
Françoise D'Eaubonne, Le féminisme ou la mort, 1974
Stephen Hawking, String theory, fundamental description of nature, 1970s
James Turrel, Roden Crater Project, 1974
Renzo Piano, Richard Rogers, Centre Georges Pompidou, 1971
Humberto Maturana, De Máquinas y Seres Vivos, 1971
Benoit Mandelbrot, Fractal theory, 1975
Charles Simmonds, Dwellings, 1975
SITE, Parking Lot Showroom, 1976
Programme 101, Desktop computer, 1975
Nicholas Georgescu-Roegen, La décroissance, 1979
Robert Morris, Ni installations, 1977
Autogiro, 1977
Aldighiero Boetti, Mappa, 1978
Dan Graham, Alteration to a Suburban House, 1978
Vito Acconci, Instant House/Mobile Home, 1980
Rem Koolhaas, Delirious New York, 1978
Richard Stein, Architecture and Energy, 1978
Nicholas Georgescu-Roegen, La décroissance, 1979
Imre Lakatos, History of Science and its Rational Reconstructions, 1973
Sustainable development theory, 1980s
Smart grid concept, 1980
Alberto Burri, Cretto, 1981
Jean Baudrillard, Simulacra and Simulation, 1981
Bill Mollison, Introduction to permaculture, 1981
Bernard Tschumi, Parc de la Villette, 1982
Filet planes for public transportation, 1984
Mimmo Paladino, 1985
Ron Horn, Things that happen again, 1986
Jürgen Habermas, The Philosophical Discourse of Modernity, 1985
Dan Graham, Triangular Solid with Circular Inserts, 1989
Noam Chomsky, Language and Problems of Knowledge, 1987
Slavoj Žižek, The Sublime Object of Ideology, 1989
Bruno Latour, We Have Never Been Modern, 1991
Anish Kapoor, Building for a Void, 1992
Pierre Duhem, The Aim and Structure of Physical Theory, 1991
D'Arcy Wentworth Thompson, On Growth and Form, 1992
Ilya Kabakov, 1993
Ronald Eglash, Ecocam, 1993
Umberto Eco, La ricerca della lingua perfetta nella cultura europea, 1993
Gulio Bocella, Filosofia della scienza, 1994
Manuel DeLanda, A Thousand Years of Nonlinear History, 1997
Eimgreen & Dragset, Cruising Pavilion/Powerless structures, 1997
Rachel Whiteread, Water Tower, 1998
Anastasios Melis, Algae fuel pre-concept, 1997
MVRDV, Datatown, 1998
Peter Newman, Sustainability and Cities, 1999
Mercedes Benz, Smart car concept, 1998
European Organization for Nuclear Research, Large Hadron Collider, 1998
Jhon Zerzan, Running on Emptiness: The Pathology of Civilization, 1999
Anthony Giddens, Runaway World: How Globalization is Reshaping Our Lives, 1999
Norman Foster, Millau Viaduct, 2001
Israel Institute of technologies, Electricity in the asphalt concept, 2000
Wang Shu, Ningbo Contemporary Art Museum, 2001
Theo Jansen, Animaris Rhinoceros Transport, 2003
William McDonough, Cradle to Cradle, 2002
Ai Weiwei, Fragments, 2006
Human Genome Project, Personalized medicine and customization of healthcare, 2003
Transition to renewable energy sources, 2005
Josef Kabaň, Bugatti Veyron EB 16.4, 407 km/h, 2005
Peter Sloterdijk, Spheren, 2004
Bruno Latour, Making Things Public: Atmospheres of Democracy, 2005
Minka Zadini, Sense of the City, 2005
Peter Buchanan, Kenneth Frampton, Ten Shades of Green: Architecture and the Natural World, 2005
Robert Putnam, Diversity and Community in the Twenty-first Century, 2006
Tona Friedman, Pro Domo, 2006
Geothermal power plant, 2006
Mark Zuckerberg, Facebook, 2007
Steve Jobs, iPhone, 2007
Ford Motor Corporation, Ford Fusion Hydrogen 999 km/h 2007
François Ascher, Mireille Apel-Muller, The street belongs to all of us, 2007
Olafur Eliasson, One-way colour tunnel, 2007
Vandana Shiva, Soil not Oil, 2007
Žižek, I'm not in Paris, 2008
Anthony Giddens, Politics of Climate Change, 2008
Philippe Rahm, The interior gulf stream, 2009
Arturo Escobar, Globalization and the Decolonial Option, 2010
Saskia, Rolex Learning Center, 2010
China Railway CRH380A, 486 km/h, 2010
Beijing Shanghai high-speed railway, 500 km/h, 2011
Free electric refuel station with mini eolic technology, 2012
Pippilotti Rist, Parasimpatico, 2011
Manuel de Landa, Philosophy & Simulation: The Emergence of Synthetic Reason, 2011
Lygia Pape, Magnetized Space, 2012
Algae energy station, 2012
Roosegaarde and Heijmans Infrastructure, Smart highways concept, 2012
Frecciarossa (000, 400 km/h), 2012
Urban car sharing
Smart Grid
Hybrid fuels
Fuel-cell cars
Energy malls
Payments to enter most cities by private vehicle
Culture of immediacy
Tech-No movement
Figurative revolution
Hunger for shared experience
Widespread use of nano-materials
Thorium nuclear reactor
Oceanic thermal converters
Self-driving cars
Fully-sensory internet
Self-repairing roads
Fusion reactors
Moon mining

Bottom movement labels:

VOLATILITY

POWER SHIFT EASTWARDS   BIO-SOCIALISM

ECOLOGISM   LOCALISM   PERMA-CULTURISM
ANTI-ESSENTIALISM   PERSONALIZATION   INTIMACY   RHIZOMATISM

THUSIANISM
SUSTAINABLE DEVELOPMENTALISM   ALTERNATIVE TECHNO-ECOLOGISM
NEO-ECOLOGISM   BIO-LUDDISM   NEO BIO-DIVERSITY

CORROBORATION   ANTI-NATURE ECOLOGISM
INCOMMENSURABILITY
PASTISM   SECOND GREEN REVOLUTION

ALTERNATIVE TECHNO ECOLOGY   LIBERTARIAN TRANSHUMANISM   ANTI-DEVELOPMENTALISM   ECO-SOPHISM

ONISM   LIBERTARIAN TRANSHUMANISM   BIOMIMETICS   ECO-MARXISM   ELECTRIFICATIONALISM   DIGITAL NOMADISM

ECOFEMINISM   INTERNETISM   NEO-EUGENICS

ISM   CYBERNETICISM   FREE-MARKET ENVIRONMENTALISM
VERNACULARISM

La struttura energetica.
(269)

Prototipo della struttura energetica.
(268)

L'installazione.
(270)

I Mattoni Energetici.
(271)

Photovoltaic Glass

Transparent Glass

Lithium Oxide Battery

Mirrored Glass

Algae Photobioreactor

Translucent Glass

Struttura orizzontale.
(272)

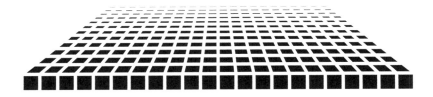

Struttura verticale.
(273)

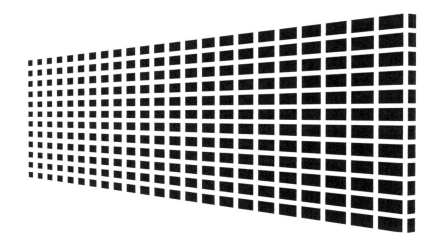

Struttura parametrica.
(274)

L'intermodalità energetica e sociale.
(275)

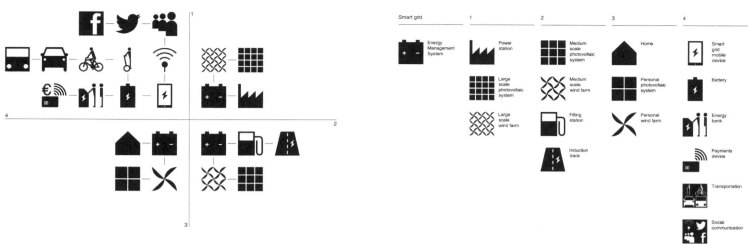

Diagrammi di Artiva Design.
(276)

Smart grid	1	2	3	4
Energy Management System	Power Station	Local Green Production	Personal Green Production	Energy Bank
Distribution Network	Large Scale Green Production	Filling Station		Personal Device Comunication
	Induction Track			Personal Transport

Anámnēsis:
World-City < > City-World

Elahiyeh Multiuse Complex, Teheran, 2017-2018
Dove la città si fa densa, la creazione di giardini interni permette
una relazione con i ritmi della natura. L'Elahiyeh Multiuse Complex
si trova in un quartiere di Teheran con una presenza importante
di alberi e canali, che portano l'acqua dalle montagne verso sud.
Allo stesso tempo, il tessuto urbano in cui si colloca è ad altissima
densità. Per mantenere un rapporto costante con la quiete di un
contesto naturale che favorisca la concentrazione e la creatività,
l'edificio destinato a uffici e usi misti è configurato attorno a un
giardino interno, che costituisce un prezioso mondo segreto
con cui gli spazi si relazionano. Integrando il verde e l'acqua nel
costruito, l'architettura si relaziona fortemente con il contesto e
offre comfort e tranquillità per i suoi abitanti, promuovendo un
rapporto virtuoso con il proprio contesto ambientale.
(277)

HOPE City, Accra, 2013
La città di nuova fondazione può contrastare il grande sprawl
della città informale dei paesi in via di sviluppo? HOPE City è
una città di nuova fondazione immaginata, assieme a un team
multidisciplinare di collaboratori locali, per lo sviluppo urbano
nell'area metropolitana di Accra. Dopo aver effettuato indagini
sugli insediamenti abitativi ghanesi, abbiamo declinato lo schema
di aggregazione della compound-house tradizionale, le cui unità
sono disposte in modo da formare al loro cuore uno spazio
centrale per la comunità. Abbiamo immaginato HOPE City come
una città definita da un *limes* paesaggistico circolare, al cui interno
in maniera scalare e frattale si ripetono isolati ed edifici aggregati
secondo lo schema della compound-house, la cui tensione
compositiva guarda verso un grande centro vuoto occupato dal
Central Park e dal grande museo Panafricano.
(279)

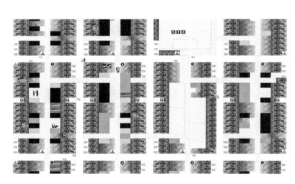

Corso Europa 799, Genova, 2018-2021
Con la diffusione crescente della comunicazione virtuale, il
workspace del futuro deve mantenere saldo il rapporto con il suo
contesto ambientale e paesaggistico. Per ripensare gli uffici di
Generali a Genova, siamo partiti dal luogo. L'edificio lavora con
la topografia e si posiziona su un forte declivio affacciato su una
collina verde e il suo parco. L'ingresso su strada rivela solo la
sommità del costruito, che si sviluppa anche nei piani sottostanti
accompagnando il dislivello. Il piano di accesso, completamente
trasparente, rivela già dalla strada il bosco sulla collina retrostante,
con cui ogni ufficio degli headquarters si relaziona. Il contatto
(visivo e psicologico) con l'esterno permette agli utenti di
mantenere la percezione costante dell'evoluzione dei fenomeni
naturali.
(278)

Intercittà, Forlì, 2001
Riqualificare un'area ferroviaria in dismissione della città Forlì
diventa l'occasione per riflettere, a partire dalla mobilità, su un
isolato matrice di una città nuova che potesse essere replicato.
La stazione di Forlì e i suoi binari si trovano su un rilevato di 5
metri sopra il livello della città. Lavorando con questo dislivello,
abbiamo voluto riportare una continuità con la città costruita. Il
salto di quota che risulta tra strade e costruito viene così sfruttato,
generando una sovrapposizione di maglie viarie e ciclopedonali,
nonché una gerarchia di spazi pubblici e giardini semi-privati su
cui si affacciano le abitazioni.
(280)

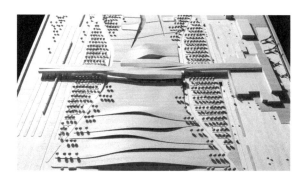

Jafza Traders Market, Dubai, 2015-2017

È possibile immaginare un luogo carico di mondo, dove ci sia "tutto"? Jafza Traders Market è situato in una delle zone di libero scambio di maggior fermento di tutto il mondo, lungo la highway tra Dubai e Abu Dhabi, di fronte all'area di Expo 2020. Riunendo commercio all'ingrosso e al dettaglio, ha l'ambizione di promuovere scambi tra Oriente e Occidente, confermando il ruolo di Dubai come città di commercio. Il JTM si sviluppa su una superficie complessiva di 1,2 milioni di metri quadrati e si articola in dieci cluster tematici che coprono una gigantesca varietà di prodotti, dai trasporti all'energia, dall'elettronica alla moda, dai cosmetici agli alimentari. Affacciato sulla highway, l'edificio presenta una facciata che celebra l'esperienza cinetica dalla strada. Caratterizzata da montanti verticali colorati, nella visione scorciata dai veicoli in movimento, definisce la continuità del podio, mentre nella visione frontale diviene un dispositivo mediatico che comunica le funzioni interne. Allo stesso tempo, la visione del progetto è sostenuta dall'idea che una macro-costruzione come JTM possa stimolare la vita sociale se funziona come uno spazio pubblico pedonale, con le sue strade interne e le sue piazze coperte, come nel souk tradizionale. Nonostante le sue grandi dimensioni, la "città-mondo" di JTM diventa così fruibile e a misura d'uomo.
(281)

Interchange Terminal FVG, Ronchi dei Legionari, 2002-2003

Il polo intermodale è luogo/nonluogo per eccellenza della mobilità, come espressione dell'hub "mondo-città". Il futuro "Corridoio 5" Barcellona-Kiev, con il conseguente piano di quadruplicamento ferroviario della linea ad alta velocità verso Lubiana, Budapest e Kiev, prefigura l'area antistante l'attuale aeroporto come il nuovo gate internazionale del Friuli-Venezia Giulia. Finalità del polo intermodale è connettere aerostazione, stazione autolinee e stazione ferroviaria in modo fluido ed efficiente, oltre che dare vita a un luogo di scambio e di incontro tra il Nord Italia e l'Est Europa. Con un'architettura "orografica" il polo intermodale ospita un programma funzionale che garantisce un mix di attività che comprende un'area ricettiva, un polo congressuale e delle attività di entertainment, in modo da far vivere il complesso durante tutto l'arco del giorno e della notte.
(283)

Cellulæ Danese, Milano, 2013

Come immaginare un nuovo sistema costruttivo ed energetico insieme? Abbiamo immaginato un sistema aperto composto da una serie di moduli che creano energia, la accumulano localmente, si nutrono di anidride carbonica e producono ossigeno. Ogni modulo ha una duplice spazialità: una interna che permette l'inserimento di diversi contenuti e una esterna che consente l'assemblaggio di più strutture modulari. I moduli possono configurarsi come oggetto autonomo se considerati singolarmente, oppure come infiniti sistemi se messi in serie tra loro. La ricerca, elaborata con Danese e Artemide ed esposta al Salone del Mobile di Milano, concepisce l'architettura come un organismo reattivo e sensibile che agisce e reagisce in funzione delle relazioni dinamiche tra uomo e ambiente.
(282)

Open Building Research

OBR

Mariagrazia Acconciamessa, Design Manager
Edoardo Allievi, Design Manager
Gioele Andriani, Office Assistant
Ludovico Basharzad, Architect
Viola Bentivogli, Communication Specialist
Paola Berlanda, Design Manager
Sara Bianco, Architect
Pietro Blini, Architect
Paolo Brescia, Founding Partner
Floria Bruzzone, Architect
Andrea Casetto, Partner
Michela D'Agostino, Archivist
Biancamaria Dall'Aglio, Design Manager
Luigi Di Marino, BIM Coordinator
Paolo Dolceamore, Architect
Giacomo Fabbrica, Architect
Paolo Fang, Senior Architect
Maddalena Felis, Architect
Matilde Ferrari, Architect
Francesco Maria Fratini, Design Manager
Anna Graglia, Senior Architect
Federico Iannarone, Senior Architect
Ipsita Mahajan, Director
Michele Marcellino, Design Manager
Luca Marcotullio, Senior Architect BIM Manager
Giorgia Marigo, Architect
Lorenzo Mellone, Design Manager
Chiara Mondin, Architect
Clemente Nativi, Architect
Simona Oberti, Director
Silvia Pellizzari, Project Development Manager
Nunzio Picanza, Design Manager
Tommaso Principi, Founding Partner
Giulia Ragazzi, Office Manager
Alessandra Roncadori, Senior Architect
Alessandro Rota, Communication Manager
Emanuele Stefanini, Development Director
Marco Tedesco, Design Manager
Rossella Villani, Architect

OBR è un gruppo fondato nel 2000, quando Paolo Brescia e Tommaso Principi, uniti da una solida amicizia nata lavorando insieme per Renzo Piano, decidono di formare un network con altri colleghi, avviando uno scambio di idee tra Genova, Londra, New York e Mumbai, sviluppando un'idea di architettura intesa come processo "dialogico", basato sullo scambio di diverse esperienze.

Con la vittoria del concorso internazionale per il Museo di Pitagora, OBR delinea alcuni dei temi ricorrenti del suo lavoro: il ricorso all'architettura per promuovere il senso di comunità e l'espressione delle identità individuali, attraverso un racconto collettivo che unisce diverse generazioni, culture e saperi.

Ma è l'aggiudicazione di un altro concorso di architettura ad ampliare la linea di ricerca di OBR: il complesso residenziale di Milanofiori. In questo caso la volontà di comporre gli opposti – interno ed esterno, natura e artificio, pubblico e privato – trascende in una più consapevole riflessione sul significato essenziale dell'abitare inteso come *aver cura*, verso una nuova idea di architettura *relazionale* che crea spazi sensibili in perpetua evoluzione che interagiscono reciprocamente con chi li abita in virtù degli scambi dinamici tra uomo e ambiente.

Immaginando la realtà in cui progetta come un gioco di specchi in continuo e vicendevole interagire di azioni, reazioni e controreazioni, l'indagine di OBR propone un pensiero olistico che mette al centro non semplicemente l'uomo, ma la relazione dell'uomo con l'ambiente, adattando l'uomo all'ambiente, non viceversa. Architettura fatta dunque di relazioni, più che di oggetti, come sistema *aperto* che lavora sul tempo, prima ancora che sullo spazio, accogliendo anche l'imprevedibile.

È lavorando sul patrimonio esistente – come per il Palazzo dell'Arte della Triennale di Milano, la Galleria Sabauda di Torino e il Museo Mitoraj di Pietrasanta – che OBR ripensa il rapporto tra costruire e costruito: l'opera viene concepita non come la somma delle sue parti, ma come un tutto, in cui non c'è differenza tra logica espressiva e logica costruttiva, in cui non c'è "stile". Coniugando innovazione tecnologica e tradizione culturale, OBR non indulge a soluzioni iconiche ostentate e propone un'architettura "già lì da sempre", che appartiene al proprio tempo, ma che è percepita come se ci fosse sempre stata, sovrapponendo il presente con il passato e il futuro.

Dopo quasi due decenni, il gruppo originario si arricchisce di un nuovo socio, Andrea Casetto, e si consolida in un team di quaranta architetti con base a Milano, impegnati parallelamente nella ricerca sperimentale e in progetti a forte valenza sociale. Insieme hanno maturato un approccio al progetto, inteso come processo diacronico, che sancisce la coincidenza tra persuasione concettuale e indagine della realtà che verrà.

Aperti a differenti contributi multidisciplinari, Paolo Brescia e Tommaso Principi sono stati invitati presso diversi atenei, come l'Accademia di Architettura di Mendrisio, l'Aalto University di Helsinki, l'Academy of Architecture di Mumbai, la Mimar Sinan Fine Art University di Istanbul e la Florida International University di Miami.

Tra le opere più significative di OBR vi sono l'Ospedale dei Bambini di Parma, la Piazza del Vento di Genova, il Cluster Lehariya di Jaipur, LH1 e LH2 a Londra, l'estensione del Campus Unimore di Modena, il Museo MITA di Brescia, il MIND Innovation Hub di Milano, il Bassi Business Park di Milano, il Parco Centrale di Prato, il Comparto Stazioni di Varese, la Casa BFF a Milano, l'Area Flaminio a Roma e il Waterfront di Levante a Genova con Renzo Piano.

I progetti di OBR sono stati esposti alla Biennale di Architettura di Venezia, al Royal Institute of British Architects di Londra, alla Triennale di Milano, alla Bienal de Arquitetura di Brasilia e al Cooper Hewitt Smithsonian Design Museum di New York. Dal 2018 le sue opere fanno parte della collezione permanente del MAXXI di Roma.

OBR è stata premiata con la menzione d'onore AR Emerging Architecture al RIBA di Londra, il Plusform under 40, l'Urbanpromo alla 11. Biennale Architettura di Venezia, il premio Europe 40 under 40 di Madrid, il LEAF Award di Londra, il WAN Residential Award, il Building Better Healthcare Award, il premio nazionale In/Arch per l'opera realizzata da giovane progettista e l'American Architecture Prize di New York.

(284)

(286)

(285)

(287)

(288)

(289)

(290)

(291)

Team dal 2000

Sara Abdesamie
Mariagrazia Acconciamessa
Luna Adriaensens
Matteo Agostini
Edoardo Allievi
Andrea Aicardi
Tamara Akhrameeva
Giacomo Ambrosini
Gioele Andriani
Laura Anichini
Flavia Antonino
Polina Arendarchuk
Marco Attucci
Giorgia Aurigo
Simona Auteri
Vera Autilio
Iria Avanzini
Diego Ballini
Veronica Baraldi
Paola Baratta
Roberto Barone
Ludovico Basharzad
Fabio Bassan
Anna Baumgartner
Silvia Becchi
Alessandro Beggiao
Marco Belcastro
Sebastiano Beni
Viola Bentivogli
Antonio Bergamasco
Paola Berlanda
Caterina Betti
Sara Bianco
Pietro Blini
Sidney Bollag
Giulio Bonadei
Attilio Bonelli
Gabriele Boretti
Maria Bottani
Nicola Bottinelli
Benedikt Brammer
Alice Branchi
Paolo Brescia
Federico Bruni Roccia
Alessandra Bruzzone
Floria Bruzzone
Veronica Buratto
Tvrtko Buric
Pelayo Bustillo

Gaia Calegari
Giulia Callori di Vignale
Roxana Calugar
Sara Maria Camagni
Eileen Cannaday
Sara Capurro
Elena Caraballo
Paolo Caratozzolo Nota
Chiara Carbone
Giovanni Carlucci
Giulia Carravieri
Alessio Carta
Matteo Casavecchia
Francesco Cascella
Andrea Casetto
Chiara Cassinari
Giuseppe Castellaneta
Claudia Castellani
Dario Cavallaro
Michela Cescatti
Yu Chaoyin
Flavia Chiavaroli
Giovanna Chimeri
Cristiano Ciappolino
Nicola Clivati
Irene Cogliano
Ipek Colakoglu
Marzia Coletti
Benedetta Conte
Teresa Corbin
Gabriela Corvo
Paola Crosa di Vergagni
Simona Cuccurese
Giorgio Cucut
Guldeniz Dagdelen
Michela D'Agostino
Biancamaria Dall'Aglio
Giulia D'Angeli
Andrea Debilio
Hadrien Delanglade
Paolo Delfino
Dahlia De Macina
Mariangela De Marco
Anna Deotto
Federico De Paoli
Arlind Dervishi
Giorgia De Simone
Giulia D'Ettorre
Riccardo De Vincenzo

Luigi Di Marino
Marco Di Teodoro
Paolo Dolceamore
Sofya Dolgaya
Matteo Domini
François Doria
Amr Elhadari
Giacomo Fabbrica
Paride Falcetti
Alessandra Falini
Fabio Falleni
Paolo Fang
Chiara Farinea
Maddalena Felis
Matilde Ferrari
Francesca Fiormonte
Francesco Maria Fratini
Hannah Freund
Gaia Galvagna
Paola Gambale
Marta Garbarino
Maria Elena Garzoni
Negin Ghanaie
Massimiliano Giberti
Chiara Gibertini
Alessia Girardi
Elena Giugni
Marissa Glauberman
Giovanni Glorialanza
Anna Graglia
Iris Gramegna
Alessio Granata
Emma Greer
Jacopo Grignani
Alberto Grillini
Ksenia Gritsenko
Andrea Guazzotti
Alba Guerrera
Matteo Guidi
Julissa Beatriz Gutarra
German Gutiérrez Rodrìguez
Nadine Hadarmik
Zeinab Hassani
Lisa Henderson
Ahmad Hilal
Federico Iannarone
Denisa Ivan
Maddy S. Johnson
Gayatri Joshi

Zayneb Kadiri

Frutzsina Kaiser

Abijt Kapade

Puria Kazemi

Wladyslawa Kijewska

Nayeon Kim

Susanne Knote

Barbara Krok

Malgorzata Labedzka

Giulio Lanzidei

Joanna Maria Lesna

Maria Lezhnina

Manon Lhomme

Yun-Yu Liu

Manuel Lodi

Elena Lykiardopol

Leonardo Mader

Benedetta Maggi

Ipsita Mahajan

Aaryaman Maithel

Caterina Malavolti

Andrea Malgeri

Chiara Mangini

Michele Marcellino

Luca Marcotullio

Simone Marelli

Giorgia Marigo

Yari Marongiu

Elena Martinez

Marino Matika

Anna Mazik

Elena Mazzocco

Danielle Melacarne

Lorenzo Mellone

Margherita Menardo

Stefano Menichini

Tommaso Mennuni

Laura Mezquita González

Stanislaw Mlynski

Chiara Mondin

Martina Mongiardino

Emily Moore

Roberto Moschini

Derya Muratli

Lucia Nadalin

Monica Nastasi

Clemente Nativi

Giulia Negri

Olga Nikonova

Sayaka Nishimura

Jacopo Nori

Marta Nowotarska

Joanna Nyc

Simona Oberti

Matteo Origoni

Bruno Orsini

Roberta Pari

Nicole Passarella

Iñigo Paniego

Giuditta Parodi

Gema Parrilla Delgado

Cecilia Pastore

Carlotta Pellegrini

Silvia Pellizzari

Edoardo Pennazio

Aleksandar Petrov

Nunzio Picanza

Paola Pilotto

Anita Pinto

Enrico Pinto

Francesco Pipitone

Alessandro Piraccini

Gabriele Pisani

Nicola Pisani

Gabriele Pitacco

Carlotta Poggiaroni

Chiara Pongiglione

Giulio Pons

Stella Porta

Tommaso Principi

José Quelhas

Giulia Ragazzi

Nicola Ragazzini

Pauline Renault

Michele Renzini

José Miguel Ribeiro

Beatrice Ricciulli

Toufic Rifai

Christina Rittel

Carlo Rivi

Stefano Robotti

Riccardo Robustini

Marta Rolando

Alessandra Roncadori

Sara Rossetto

Alessandro Rota

Maria Rydzy

Paolo Salami

Federico Salvalaio

Rosaura Sancineto

Mattia Santambrogio

Olesia Saraeva

Katarzyna Sibilska

Léa Siémons-Jauffret

Angelika Sierpien

Elisa Siffredi

Izabela Sobieraj

Clara Sollazzo

Jeannette Sordi

Tiziana Sorice

Emanuele Stefanini

Anna Stojcev

Tomaso Tedeschi

Marco Tedesco

Tania Teixera

Onur Teke

Nina Tescari

Cristina Testa

Mikko Tilus

Francesco Tiné

Ludovic Tiollier

Nika Titova

Giulia Todeschini

Chiara Tomassi

Massimo Torre

Panos Tsiamyrtzis

Anastasia Tsybakova

Victoria Tverdokhlit

Cecilia Unzeta

Edita Urbanaviciute

Fabio Valido

Louise Van Eecke

Alessandra Vassallo

Manolo Verga

Anna Veronese

Kalliopi Vidrou

Paula Vier

Luca Vigliero

Rossella Villani

Francesco Vinci

Claudia Vogler

Marianna Volsa

Anna Wahlstrom

Jaroslaw Waskowiak

Theresa Wauer

Giulia Zatti

Barbara Zuccarello

Regesto

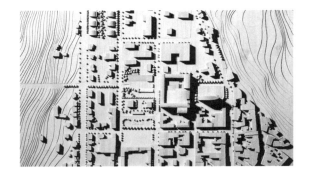

001. Riconversione Ghigi, Morciano di Romagna
Project team: OBR, Studio Preger, Studio Principi
OBR design team: Paolo Brescia, Tommaso Principi
Committente: Con.Sv.Agri SCRL
Luogo: Morciano di Romagna
Programma: hotel, uffici, commercio, residenze, teatro
Dimensioni: area di intervento 43.000 mq; sup. costruita 30.000 mq
Cronologia: 2000 studio di fattibilità e masterplan.

002. Piazza Risorgimento, Morciano di Romagna
Project team: OBR, Studio Preger
OBR design team: Paolo Brescia, Tommaso Principi, Paolo Salami
Committente: Comune di Morciano di Romagna
Luogo: Morciano di Romagna
Programma: piazza e parcheggi
Dimensioni: area di intervento 3.000 mq; sup. costruita 180 mq
Cronologia: 2000 progetto preliminare e progetto definitivo;
2001 progetto esecutivo; 2003 fine lavori.

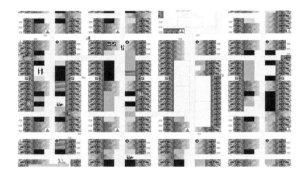

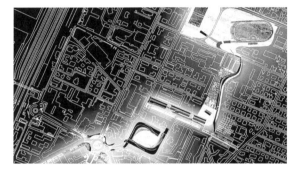

003. Intercittà, Forlì
Project team: OBR, Francesco Albini, Giovanna Chimeri,
Simona Oberti, Andrea Parigi, Brett Terpeluk
OBR design team: Paolo Brescia, Tommaso Principi,
Gabriele Pisani, Paolo Salami
Committente: Europan Italia, Comune di Forlì
Luogo: Forlì
Programma: arena sportiva, parco urbano
Dimensioni: area di intervento 100.000 mq; sup. costruita 30.000 mq
Cronologia: 2001 concorso di progettazione.

004. Reggio Est, Reggio Emilia
Project team: OBR, Zerodieci
OBR design team: Paolo Brescia, Tommaso Principi,
Marco Belcastro, Sayaka Nishimura
Committente: Comune di Reggio Emilia
Luogo: Reggio Emilia
Programma: piazza eventi, parco urbano, centro sportivo
Dimensioni: area di intervento 145.000 mq; sup. costruita 21.000 mq
Cronologia: 2001 concorso di progettazione (2° premio).

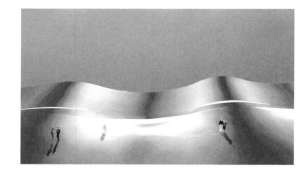

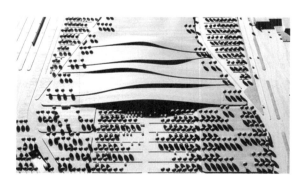

005. Tomihiro Museum, Azuma
OBR design team: Paolo Brescia, Tommaso Principi,
Giovanna Chimeri, Paola Gambale, Sayaka Nishimura,
Gabriele Pisani, Paolo Salami
Committente: Municipality of Azuma
Luogo: Azuma
Programma: museo
Dimensioni: area di intervento 20.000 mq; sup. costruita 3.000 mq
Cronologia: 2001 concorso di progettazione (selezionato).

006. Interchange Terminal FVG, Ronchi dei Legionari
Project team: OBR, Favero & Milan Ingegneria, Bruno Gabrielli,
Austin Italia, Mauro di Pace, Luca Dolmetta, Francesco Magro,
Pierluigi Mantini, Systematica
OBR design team: Paolo Brescia, Tommaso Principi, Veronica
Baraldi, Marco Belcastro, Giovanna Chimeri, Fabio Falleni, Paola
Gambale, Andrea Malgeri, Sayaka Nishimura, Francesco Pipitone,
Gabriele Pisani, Nicola Pisani, Giulio Pons, Paolo Salami, Onur Teke
Committente: Aeroporto FVG S.p.A.
Luogo: Ronchi dei Legionari
Programma: centro intermodale
Dimensioni: area di intervento 480.000 mq; sup. costruita 62.000 mq
Cronologia: 2002 concorso di progettazione (1° premio);
2003 progetto preliminare.

007. Uffici Cugnasco, Cuneo
Project team: OBR, Alberto Aimale, Danilo Martinelli, Renzo Ravera, Gianni Reale
OBR design team: Paolo Brescia, Tommaso Principi, Marco Belcastro, Sara Rossetto, Onur Teke
Committente: Ge.Co. Gestione e Controllo S.r.l.
Luogo: Cuneo
Programma: uffici
Dimensioni: sup. costruita 400 mq
Cronologia: 2002 studio di fattibilità; 2003 progetto preliminare, progetto definitivo e progetto esecutivo; 2004 fine lavori.

008. We House, Lavagna
Project team: OBR, Marco Glorialanza
OBR design team: Paolo Brescia, Tommaso Principi, Chiara Pongiglione, Paolo Delfino, Giulia D'Ettorre, Margherita Menardo, Sara Rossetto, Paolo Salami
Luogo: Lavagna
Programma: residenziale
Dimensioni: area di intervento 120 mq; sup. costruita 60 mq
Cronologia: 2002 progetto preliminare; 2003 progetto definitivo; 2004 progetto esecutivo; 2006 fine lavori.

009. Vulcano Buono, Nola
Project team: RPBW (design leader), OBR, F&M Ingegneria, Fiat Engineering, Studio Archemi, Progess
OBR design team: Paolo Brescia, Tommaso Principi, Marco Belcastro, Pelayo Bustillo, Giovanna Chimeri, Cristiano Ciappolino, Paolo Delfino, Dahlia De Macina, Manuel Lodi, Paola Pilotto, Stefano Robotti, Paolo Salami, Rosaura Sancineto
Committente: Interporto Campano, Gruppo Auchan, F&M Ingegneria
Luogo: Nola
Programma: commercio, hotel, cinema
Dimensioni: area di intervento 450.000 mq; sup. costruita 150.000 mq
Cronologia: 1996 progetto preliminare e definitivo di RPBW; 2002 progetto esecutivo di OBR; 2009 fine lavori.

010. Museo di Pitagora, Crotone
Project team: OBR, Erika Skabar, F&M Ingegneria, Claudia Lamonarca, Giuseppe Monizzi, Giovanni Panizzon, Scuola Internazionale Superiore di Studi Avanzati
OBR design team: Paolo Brescia, Tommaso Principi, Manuel Lodi, Antonio Bergamasco, Giulia Carravieri, Dahlia De Macina, Chiara Farinea, Paola Pilotto, Gabriele Pisani, Gabriele Pitacco, Giulio Pons, Michele Renzini, Paolo Salami, Onur Teke, Massimo Torre, Francesco Vinci
Committente: Comune di Crotone
Luogo: Crotone
Programma: museo
Dimensioni: area di intervento 180.000 mq; sup. costruita 1.000 mq
Cronologia: 2003 concorso di progettazione (1° premio); 2004 progetto preliminare; 2005 progetto definitivo; 2006 progetto esecutivo; 2011 fine lavori.

011. Nam June Paik Museum, Kyonggi, Seoul
OBR design team: Paolo Brescia, Tommaso Principi, Marco Belcastro, Antonio Bergamasco, Giovanna Chimeri, Sayaka Nishimura, Gabriele Pisani, Stefano Robotti, Paolo Salami, Onur Teke
Committente: Kyonggi Prefecture
Luogo: Seoul
Programma: museo
Dimensioni: area di intervento 70.000 mq; sup. costruita 5.000 mq
Cronologia: 2003 concorso di progettazione.

012. Galleria Sabauda, Torino
Project team: OBR, Studio Albini Associati, Rick Mather Architects, Vittorio Grassi Architects, D'Appolonia, Favero & Milan Ingegneria, Manens-Tifs, Aubry & Guiguet Programmation, Carlo Bertelli, Noorda Design, Castagna Ravelli, Onleco, Studio Lo Cigno, Giuseppe Amaro, Paolo Bombelli
OBR design team: Paolo Brescia, Tommaso Principi, Margherita Menardo, Pelayo Bustillo, Andrea Casetto, Gaia Galvagna, Elena Martinez, Gabriele Pitacco, Paolo Salami, Tiziana Sorice, Francesco Vinci, Barbara Zuccarello
Committente: Ministero per i Beni e le Attività Culturali
Luogo: Torino
Programma: museo
Dimensioni: sup. costruita 6.960 mq
Cronologia: 2003 concorso di progettazione (1° premio); 2004 progetto preliminare; 2006 progetto definitivo; 2007 progetto esecutivo; 2014 fine lavori.

013. Palahockey Olimpiadi Invernali 2006, Torino
Project team: Arata Isozaki & Associates (Design Leader),
Archa, Manens-Tifs, Giuseppe Amaro, Arup, F&M Ingegneria, OBR,
Milano Progetti
OBR design team: Paolo Brescia, Tommaso Principi,
Marco Belcastro, Pelayo Bustillo, Marzia Coletti, Paolo Delfino,
Manuel Lodi, Elena Martinez, Paola Pierotti, Francesco Pipitone,
Onur Teke
Committente: Agenzia Torino 2006
Luogo: Torino
Programma: arena sportiva
Dimensioni: area di intervento 33.500 mq; sup. costruita 44.000 mq
Cronologia: 2002 progetto preliminare e definitivo di Arata Isozaki &
Associates; 2003 progetto esecutivo di OBR; 2004 fine lavori.

014. Bazaruto Resort, Inhamabane
Project Team: OBR, F&M Ingegneria
OBR design team: Paolo Brescia, Tommaso Principi,
Gabriele Pisani, Paolo Salami
Committente: C&C Promo
Luogo: Inhambane
Programma: hotel, ristorante, resort
Dimensioni: area di intervento 12.000 mq; sup. costruita 4.000 mq
Cronologia: 2004 progetto preliminare.

015. Ippocampus, Bologna
Project Team: OBR, Studio Brighi
OBR design team: Paolo Brescia, Tommaso Principi, Manuel Lodi,
Elena Martinez, Bruno Orsini, Giulio Pons, Paolo Salami,
Izabela Sobieraj
Committente: HippoGroup S.p.A.
Luogo: Bologna
Programma: centro sportivo, residenze
Dimensioni: area di intervento 100.000 mq; sup. costruita 11.000 mq
Cronologia: 2004 variante piano urbanistico attuativo,
progetto preliminare.

016. Villa Reale, Monza
Project team: OBR, Studio Albini, Rick Mather Architects,
Michel Desvigne Paysagiste, F&M Ingegneria, Noorda Design,
Aubry & Guiguet Programmation, Anna Lucchini, Carlo Bertelli
OBR design team: Paolo Brescia, Tommaso Principi,
Antonio Bergamasco, Elena Martinez, Pelayo Bustillo,
Francesco Pipitone, Giulio Pons, Paolo Salami
Committente: Regione Lombardia, Comune di Monza
Luogo: Monza
Programma: museo
Dimensioni: area di intervento 485.000 mq; sup. costruita 50.000 mq
Cronologia: 2004 concorso di progettazione (2° premio).

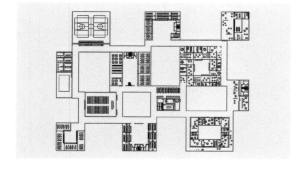

017. Campus Scolastico, Ravenna
Project team: OBR, F&M Ingegneria, Marco Rossi Paysagiste,
Byron Stigge, Matteo Lancini
OBR design team: Paolo Brescia, Tommaso Principi,
Antonio Bergamasco, Pelayo Bustillo, Elena Martinez, Paolo Salami
Committente: Comune di Ravenna
Luogo: Ravenna
Programma: scuola
Dimensioni: area di intervento 75.000 mq; sup. costruita 10.000 mq
Cronologia: 2005 concorso di progettazione (selezionato).

018. Rive di Bisentrate, Pozzuolo Martesana
Project Team: OBR, F&M Ingegneria, Marco Rossi Paysagiste,
Systematica, CityO, Byron Stigge, Carlo Lanza
OBR design team: Paolo Brescia, Tommaso Principi,
Veronica Baraldi, Dahlia De Macina, François Doria, Elena Martinez,
Bruno Orsini, Pelayo Bustillo, Gabriele Pisani, Gabriele Pitacco,
Giulio Pons, Paolo Salami, Francesco Vinci
Committente: Cave Rocca S.r.l.
Luogo: Pozzuolo Martesana
Programma: parco pubblico, residenze
Dimensioni: area di intervento 690.000 mq; sup. costruita 87.000 mq
Cronologia: 2005 studio di fattibilità; 2007 masterplan.

019. Fiera, Riva del Garda
Project Team: Grimshaw Architects, OBR, Buro Happold,
Marcello Lubian, Mijic Architects, Systematica
OBR design team: Paolo Brescia, Tommaso Principi,
Veronica Baraldi, Paolo Salami, Clara Sollazzo, Francesco Vinci
Committente: Garda Trentino Fiere S.p.A.
Luogo: Riva del Garda
Programma: spazi espositivi
Dimensioni: area di intervento 37.762 mq; sup. costruita 60.500 mq
Cronologia: 2006 concorso di progettazione (selezionato).

020. Complesso Residenziale, Milanofiori
Project team: OBR, Favero & Milan Ingegneria, Studio Ti, Buro
Happold, Vittorio Grassi
OBR design team: Paolo Brescia, Tommaso Principi,
Chiara Pongiglione, Laura Anichini, Silvia Becchi, Antonio Bergamasco,
Paolo Caratozzolo Nota, Giulia D'Ettorre, François Doria,
Julissa Gutarra, Leonardo Mader, Andrea Malgeri, Elena Mazzocco,
Margherita Menardo, Gabriele Pitacco, Paolo Salami, Izabela Sobieraj,
Fabio Valido, Paula Vier, Francesco Vinci, Barbara Zuccarello
Committente: Milanofiori 2000 S.r.l., Gruppo Cabassi
Luogo: Assago
Programma: residenze
Dimensioni: area di intervento 30.000 mq; sup. costruita 27.400 mq
Cronologia: 2005 concorso di progettazione (1° premio);
2006 progetto preliminare e progetto definitivo;
2007 progetto esecutivo; 2010 fine lavori.

021. Waterfront, Rapallo
Project team: OBR, Grimshaw Architects,
Michel Desvigne Paysagiste, Buro Happold, F&M Ingegneria,
ecoLogicStudio, ETA-Florence Renewable Energies,
Federico Parolotto
OBR design team: Paolo Brescia, Tommaso Principi,
Margherita Menardo, Giulio Pons, Paolo Salami
Committente: Comune di Rapallo
Luogo: Rapallo
Programma: waterfront con auditorium, parco lineare,
passeggiata pubblica
Dimensioni: area di intervento 35.000 mq; sup. costruita 6.000 mq
Cronologia: 2006 concorso di progettazione (selezionato).

022. VEMA, 10. Biennale Architettura, Venezia
Project team: OBR, ecoLogicStudio, Paolo Inghilleri,
M.M.R Di Rossi Marco & Matteo Snc, Linzmuzik, Cristiano Pinna,
Umberto Saraceni
OBR design team: Paolo Brescia, Tommaso Principi,
Veronica Baraldi, Vera Autilio, Dahlia De Macina, Nadine Hadamik,
Andrea Malgeri, Margherita Menardo, Gabriele Pitacco,
Chiara Pongiglione, Paolo Salami, Izabela Sobieraj, Clara Sollazzo,
Luca Vigliero, Francesco Vinci, Barbara Zuccarello
Committente: La Biennale di Venezia
Luogo: Venezia, La Biennale di Venezia, Padiglione italiano
La Città Nuova. Italia-y-2026. Invito a Vema, a cura di Franco Purini
(10. Mostra Internazionale di Architettura "Città. Architettura e
società" a cura di Richard Burdett)
Dimensioni: area di intervento 33 ha
Cronologia: 2006 mostra.

023. Monte di Portofino, Portofino
Project team: OBR, F&M Ingegneria, Diego Mortillaro, Fabio Falleni,
Luca Peccerillo, Marilena Moggia
OBR design team: Paolo Brescia, Tommaso Principi, Paolo Salami,
Clara Sollazzo, Francesco Vinci
Committente: Rotary Club
Luogo: Portofino
Programma: parco naturalistico
Dimensioni: area di intervento 1.000 ha; sup. recuperata 1.093 mq
Cronologia: 2006 studio di fattibilità.

024. Ex Cinema Roma, Parma
Project team: OBR, Policreo, Studio Nocera, Studio Tecnico Zanni
OBR design team: Paolo Brescia, Tommaso Principi, François Doria,
Paola Baratta, Alessandra Bruzzone, Tvrtko Buric, Andrea Casetto,
Giulia D'Ettorre, Aleksandar Petrov, Michele Renzini, Paolo Salami,
Izabela Sobieraj, Massimo Torre, Barbara Zuccarello
Committente: Qualità Urbana S.r.l.
Luogo: Parma
Programma: uffici, commercio, residenze
Dimensioni: area di intervento 2.508 mq; sup. costruita 3.884 mq
Cronologia: 2006 concorso di progettazione (1° premio);
2007 progetto preliminare; 2008 progetto definitivo;
2009 progetto esecutivo; 2013 fine lavori.

025. Residenze Varesine, Milano
Project team: OBR, Buro Happold, Carlotta de Bevilacqua,
F&M Ingegneria, Ken Smith
OBR design team: Paolo Brescia, Tommaso Principi, Vera Autilio,
Nadine Hadamik, Margherita Menardo, Laura Mezquita,
Chiara Pongiglione, Paolo Salami, Clara Sollazzo, Manolo Verga
Committente: Le Varesine S.r.l., Hines Italy RE S.r.l.
Luogo: Milano
Programma: residenze
Dimensioni: area di intervento 39.149 mq; sup. costruita 11.200 mq
Cronologia: 2006 concorso di progettazione.

026. Ponte Polcevera, Genova
Project team: OBR, Grimshaw Architects, Progei,
STI Studio Tecnico di Ingegneria, Ai Engineering, F&M Ingegneria,
Studio Majone Ingegneri Associati
OBR design team: Paolo Brescia, Tommaso Principi,
Dahlia De Macina, Michele Renzini, Paolo Salami, Francesco Vinci
Committente: Sviluppo Genova S.p.A.
Luogo: Genova
Programma: ponte stradale
Dimensioni: area di intervento 1,5 km
Cronologia: 2006 concorso di progettazione (1° premio);
2007 progetto preliminare; 2008 progetto definitivo; 2013 fine lavori.

027. Aeroporto dello Stretto, Reggio Calabria
Project team: OBR, F&M Ingegneria
OBR design team: Paolo Brescia, Tommaso Principi,
Dahlia De Macina, François Doria, Margherita Menardo,
Gabriele Pitacco, Michele Renzini, Paolo Salami, Tiziana Sorice
Committente: Sogas S.p.A.
Luogo: Reggio Calabria
Programma: pubblico - infrastruttura, aeroporto
Dimensioni: area di intervento 9.550 mq; sup. costruita 6.300 mq
Cronologia: 2006 progetto preliminare; 2007 progetto definitivo.

028. Museo di Arte Nuragica, Cagliari
Project team: OBR, Kengo Kuma & Associates, Noorda Design,
Carlotta de Bevilacqua, Paolo Inghilleri, Aubry & Guiguet
Programmation, ecoLogicStudio, Buro Happold, Hilson Moran,
ETA Energie Rinnovabili, Studio Associato di Ingegneria,
Maria Antonietta Mongiu, Michel Desvigne Paysagiste, Anomos
OBR design team: Paolo Brescia, Tommaso Principi, Paolo Salami,
Katarzyna Sibilska, Jaroslaw Waskowiak
Committente: Regione Sardegna
Luogo: Cagliari
Programma: museo
Dimensioni: area di intervento 88.000 mq; sup. costruita 9.500 mq
Cronologia: 2006 concorso di progettazione (3° premio).

029. Ospedale San Marco, Catania
Project team: OBR, Studio Solmona & Vitali, Progeest
OBR design team: Paolo Brescia, Tommaso Principi,
Dahlia De Macina, Julissa Beatriz Gutarra, Michele Renzini,
Paolo Salami
Committente: Bonatti S.p.A.
Luogo: Catania
Programma: ospedale
Dimensioni: area di intervento 227.271 mq; sup. costruita 115.000 mq
Cronologia: 2006 progetto preliminare, progetto definitivo e
progetto esecutivo.

030. Ospedale dei Bambini, Parma
Project team: OBR, Policreo, Studio Nocera, Sogen,
Studio Tecnico Q.S.A., Studio Tecnico Zanni, Engeo, Carlo Caleffi,
Paolo Bertozzi, Giuseppe Virciglio
OBR design team: Paolo Brescia, Tommaso Principi, François Doria,
Pelayo Bustillo, Andrea Casetto, Giulia D'Ettorre, Elena Martinez,
Elena Mazzocco, Laura Mezquita González, Aleksandar Petrov,
Alessandro Piraccini, Michele Renzini, Barbara Zuccarello
Committente: Fondazione Ospedale dei Bambini di Parma
Luogo: Parma
Programma: ospedale
Dimensioni: area di intervento 6.000 mq; sup. costruita 13.000 mq
Cronologia: 2006 progetto preliminare e progetto definitivo;
2007 progetto esecutivo; 2013 fine lavori.

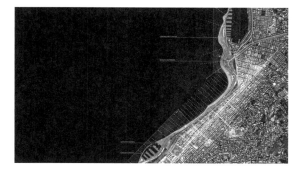

031. Ex Nuit, Cesenatico
Project team: OBR, Arup, F&M Ingegneria, GAe Engineering,
Systematica, Free Design
OBR design team: Paolo Brescia, Tommaso Principi,
Andrea Casetto, Veronica Baraldi, Alessandro Beggiao,
François Doria, Chiara Farinea, Elena Giugni,
German Gutiérrez Rodrìguez, Elena Lykiardopol, Marino Matika,
Michele Renzini, Riccardo Robustini, Christina Rittel,
Izabela Sobieraj, Fabio Valido, Paula Vier, Barbara Zuccarello
Committente: Fincarducci S.r.l.
Luogo: Cesenatico
Programma: hotel, commercio, ristorante, spazio per concerti,
piscina, giardino
Dimensioni: area di intervento 20.000 mq; sup. costruita 35.400 mq
Cronologia: 2007 progetto preliminare; 2008 progetto definitivo;
2010 progetto esecutivo.

032. Waterfront, Reggio Calabria
Project Team: OBR, 2xlrm Architetti Associati, Progeest, Steam,
Netec
OBR design team: Paolo Brescia, Tommaso Principi,
Michele Renzini, Izabela Sobieraj, Francesco Vinci
Committente: Comune di Reggio Calabria
Luogo: Reggio Calabria
Programma: waterfront con porto turistico, centro polifunzionale,
museo del Mediterraneo
Dimensioni: area di intervento 180.000 mq; sup. costruita 60.000 mq
Cronologia: 2007 concorso di progettazione (3° premio).

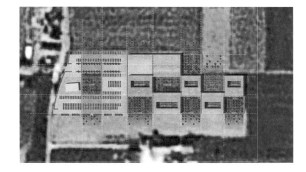

033. Campus Scolastico Divino Amore, Roma
Project team: OBR, F&M Ingegneria, Marco Rossi, Emanuela Bulli,
Giuseppe Senofonte, Michele Crò, Vincenzo Rizzi
OBR design team: Paolo Brescia, Tommaso Principi,
Laura Mezquita, Michele Renzini, Izabela Sobieraj
Committente: Comune di Roma
Luogo: Roma
Programma: scuola
Dimensioni: area di intervento 12.000 mq; sup. costruita 5.600 mq
Cronologia: 2007 concorso di progettazione (1° premio);
2008 progetto preliminare.

034. Cittadella della Salute, Cuneo
OBR design team: Paolo Brescia, Tommaso Principi, Chiara Farinea
Committente: Fondazione Orizzonte Speranza Onlus
Luogo: Cuneo
Programma: ospedale
Dimensioni: area di intervento 27.000 mq; sup. costruita 4.000 mq
Cronologia: 2007 studio di fattibilità.

035. Museo Diocesano, Milano
Project team: OBR, Carlotta de Bevilacqua, Aubry & Guiguet
Programmation, ecoLogicStudio, Systematica, Paolo Inghilleri,
Mimmo Paladino
OBR design team: Paolo Brescia, Tommaso Principi,
Anna Baumgartner, Giuseppe Castellaneta, Giulia Carravieri
Julissa Beatriz Gutarra, Leonardo Mader, Andrea Malgeri,
Laura Mezquita González, Michele Renzini, Francesco Vinci
Committente: Fondazione Sant'Ambrogio, Comune di Milano
Luogo: Milano
Programma: museo
Dimensioni: area di intervento 4.600 mq; sup. costruita 4.600 mq
Cronologia: 2007 concorso di progettazione (3° premio).

036. Ippodromo Stupinigi, Torino
OBR design team: Paolo Brescia, Tommaso Principi,
Laura Mezquita González, Francesco Vinci
Committente: HippoGroup S.p.A.
Luogo: Torino
Programma: ippodromo, hotel, ristoranti
Dimensioni: area di intervento 5.600 mq; sup. costruita 1.870 mq
Cronologia: 2007 progetto preliminare.

037. Ippodromo Arcoveggio, Bologna
Project team: OBR, Tecnopolis
OBR design team: Paolo Brescia, Tommaso Principi,
Laura Mezquita, Francesco Vinci
Committente: HippoGroup S.p.A.
Luogo: Bologna
Programma: ippodromo, ristoranti, spazi eventi
Dimensioni: area di intervento 5.200 mq; sup. costruita 1.500 mq
Cronologia: 2007 progetto preliminare e progetto definitivo;
2008 progetto esecutivo.

038. Parco Capannelle, Roma
Project team: OBR, Buro Happold
OBR design team: Paolo Brescia, Tommaso Principi,
Andrea Casetto, Michele Renzini, Izabela Sobieraj, Francesco Vinci
Committente: HippoGroup S.p.A.
Luogo: Roma
Programma: ippodromo, spazi eventi, hotel, parco pubblico
con orti urbani
Dimensioni: area di intervento 476.000 mq; sup. costruita 9.000 mq
Cronologia: 2008 progetto preliminare.

039. Marina Grande, Arenzano
Project team: OBR, Studio Ingegneria Strutturale Organte & Bortot,
Studio Tecnico Brunengo, Ettore Zauli, Marcello Brancucci
OBR design team: Paolo Brescia, Tommaso Principi,
Andrea Casetto, Paola Berlanda, Francesco Cascella,
Alberto Giacopelli, Anna Graglia, Caterina Malavolti,
Michele Marcellino, Matteo Origoni, Michele Renzini, Elisa Siffredi,
Jeannette Sordi, Paula Vier, Francesco Vinci
Committente: Namira S.G.R.p.A.
Luogo: Arenzano
Programma: waterfront con residenze, commercio, servizi per
la balneazione
Dimensioni: area di intervento 9.145 mq; sup. costruita 15.641 mq
Cronologia: 2007 studio di fattibilità; 2008 progetto preliminare;
2019 progetto definitivo.

040. Magenta House, Milano
Project team: OBR, Valeria Cosmelli, Denis Zuffellato,
Maurizio Badalotti, Flavio Ranica
OBR design team: Paolo Brescia, Tommaso Principi,
Chiara Carbone, Paola Crosa di Vergagni, Biancamaria Dall'Aglio,
Giulia D'Ettorre, François Doria, Alberto Grillini, Chiara Pongiglione,
Paula Vier
Luogo: Milano
Programma: residenza
Dimensioni: area di intervento 220 mq; sup. costruita 220 mq
Cronologia: 2007 progetto preliminare e progetto definitivo;
2008 progetto esecutivo; 2009 fine lavori.

041. Lido, Genova
Project Team: OBR, Buro Happold, D'Appollonia,
Studio Legale Ghibellini, Alessandro Picollo, Bain & Company,
Barabino & Partners, Mazzone Urgeghe Studio di Ingegneria
Design Team: Paolo Brescia, Tommaso Principi, François Doria,
Margherita Menardo, Joanna Nyc, Matteo Origoni, Michele Renzini,
Fabio Valido, Paula Vier, Francesco Vinci
Committente: Value Services S.r.l.
Luogo: Genova
Programma: waterfront con parco urbano, centro velico,
spazi eventi, commercio, residenze
Dimensioni: area di intervento 40.000 mq; sup. costruita 22.000 mq
Cronologia: 2008 studio di fattibilità; 2009 progetto preliminare.

042. River Douglas Bridge, Preston
Project team: OBR, Buro Happold
OBR design team: Paolo Brescia, Tommaso Principi,
Michele Renzini, Francesco Vinci
Committente: Lancashire County Council
Luogo: Preston
Programma: ponte
Dimensioni: area di intervento 2.000 mq; sup. costruita 850 mq
Cronologia: 2008 concorso di progettazione.

043. Vestebene HQ, Alba
Project Team: John Mc Aslan + Partners, OBR, Arup, GAe, Studio
Tre Architetti Associati, Systematica
OBR design team: Paolo Brescia, Tommaso Principi, François Doria,
Giulia D'Ettorre, Chiara Farinea, Margherita Menardo,
Michele Renzini, Barbara Zuccarello
Committente: Miroglio Vestebene S.p.A.
Luogo: Alba
Programma: uffici
Dimensioni: area di intervento 80.000 mq; sup. costruita 20.000 mq
Cronologia: 2008 progetto preliminare.

044. Villa Boakye, Accra
OBR design team: Paolo Brescia, Tommaso Principi,
Chiara Pongiglione, Michele Renzini, Elisa Siffredi,
Paula Vier
Committente: Essy Holding Limited
Luogo: Accra
Programma: residenze
Dimensioni: area di intervento 2.700 mq; sup. costruita 1.500 mq
Cronologia: 2008 progetto preliminare.

045. Villa Milanowek, Varsavia
Project team: OBR, Izabela Sobieraj
OBR design team: Paolo Brescia, Tommaso Principi
Committente: privato
Luogo: Varsavia
Programma: residenza
Dimensioni: area di intervento 1.750 mq; sup. costruita 350 mq
Cronologia: 2008 progetto preliminare.

046. Wejchert Golf Club, Varsavia
Project team: OBR, Buro Happold, Carlotta de Bevilacqua,
Systematica
OBR design team: Paolo Brescia, Tommaso Principi,
Izabela Sobieraj, Michele Renzini, Francesco Vinci,
Barbara Zuccarello
Committente: Wejchert Golf Club
Luogo: Varsavia
Programma: centro sportivo
Dimensioni: area di intervento 4.200 mq; sup. costruita 12.000 mq
Cronologia: 2008 concorso di progettazione (2° premio).

047. Ex Ospedale Quarto, Genova
Project team: OBR, Ariatta Ingegneria dei Sistemi,
Atelier Architettura, BMS Progetti, Elisabetta Barboro,
GAe Engineering, Planning & Management,
PN Studio Progetto Natura, GAD
OBR design team: Paolo Brescia, Tommaso Principi,
Andrea Casetto, Edoardo Allievi, Paola Berlanda,
Francesco Cascella, Biancamaria Dall'Aglio, Giulia D'Angeli,
Kalliopi Vidrou, Panos Tsiamyrtzis
Committente: CDP Immobiliare S.r.l.
Luogo: Genova
Programma: uffici
Dimensioni: area di intervento 53.000 mq; sup. costruita 32.900 mq
Cronologia: 2008 studio di fattibilità; 2016 progetto unitario;
2017 piano urbanistico operativo; 2019 progetto preliminare.

048. Sede della Provincia, Bergamo
Project team: OBR, Carlotta de Bevilacqua, Pietro Bagnoli,
Buro Happold, Martha Schwartz Partners,
Aubry & Guiguet Programmation, TRM engineering, Yellow Office
OBR design team: Paolo Brescia, Tommaso Principi,
Giulia D'Ettorre, Chiara Farinea, Margherita Menardo,
Michele Renzini, Marta Rolando, Izabela Sobieraj, Jeannette Sordi,
Fabio Valido, Paula Vier
Committente: Provincia di Bergamo
Luogo: Bergamo
Programma: uffici
Dimensioni: area di intervento 20.000 mq; sup. costruita 28.700 mq
Cronologia: 2009 concorso di progettazione (selezionato).

049. Centro Giovani Artigiani, Genova
Project team: OBR, Morandi Associati, Planning & Management,
Studio Associato Delucchi e Maldotti, ITEC Engineering
OBR design team: Paolo Brescia, Tommaso Principi,
Roxana Calugar, Andrea Casetto, Yari Marongiu, Gaia Galvagna,
Michele Renzini
Committente: BIBA S.r.l.
Luogo: Genova
Programma: laboratori artigianali
Dimensioni: area di intervento 7.805 mq; sup. costruita 15.340 mq
Cronologia: 2009 studio di fattibilità; 2010 progetto preliminare;
2011 progetto definitivo.

050. Polo Funo, Bologna
Project team: OBR, MIC, Chiara Nifosì
OBR design team: Paolo Brescia, Tommaso Principi,
Izabela Sobieraj, Yari Marongiu, Michele Renzini, Tania Texeira
Committente: Provincia di Bologna
Luogo: Bologna
Programma: polo funzionale, residenze, commercio, parco urbano
Dimensioni: area di intervento 660.000 mq
Cronologia: 2009 concorso (1° premio); 2010 masterplan.

051. Ospedale Galliera, Genova
Project team: OBR, Pinearq, Steam, D'Appolonia, Buro Happold,
GAe Engineering
OBR design team: Paolo Brescia, Tommaso Principi, Andrea Casetto,
Tamara Akhrameeva, Edoardo Allievi, Paola Berlanda, Sidney Bollag,
Giulia Callori di Vignale, Francesco Cascella, Gaia Galvagna,
Giovanni Glorialanza, Ahmad Hilal, Elena Lykiardopol, Yari Marongiu,
Margherita Menardo, Marta Nowotarska, José Quelhas,
Michele Renzini, Léa Siémons-Jauffret, Elisa Siffredi, Izabela Sobieraj,
Panos Tsiamyrtzis, Louise Van Eecke, Kalliopi Vidrou, Paula Vier,
Marianna Volsa, Anais Yahubyan
Committente: Ente Ospedaliero Ospedali di Galliera
Luogo: Genova
Programma: ospedale
Dimensioni: area intervento 26.000 mq; sup. costruita 54.000 mq
Cronologia: 2009 concorso di progettazione (1° premio); 2010
progetto preliminare; 2015 variante al progetto preliminare.

052. Rak Financial Tower, Ras Al-Khaimah
Project team: OBR, D'Appolonia, Buro Happold
OBR design team: Paolo Brescia, Tommaso Principi, Andrea
Casetto, Alessandro Piraccini, Michele Renzini, Fabio Valido
Committente: Rizzani de Eccher S.p.A.
Luogo: Ras Al-Khaimah
Programma: uffici, residenza
Dimensioni: area di intervento 27.773 mq; sup. costruita 205.000 mq
Cronologia: 2009 progetto preliminare.

053. Torrenova, Roma
Project team: OBR, Buro Happold, Giuseppe Senofonte
OBR design team: Paolo Brescia, Tommaso Principi,
Margherita Menardo, Elena Lykiardopol, José Quelhas,
Michele Renzini, Léa Siémons-Jauffret, Fabio Valido
Committente: Galotti S.p.A.
Luogo: Roma
Programma: residenze
Dimensioni: area di intervento 45.000 mq; sup. costruita 45.000 mq
Cronologia: 2009 concorso di progettazione (selezionato).

054. Waterfront da Punta Vagno a Nervi, Genova
Project team: OBR, Urban Lab
OBR design team: Paolo Brescia, Tommaso Principi,
Michele Renzini, Izabela Sobieraj, Fabio Valido
Committente: Value Services S.r.l.
Luogo: Genova
Programma: waterfront con spiaggia urbana, passeggiata pubblica,
servizi per la balneazione
Dimensioni: area di intervento 750.000 mq
Cronologia: 2009 linee guida masterplan.

055. Social Housing, Milano
Project team: OBR, A2BC, Yellow Office, Buro Happold, Studio Tre
OBR design team: Paolo Brescia, Tommaso Principi,
Elena Lykiardopol, Margherita Menardo, José Quelhas,
Michele Renzini, Léa Siémons-Jauffret, Fabio Valido
Committente: Fondazione Cariplo-Polaris Sgr
Luogo: Milano
Programma: residenze
Dimensioni: area di intervento 16.200 mq; sup. costruita 8.550 mq
Cronologia: 2009 concorso di progettazione (menzione speciale).

056. People Mover, Bologna
Project team: OBR, Policreo, Buro Happold, Siteco,
Studio Progetto Ambiente, Sintecna
OBR design team: Paolo Brescia, Tommaso Principi,
Michele Renzini, Jeanette Sordi, Fabio Valido
Committente: Acciona S.A., Ghella S.p.A., Bombardier Inc.
Luogo: Bologna
Programma: sistema di trasporto pubblico
Dimensioni: area di intervento 5 km
Cronologia: 2009 concorso di progettazione (2° premio).

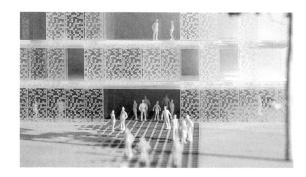

057. Ex CIF, Cesenatico
Project team: OBR, Buro Happold, Free Design, GAe Engineering
OBR design team: Paolo Brescia, Tommaso Principi,
Andrea Casetto, François Doria, Matteo Origoni, Chiara Pongiglione,
Michele Renzini, Marta Rolando, Izabela Sobieraj, Fabio Valido,
Paula Vier, Barbara Zuccarello
Committente: Fincarducci S.r.l.
Luogo: Cesenatico
Programma: residenze
Dimensioni: area di intervento 3.400 mq; sup. costruita 10.350 mq
Cronologia: 2009 progetto preliminare; 2010 progetto definitivo.

058. Porto Ksamil, Sarande
OBR design team: Paolo Brescia, Tommaso Principi,
Elena Lykiardopol, Yari Marongiu
Luogo: Sarande
Programma: waterfront con porto, residenze, commercio
Dimensioni: area di intervento 700.000 mq; sup. costruita 62.000 mq
Cronologia: 2010 masterplan.

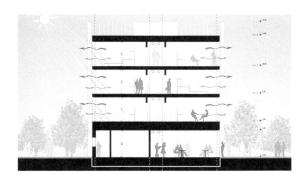

059. Eco Hotel, Milano
Project team: OBR, Buro Happold
OBR design team: Paolo Brescia, Tommaso Principi,
Andrea Casetto, Riccardo Robustini, Tania Texeira
Committente: Redilco Group
Luogo: Milano
Programma: hotel
Dimensioni: area di intervento 950 mq; sup. costruita 3.800 mq
Cronologia: 2010 studio di fattibilità.

060. Food & Beverage Complex, Cairo
Project team: OBR, AN & Partners, Progressive Architects
OBR design team: Paolo Brescia, Tommaso Principi, Gaia Galvagna,
Margherita Menardo, Yari Marongiu, Michele Renzini
Committente: El Bayan Capital Management
Luogo: Cairo
Programma: ristorazione e commercio
Dimensioni: area di intervento 9.400 mq; sup. costruita 14.000 mq
Cronologia: 2010 progetto preliminare; 2011 progetto definitivo;
2014 fine lavori.

061. Pineta Housing, Arenzano
Project Team: OBR, A2BC, Debora Pizzorno, Aldo Signorelli,
Francesco Mariotti, Laura Santucci, Marcello Brancucci
OBR design team: Paolo Brescia, Tommaso Principi,
Alessandra Bruzzone, Michele Renzini, Izabela Sobieraj,
Alessandra Vassallo
Committente: Namira S.G.R. S.p.A.
Luogo: Arenzano
Programma: residenze
Dimensioni: area di intervento 3.780 mq; sup. costruita 350 mq
Cronologia: 2010 progetto preliminare; 2011 progetto definitivo.

062. Fiera, Messina
Project team: OBR, Silvio Casucci, D'Apollonia
OBR design team: Paolo Brescia, Tommaso Principi,
Andrea Casetto, Yari Marongiu, Izabela Sobieraj
Committente: Autorità Portuale di Messina
Luogo: Messina
Programma: spazi espositivi
Dimensioni: area di intervento 88.000 mq; sup. costruita 12.000 mq
Cronologia: 2010 concorso di progettazione (1° premio) e
masterplan.

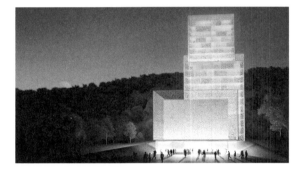

063. YCI Lobby, Genova
OBR design team: Paolo Brescia, Tommaso Principi,
Margherita Menardo
Committente: Yacht Club Italiano
Luogo: Genova
Programma: Lobby Yacht Club Italiano
Dimensioni: area di intervento 50 mq
Cronologia: 2010 progetto preliminare e fine lavori.

064. Shantou University, Shantou
Project team: OBR, Buro Happold
OBR design team: Paolo Brescia, Tommaso Principi,
Alessandro Beggiao, Yu Chaoyin, Yari Marongiu, Stanislaw Mlynski,
Michele Renzini, Riccardo Robustini, Izabela Sobieraj,
Anna Stojcev
Committente: Li Ka Shing Foundation
Luogo: Shantou
Programma: università
Dimensioni: area di intervento 15.000 mq; sup. costruita 18.200 mq
Cronologia: 2010 concorso di progettazione (1° premio) e progetto
preliminare.

065. Cap Sim, Essaouira
Project team: OBR, Buro Happold, MIC Mobility in Chain
OBR design team: Paolo Brescia, Tommaso Principi,
Pauline Renault
Committente: Avere Asset Management S.A.
Luogo: Essaouira
Programma: hotel, teatro, residenze
Dimensioni: area di intervento 300.000 mq
Cronologia: 2010 studio di fattibilità.

066. LH1, London
Project team: OBR, Buro Happold
OBR design team: Paolo Brescia, Tommaso Principi,
Andrea Casetto, Nicola Ragazzini, Giorgia Aurigo, Sidney Bollag,
Gema Parrilla Delgado, Arlind Dervishi, Izabela Sobieraj, Paula Vier
Committente: privato
Luogo: London
Programma: residenza
Dimensioni: area di intervento 384 mq; sup. costruita 423 mq
Cronologia: 2011 progetto preliminare, progetto definitivo e progetto
esecutivo; 2012 fine lavori.

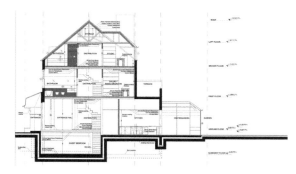

067. LH2, London
Project team: OBR, Buro Happold
OBR design team: Paolo Brescia, Tommaso Principi,
Andrea Casetto, Nicola Ragazzini, Izabela Sobieraj
Committente: privato
Luogo: London
Programma: residenza
Dimensioni: area di intervento 333 mq; sup. costruita 353 mq
Cronologia: 2011 progetto preliminare; 2012 progetto definitivo;
2013 progetto esecutivo; 2014 fine lavori.

068. LH3, London
Project team: OBR, Buro Happold
OBR design team: Paolo Brescia, Tommaso Principi, Andrea
Casetto, Giorgia Aurigo, Gema Parrilla Delgado, Nicola Ragazzini,
Izabela Sobieraj, Paula Vier
Committente: privato
Luogo: London
Programma: residenza
Dimensioni: area di intervento 300 mq; sup. costruita 225 mq
Cronologia: 2011 progetto preliminare, progetto definitivo e progetto
esecutivo; 2013 fine lavori.

069. LH4, London
Project team: OBR, Buro Happold
OBR design team: Paolo Brescia, Tommaso Principi,
Andrea Casetto, Nicola Ragazzini, Izabela Sobieraj
Committente: privato
Luogo: London
Programma: residenza
Dimensioni: area di intervento 175 mq; sup. costruita 374 mq
Cronologia: 2011 progetto preliminare, progetto definitivo e progetto
esecutivo; 2013 fine lavori.

070. Alessandria 2000
OBR design team: Paolo Brescia, Tommaso Principi,
Alessandro Beggiao, Michele Renzini, Riccardo Robustini
Committente: Codelfa S.p.A.
Luogo: Alessandria
Programma: residenze
Dimensioni: area di intervento 20.000 mq; sup. costruita 14.000 mq
Cronologia: 2011 progetto preliminare.

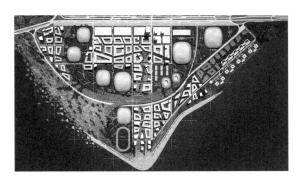

071. History and Science Museum, Dalian
Project team: OBR, Buro Happold, Cultural Innovation,
MIC Mobility in Chain, Studio Tre Architetti Associati, Artiva Design,
Sanhe Environment & Technology
OBR design team: Paolo Brescia, Tommaso Principi,
Andrea Casetto, Jacopo Nori, Yu Chaoyin, Alba Guerrera,
Michele Renzini, Izabela Sobieraj, Angelika Sierpien
Committente: Municipalità di Dalian
Luogo: Dalian
Programma: museo
Dimensioni: area di intervento 110.000 mq; sup. costruita 77.000 mq
Cronologia: 2011 concorso di progettazione (2° premio).

072. Rio 2006 Olympic Park, Rio de Janeiro
Project team: OBR, MKplus, ecoLogicStudio, F&M Ingegneria,
Manens-Tifs, MIC Mobility in Chain, Yellow Office
OBR design team: Paolo Brescia, Tommaso Principi,
Andrea Casetto, Alessandra Bruzzone, Gaia Galvagna, Jacopo Nori,
Michele Renzini, Riccardo Robustini, Angelika Sierpien,
Izabela Sobieraj, Paula Vier
Committente: Municipalità di Rio de Janeiro
Luogo: Rio de Janeiro
Programma: parco olimpico e rigenerazione urbana
Dimensioni: area intervento 1.200.000 mq; sup. costruita 1.180.000 mq
Cronologia: 2011 concorso di progettazione.

073. Centro Sportivo Genoa, Cogoleto
Project team: OBR, Coopsette Soc. Coop.
OBR design team: Paolo Brescia, Tommaso Principi,
Andrea Casetto, Alessandro Beggiao, Alessandra Bruzzone,
Yu Chaoyin, Gaia Galvagna, Yari Marongiu, Pauline Renault,
Michele Renzini
Committente: Genoa Cricket and Football Club
Luogo: Cogoleto
Programma: centro sportivo
Dimensioni: area di intervento 74.000 mq; sup. costruita 9.600 mq
Cronologia: 2011 progetto di fattibilità; 2012 progetto preliminare.

074. Oyko&Baye Plazer, Accra
Project team: OBR
OBR design team: Paolo Brescia, Tommaso Principi, Andrea Casetto
Committente: African Bagg Limited
Luogo: Accra
Programma: residenze
Dimensioni: area di intervento 5.744 mq; sup. costruita 21.986 mq
Cronologia: 2011 progetto preliminare.

075. Royal Ensign, Jaipur

Project team: OBR, MA Architects, Vintech Consulting Engineers,
Ecofirst Services, Ipsita Mahajan
OBR design team: Paolo Brescia, Tommaso Principi,
Andrea Casetto, Roberto Barone, Dario Cavallaro, Giorgio Cucut,
Massimiliano Giberti, Maria Lezhnina, Edoardo Pennazio,
Michele Renzini, Beatrice Ricciulli, Elisa Siffredi, Theresa Wauer
Committente: Satya Prakash Builders Pvt Ltd
Luogo: Jaipur
Programma: residenze
Dimensioni: area di intervento 20.700 mq; sup. costruita 46.000 mq
Cronologia: 2012 studio di fattibilità; 2013 progetto preliminare.

076. Fiera, Aosta
Project team: OBR, Mythos S.c.a.r.l., Tecno Services Vallée d'Aoste
S.r.l., Valerio De Biagi
OBR design team: Paolo Brescia, Tommaso Principi,
Andrea Casetto, Michele Renzini, Elisa Siffredi
Committente: Società Autoporto Valle d'Aosta S.p.A.
Luogo: Aosta
Programma: spazi espositivi
Dimensioni: area di intervento 10.000 mq; sup. costruita 7.000 mq
Cronologia: 2012 concorso di progettazione.

077. Lehariya, Jaipur
Project team: OBR, MA Architects, Buro Happold, Facet,
Vijaytech Consultants, Maddalena D'Alfonso, Antonio Perazzi,
Rajeev Luncad
OBR design team: Paolo Brescia, Tommaso Principi, Ipsita Mahajan,
Ludovico Basharzad, Giovanni Carlucci, Andrea Casetto, Andrea
Debilio, Maria Lezhnina, Gema Parrilla Delgado, Michele Renzini,
Elisa Siffredi, Mikko Tilus, Ludovic Tiollier
Committente: Shri Kalyan Buildmart Pvt Ltd
Luogo: Jaipur
Programma: uffici, hotel, commercio, art gallery
Dimensioni: area di intervento 34.614 mq; sup. costruita 46.864 mq
Cronologia: 2012 progetto preliminare e progetto definitivo;
2016 inizio lavori.

078. Via XX Settembre, Genova
Project team: OBR, Margherita Del Grosso, Openfabric,
Buro Happold, D'Appolonia, Marco Manzitti, Doro Dietz
OBR design team: Paolo Brescia, Tommaso Principi, Andrea
Casetto, Dario Cavallaro, Gema Parrilla Delgado, Michele Renzini,
Elisa Siffredi
Committente: Comune di Genova
Luogo: Genova
Programma: spazio pubblico
Dimensioni: area di intervento 15.000 mq
Cronologia: 2012 concorso di progettazione (1° premio).

079. Floriopoli, Palermo
Project team: OBR, Fabrizio Russo Associati, Yuko Noguchi,
Buro Happold, MIC Mobility in Chain, MAC Group, Openfabric
OBR design team: Paolo Brescia, Tommaso Principi, Andrea
Casetto, Giovanni Carlucci, Arlind Dervishi, Michele Renzini,
Elisa Siffredi, Ludovic Tiollier
Committente: Provincia di Palermo
Luogo: Palermo
Programma: museo
Dimensioni: area di intervento 264.979 mq; sup. costruita 13.000 mq
Cronologia: 2012 concorso di progettazione (2° premio).

080. WOW Science Centre, Genova
Project team: OBR, Porto Antico, Paolo Marini, Antonella Pugno
OBR design team: Paolo Brescia, Tommaso Principi,
Giovanni Carlucci, Maria Lezhnina, Michele Renzini, Elisa Siffredi
Committente: Science Expo Center S.r.l.
Luogo: Genova
Programma: museo
Dimensioni: area di intervento 1.000 mq; sup. costruita 250 mq
Cronologia: 2012 progetto preliminare; 2013 progetto definitivo,
progetto esecutivo e direzione lavori.

081. Waterfront, Çeşme
Project team: OBR, Mimar Sinan Fine Art University
OBR design team: Paolo Brescia, Tommaso Principi,
Giovanni Carlucci, Güldeniz Dağdelen, Puria Kazemi,
Michele Renzini, Elisa Siffredi, Ludovic Tiollier, Mikko Tilus
Committente: Municipality of Çeşme, Chamber of Commerce Izmir
Luogo: Çeşme
Programma: waterfront con auditorium, passeggiata pubblica,
servizi per la balneazione
Dimensioni: area di intervento 106.000 mq; sup. costruita 33.625 mq
Cronologia: 2012 concorso di progettazione (1° premio).

082. Paul Wurth Office, Genova
OBR design team: Paolo Brescia, Tommaso Principi,
Andrea Casetto, Polina Arendarchuk, Giorgio Cucut,
Malgorzata Labedzka, Iñigo Paniego, Nicole Passarella,
Michele Renzini, Elisa Siffredi
Committente: Paul Wurth Italia S.p.A.
Luogo: Genova
Programma: uffici
Dimensioni: area di intervento 450 mq; sup. costruita 7.419 mq
Cronologia: 2012 studio di fattibilità e progetto preliminare.

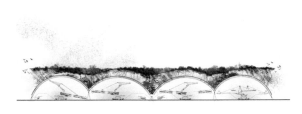

083. Parco Ilva, Taranto
Project team: OBR, Buro Happold
OBR design team: Paolo Brescia, Tommaso Principi,
Andrea Casetto, Dario Cavallaro, Andrea Debilio, Maria Lezhnina,
Michele Renzini, Elisa Siffredi
Committente: Paul Wurth Italia S.p.A.
Luogo: Taranto
Programma: riqualificazione ambientale del parco industriale
Dimensioni: area di intervento 780.000 mq; sup. costruita 300.000 mq
Cronologia: 2012 studio di fattibilità.

084. Saqr Al-Jazira Aviation Museum, Riyad
Project team: OBR, Buro Happold
OBR design team: Paolo Brescia, Tommaso Principi, Ipsita Mahajan
Committente: Cultural Innovation
Luogo: Riyad
Programma: museo
Dimensioni: area di intervento 123.453 mq; sup. costruita 30.000 mq
Cronologia: 2012 progetto preliminare.

085. Cellulæ Danese, Milano
OBR design team: Paolo Brescia, Tommaso Principi,
Andrea Casetto, Dario Cavallaro, Giorgio Cucut, Maria Lezhnina,
Michele Renzini, Elisa Siffredi, Izabela Sobieraj
Committente: Danese Milano
Luogo: Milano
Programma: installazione
Dimensioni: 4 moduli 40 x 40 x 40 cm
Cronologia: 2013 progettazione.

086. Jameel Arts Centre, Dubai
Project team: OBR, Buro Happold, Aubry & Guiguet Programmation,
Ground, Carlotta de Bevilacqua, MIC Mobility in Chain
OBR design team: Paolo Brescia, Tommaso Principi, Elisa Siffredi,
Viola Bentivogli, Dario Cavallaro, Massimiliano Giberti,
Ipsita Mahajan, Lucia Nadalin, Roberta Pari, Mattia Santambrogio
Committente: Abdul Latif Jameel Community Initiatives
Luogo: Dubai
Programma: museo
Dimensioni: area di intervento 25.000 mq; sup. costruita 18.000 mq
Cronologia: 2013 concorso di progettazione (2° premio).

087. Waterfront, Santa Margherita Ligure
Project team: OBR, Carlo Berio, Alessandro Chini, Milan Ingegneria,
United Consulting, Acquatecno, GAD
OBR design team: Paolo Brescia, Tommaso Principi,
Andrea Casetto, Edoardo Allievi, Polina Arendarchuk,
Paola Berlanda, Francesco Cascella, Paride Falcetti,
Malgorzata Labedzka, Michele Marcellino, Iñigo Paniego,
Nicole Passarella, Michele Renzini, Elisa Siffredi, Marianna Volsa,
Giulia Zatti
Committente: Santa Benessere & Social S.p.A.
Luogo: Santa Margherita Ligure
Programma: waterfront con porto, nuova piazza, passeggiata
pubblica, servizi per la balneazione
Dimensioni: area di intervento 178.288 mq; sup. costruita 13.345 mq
Cronologia: 2014 progetto preliminare; 2015 progetto definitivo;
2019 progetto esecutivo.

088. Right to Energy, MAXXI, Roma
Project team: OBR, Articolture, Artiva® Design, Bartolomeo
Mongiardino, Buro Happold, Liraat, Microb&co, Visual Lab
OBR design team: Paolo Brescia, Tommaso Principi, Andrea Debilio,
Viola Bentivogli, Andrea Casetto, Dario Cavallaro, Benedetta Conte,
Maria Lezhnina, Michele Renzini, Elisa Siffredi, Izabela Sobieraj
Committente: MAXXI
Curatore: Pippo Ciorra
Luogo: Roma
Cronologia: 2013 mostra.

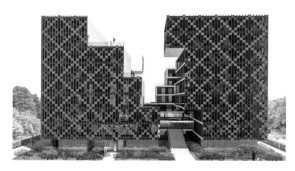

089. ERG Offices, Genova
Project team: OBR, Artiva Design
OBR design team: Paolo Brescia, Tommaso Principi,
Andrea Casetto, Edoardo Allievi, Paola Berlanda, Sidney Bollag,
Francesco Cascella, Teresa Corbin, Chiara Gibertini,
Andrea Malgeri, Elisa Siffredi, Kalliopi Vidrou, Marianna Volsa
Committente: ERG S.p.A.
Luogo: Genova
Programma: uffici
Dimensioni: sup. costruita 290 mq
Cronologia: 2013 progetto preliminare.

090. Baye's Mansion, Accra
Project team: OBR, F&M Ingegneria, CRS Impianti, MSF Engenharia,
Jaime Dourado
OBR design team: Paolo Brescia, Tommaso Principi,
Andrea Casetto, Sidney Bollag, Dario Cavallaro, Teresa Corbin,
Elisa Siffredi
Committente: African Bagg Limited
Luogo: Accra
Programma: residenze
Dimensioni: area di intervento 4.200 mq;
superficie costruita 14.000 mq
Cronologia: 2013 progetto preliminare; 2014 progetto definitivo.

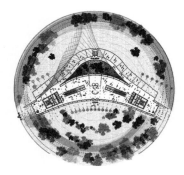

091. Azal Tower, Baku
Project team: OBR, Alans LLC, OAO KB Vips
OBR design team: Paolo Brescia, Tommaso Principi,
Massimiliano Giberti, Dario Cavallaro, Maria Lezhnina,
Michele Renzini, Elisa Siffredi
Committente: AZAL Azerbaycan Hava Yollari
Luogo: Baku
Programma: uffici
Dimensioni: area di intervento 10.000 mq; sup. costruita 33.000 mq
Cronologia: 2013 studio di fattibilità.

092. Generali San Felice, Segrate
Project team: OBR, Manens-Tifs, GAD
OBR design team: Paolo Brescia, Tommaso Principi,
Andrea Casetto, Giorgio Cucut, Gema Parrilla Delgado,
Teresa Wauer
Committente: Generali Real Estate S.p.A.
Luogo: Segrate
Programma: residenze
Dimensioni: area di intervento 32.532 mq; sup. costruita 17.000 mq
Cronologia: 2013 progetto preliminare.

093. Museo Italia, Genova
OBR design team: Paolo Brescia, Tommaso Principi,
Andrea Casetto, Dario Cavallaro, Maria Lezhnina, Michele Renzini,
Elisa Siffredi
Committente: Lanfranco Vaccari, Project Museo Italia
Luogo: Genova
Programma: museo
Dimensioni: area di intervento 26.770 mq; sup. costruita 39.750 mq
Cronologia: 2013 studio di prefattibilità.

094. HOPE City, Accra
Project team: OBR, Adamson Associates, Alinea Consulting,
Buro Happold, Happold Consulting, GAD, ING media,
JB Consulting, MIC Mobility in Chain, Wordsearch
OBR design team: Paolo Brescia, Tommaso Principi,
Andrea Casetto, Dario Cavallaro, Giorgio Cucut, Andrea Debilio,
Maria Lezhnina, Ipsita Mahajan, Iñigo Paniego, Michele Renzini,
Elisa Siffredi
Committente: RLG Communication Ghana Limited
Luogo: Accra
Programma: città di nuova fondazione
Dimensioni: area di intervento 102.000 mq; sup. costruita 1.490.000 mq
Cronologia: 2013 studio di prefattibilità; 2014 masterplan.

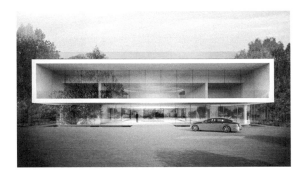

095. Atlantic Tower, Accra
Project team: OBR, Studio Minerbi
OBR design team: Paolo Brescia, Tommaso Principi,
Massimiliano Giberti, Michele Renzini, Elisa Siffredi
Committente: Wahhab Estate Co Ltd
Luogo: Accra
Programma: uffici, hotel, residenze
Dimensioni: area di intervento 3.900 mq; sup. costruita 10.450 mq
Cronologia: 2013 progetto preliminare.

096. Villa Agambire, Accra
Project team: OBR, Studio Minerbi
OBR design team: Paolo Brescia, Tommaso Principi,
Dario Cavallaro, Maria Lezhnina, Beatrice Ricciulli,
Elisa Siffredi
Luogo: Accra
Programma: residenza
Dimensioni: area di intervento 2.160 mq; sup. costruita 3.100 mq
Cronologia: 2013 progetto preliminare.

097. Terrazza Triennale, Milano
Project team: OBR, Milan Ingegneria, Antonio Perazzi,
Buro Happold, Maddalena D'Alfonso, GAD, Francesco Nastasi,
Rossi Bianchi lighting design
OBR design team: Paolo Brescia, Tommaso Principi,
Andrea Casetto, Edoardo Allievi, Sidney Bollag, Francesco Cascella,
Teresa Corbin, Maria Lezhnina, Caterina Malavolti, Giulia Negri,
Cecilia Pastore, Enrico Pinto, Elisa Siffredi
Committente: Triennale di Milano
Luogo: Milano
Programma: padiglione per eventi e ristorante
Dimensioni: area di intervento 620 mq; sup. costruita 350 mq
Cronologia: 2014 concorso di progettazione (1° premio), progetto
preliminare, progetto definitivo e progetto esecutivo; 2015 fine lavori.

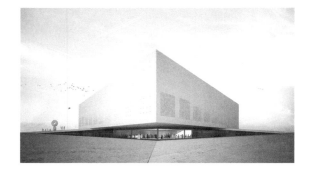

099. Bayt Al Fann Jameel, Jeddah
Project team: OBR, Buro Happold, MIC Mobility in Chain,
Ground Inc., Carlotta de Bevilacqua, Olive Group
OBR design team: Paolo Brescia, Tommaso Principi, Edoardo Allievi,
Giulio Bonadei, Francesco Cascella, Iris Gramegna, Giulio Lanzidei,
Maria Lezhnina, Ipsita Mahajan, Giulia Negri, Cecilia Pastore,
Enrico Pinto, Elisa Siffredi
Committente: Abdul Latif Jameel Community Initiatives
Luogo: Jeddah
Programma: museo
Dimensioni: area di intervento 9.000 mq; sup. costruita 6.800 mq
Cronologia: 2014 concorso di progettazione.

101. Atelier Castello, Milano
Project team: OBR, Maddalena D'Alfonso,
Antonio Perazzi Studio del Paesaggio, Rossella Ferorelli,
Rossella Menegazzo, Ingrid Paoletti, Giacomo Ardesio,
Alessio Crivelli
OBR design team: Paolo Brescia, Tommaso Principi,
Andrea Casetto, Edoardo Allievi, Francesco Cascella,
Maria Lezhnina, Simone Marelli, Giulia Negri, Cecilia Pastore,
Enrico Pinto, Elisa Siffredi
Committente: Comune di Milano
Luogo: Milano
Programma: parco urbano
Dimensioni: area di intervento 15.000 mq
Cronologia: 2014 concorso di progettazione.

098. Michelin HQ & RDI, New Delhi
Project team: OBR, Michel Desvigne Paysagiste, Buro Happold,
Currie & Brown, Masters PMC, Human Project,
MIC Mobility in Chain, Perfect Solution, S. Bajaj & Associates
OBR design team: Paolo Brescia, Tommaso Principi, Ipsita Mahajan,
Elisa Siffredi, Andrea Casetto, Edoardo Allievi, Francesco Cascella,
Teresa Corbin, Iris Gramegna, Emma Greer, Gayatri Joshi,
Giulio Lanzidei, Maria Lezhnina, Giulia Negri, Cecilia Pastore,
Enrico Pinto, Carlotta Poggiaroni, Stella Porta, Ludovic Tiollier
Committente: Michelin Group
Luogo: New Delhi
Programma: uffici e laboratori di ricerca
Dimensioni: area di intervento 55.000 mq; sup. costruita 32.000 m
Cronologia: 2014 concorso di progettazione (1° premio); 2015
progetto preliminare.

100. Boakye Building, Accra
OBR design team: Paolo Brescia, Tommaso Principi,
Dario Cavallaro, Chiara Pongiglione, Michele Renzini, Elisa Siffredi,
Paula Vier
Committente: Westone Limited
Luogo: Accra
Programma: uffici, commercio
Dimensioni: area di intervento 6.000 mq; sup. costruita 7.400
Cronologia: 2014 progetto preliminare.

102. Torrecomune, Milano
Project team: OBR, Maddalena D'Alfonso
OBR design team: Paolo Brescia, Tommaso Principi,
Maria Lezhnina, Nayeon Kim, Giulia Negri, Simone Marelli
Committente: Politecnico di Milano
Mostra "Grattanuvole. Un secolo di grattacieli a Milano"
Curatore: Alessandra Coppa
Luogo: Milano
Cronologia: 2014 mostra.

103. Guggenheim Museum, Helsinki
Project team: OBR, A2BC, Studio Antonio Perazzi,
Cultural Innovations, Gilberto Bonelli, F&M Ingegneria
OBR design team: Paolo Brescia, Tommaso Principi,
Maria Lezhnina, Nayeon Kim, Elisa Siffredi
Committente: Guggenheim Helsinki Supporting Foundation,
Guggenheim Helsinki Association, The Louise and Göran Ehrnrooth
Foundation, Svenska kulturfonden
Luogo: Helsinki
Programma: museo
Dimensioni: area di intervento 18.520 mq; sup. costruita 12.100 mq
Cronologia: 2014 concorso di progettazione.

104. Moscova Design District, Milano
Project team: OBR, GAD
OBR design team: Paolo Brescia, Tommaso Principi,
Andrea Casetto, Edoardo Allievi, Paola Berlanda, Sidney Bollag,
Francesco Cascella, Ahmad Hilal, Marta Nowotarska,
Anais Yahubyan, Elisa Siffredi
Committente: Percassi
Luogo: Milano
Programma: uffici, commercio
Dimensioni: area di intervento 4.787 mq; sup. costruita 24.200 mq
Cronologia: 2015 studio di fattibilità.

105. Jafza Traders Market, Dubai
Project Team: OBR, Aurecon, Plantage B.V.
OBR design team: Paolo Brescia, Tommaso Principi,
Edoardo Allievi, Tamara Akhrameeva, Paola Berlanda,
Sidney Bollag, Francesco Cascella, Irene Cogliano, Chiara Gibertini,
Alessia Girardi, Lisa Henderson, Ipsita Mahajan, Elisa Siffredi,
Panos Tsiamyrtzis, Louise Van Eecke, Kalliopi Vidrou,
Marianna Volsa
Committente: Jebel Ali Free Zone
Luogo: Dubai
Programma: uffici, hotel, commercio, logistica
Dimensioni: area intervento 1.200.000 mq; sup. costruita 2.080.000 mq
Cronologia: 2015 studio di fattibilità; 2017 progetto preliminare.

106. Porto, Sestri Levante
Project Team: OBR, Acquatecno
OBR design team: Paolo Brescia, Tommaso Principi,
Andrea Casetto, Edoardo Allievi, Francesco Cascella,
Panos Tsiamyrtzis, Kalliopi Vidrou
Committente: Comune di Sestri Levante
Luogo: Sestri Levante
Programma: waterfront con porto e passeggiata pubblica
Dimensioni: area di intervento 110.160 mq; sup. costruita 1.600 mq
Cronologia: 2015 studio di fattibilità.

107. Cascina Merlata, Milano
Project team: OBR, Onsitestudio, A2BC, Deerns Italia
OBR design team: Paolo Brescia, Tommaso Principi,
Andrea Casetto, Francesco Cascella, Michele Marcellino,
Panos Tsiamyrtzis, Kalliopi Vidrou
Committente: EuroMilano S.p.A.
Luogo: Milano
Programma: residenze
Dimensioni: area di intervento 15.952 mq; sup. costruita 30.972 mq
Cronologia: 2015 concorso di progettazione.

108. Rari Nantes, Napoli
OBR design team: Paolo Brescia, Tommaso Principi, Edoardo
Allievi, Francesco Cascella, Caterina Malavolti, Tommaso Mennuni,
Elisa Siffredi, Cecilia Unzeta
Committente: Suhaim Al Thani
Luogo: Napoli
Programma: waterfront
Dimensioni: area di intervento 6.500 mq; sup. costruita 850 mq
Cronologia: 2015 progetto preliminare.

109. QEWC Towers, Doha
Project team: OBR, F&M Ingegneria
OBR design team: Paolo Brescia, Tommaso Principi,
Andrea Casetto, Edoardo Allievi, Francesco Cascella,
Maria Lezhnina, Caterina Malavolti, Elisa Siffredi, Marianna Volsa
Committente: Qatar Electricity and Water Company
Luogo: Doha
Programma: uffici
Dimensioni: area di intervento 80.000 mq; sup. costruita 20.000 mq
Cronologia: 2015 progetto preliminare.

110. Villa Darko, Accra
OBR design team: Paolo Brescia, Tommaso Principi,
Francesco Cascella, Caterina Malavolti, Simone Marelli,
Tommaso Mennuni, Elisa Siffredi
Luogo: Accra
Programma: residenziale
Dimensioni: area di intervento 3.900 mq; sup. costruita 1.900 mq
Cronologia: 2015 progetto preliminare.

111. Retail Centre, Douala
Project team: OBR, F&M Ingegneria
OBR design team: Paolo Brescia, Tommaso Principi,
Paola Berlanda, Sidney Bollag, Francesco Cascella, Elisa Siffredi,
Marianna Volsa
Committente: Actis
Luogo: Douala
Programma: commercio
Dimensioni: area di intervento 54.300 mq; sup. costruita 51.500 mq
Cronologia: 2015 progetto preliminare.

112. Villa Al Marzouq, Kuwait
OBR design team: Paolo Brescia, Tommaso Principi,
Paola Berlanda, Francesco Cascella, Chiara Gibertini, Elisa Siffredi,
Louise Van Eecke, Kalliopi Vidrou, Marianna Volsa
Luogo: Madīnat al-Kuwait
Programma: residenza
Dimensioni: area di intervento 2.000 mq; sup. costruita 3.544 mq
Cronologia: 2015 progetto preliminare.

113. Mina Rashid Masterplan, Dubai
Project Team: OBR, Fabmar, Nicolò Reggio, Plantage B.V.
OBR design team: Paolo Brescia, Tommaso Principi,
Sara Abdelsamie, Tamara Akhrameeva, Edoardo Allievi,
Paola Berlanda, Francesco Cascella, Sofya Dolgaya,
Chiara Gibertini, Ipsita Mahajan, Caterina Malavolti,
Tommaso Mennuni, Olesia Saraeva, Elisa Siffredi, Cecilia Unzeta,
Marianna Volsa
Committente: DP World
Luogo: Dubai
Programma: waterfront con terminal crociere, commercio, hotel,
residenze, uffici, moschea
Dimensioni: area intervento 2.708.000 mq; sup. costruita 6.250.000 mq
Cronologia: 2015 studio di fattibilità.

114. MRM, Dubai
Project team: OBR, AGiS Ingegneria, Giorgio Benussi,
Cultural Innovations, Eulabor Institute, Fabmar,
MIC Mobility in Chain, Plantage B.V., Nicolò Reggio,
Studio Tecnico Rotilio
OBR design team: Paolo Brescia, Tommaso Principi,
Sara Abdelsamie, Tamara Akhrameeva, Edoardo Allievi,
Paola Berlanda, Francesco Cascella, Sofya Dolgaya,
Tommaso Mennuni, Olesia Saraeva, Elisa Siffredi, Cecilia Unzeta
Committente: DP World
Luogo: Dubai
Programma: waterfront con marina, servizi per la nautica,
spazi espositivi, logistica
Dimensioni: area di intervento 110.000 mq; sup. costruita 250.000 mq
Cronologia: 2015 progetto preliminare.

115. Archidiversity Design for All, Milano
Project team: OBR, Davide Borsa, Carmelo Caggia, Luigi Di Felice,
Mammafotogramma, KamarinaWeb, Total Tool, Ivan Tresoldi
OBR design team: Paolo Brescia, Tommaso Principi,
Edoardo Allievi, Paola Berlanda, Chiara Cassinari, Chiara Gibertini,
Elisa Siffredi, Giulia Zatti
Committente: Antonio Giuseppe Malafarina
Curatori: Giulio Ceppi, Rodrigo Rodriquez, Luigi Bandini Buti
Luogo: Expo Gate, Milano
Cronologia: 2015 mostra.

116. DP World HQ, Dubai
Project team: OBR, DES Engineering, F&M Ingegneria,
Ramboll Middle East, Transsolar KlimaEngineering
OBR design team: Paolo Brescia, Tommaso Principi,
Edoardo Allievi, Tamara Akhrameeva, Flavia Antonino,
Paola Berlanda, Francesco Cascella, Panos Tsiamyrtzis,
Louise Van Eecke, Marianna Volsa
Committente: DP World
Luogo: Dubai
Programma: uffici
Dimensioni: area di intervento 9.500 mq; sup. costruita 107.800 mq
Cronologia: 2015 progetto preliminare.

117. ERG Offices, Paris
OBR design team: Paolo Brescia, Tommaso Principi,
Andrea Casetto, Edoardo Allievi, Paola Berlanda
Committente: ERG S.p.A.
Luogo: Paris
Programma: uffici
Dimensioni: sup. costruita 295 mq
Cronologia: 2016 progetto preliminare, progetto definitivo, progetto
esecutivo e fine lavori.

118. ERG Centro di Controllo, Terni
OBR design team: Paolo Brescia, Tommaso Principi,
Andrea Casetto, Edoardo Allievi, Paola Berlanda,
Francesco Cascella, Kalliopi Vidrou, Marianna Volsa
Committente: ERG S.p.A.
Luogo: Terni
Programma: uffici
Dimensioni: sup. costruita 175 mq
Cronologia: 2016 progetto preliminare, progetto definitivo e progetto
esecutivo; 2017 fine lavori.

119. ERG Villa Fabrizi, Terni
OBR design team: Paolo Brescia, Tommaso Principi,
Andrea Casetto, Edoardo Allievi, Paola Berlanda, Sidney Bollag,
Francesco Cascella, Irene Cogliano
Committente: ERG S.p.A.
Luogo: Terni
Programma: uffici
Dimensioni: area di intervento 11.000 mq; sup. costruita 1.732 mq
Cronologia: 2016 progetto preliminare.

120. ERG Centrale Galleto, Terni
Project team: OBR, Artiva Design
OBR design team: Paolo Brescia, Tommaso Principi,
Andrea Casetto, Edoardo Allievi, Paola Berlanda,
Francesco Cascella, Chiara Gibertini, Kalliopi Vidrou,
Marianna Volsa
Committente: ERG S.p.A.
Luogo: Terni
Programma: spazi espositivi
Dimensioni: area di intervento 1.300 mq; sup. costruita 540 mq
Cronologia: 2016 progetto preliminare, progetto esecutivo
e fine lavori.

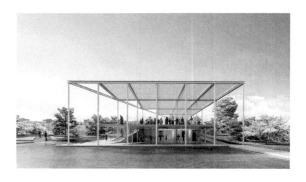

121. Metropolis, Malta
Project team: OBR, Milan Ingegneria, Transsolar KlimaEngineering, Michel Desvigne Paysagiste
OBR design team: Paolo Brescia, Tommaso Principi, Paola Berlanda, Francesco Cascella, Chiara Cassinari, Chiara Gibertini, Joanna Maria Lesna, Manon Lhomme, Elisa Siffredi, Giulia Zatti
Committente: HB Group
Luogo: Malta
Programma: residenze, uffici, commercio, piazza pubblica
Dimensioni: area di intervento 5.600 mq; sup. costruita 72.707 mq
Cronologia: 2016 concorso di progettazione (2° premio).

122. Max Mara, Stabio
Project team: OBR, Intertecno
OBR design team: Paolo Brescia, Tommaso Principi, Andrea Casetto, Paola Berlanda, Francesco Cascella, Chiara Gibertini
Committente: Sequoia Real Estate SA
Luogo: Stabio
Programma: uffici
Dimensioni: area di intervento 6.700 mq; sup. costruita 5.200 mq
Cronologia: 2016 progetto preliminare.

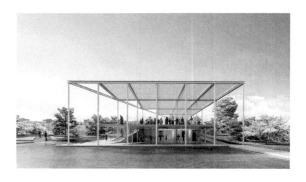

123. Riviera Airport, Albenga
Project team: OBR, Milan Ingegneria
OBR design team: Paolo Brescia, Tommaso Principi, Andrea Casetto, Paola Berlanda, Francesco Cascella, Paride Falcetti, Michele Marcellino, Marianna Volsa
Committente: AVA S.p.A., Clemens Toussaint
Luogo: Villanova d'Albenga
Programma: aeroporto
Dimensioni: area di intervento 915.000 mq; sup. costruita 76.700 mq
Cronologia: 2016 studio di prefattibilità; 2018 progetto preliminare; 2019 progetto definitivo e progetto esecutivo (1° lotto); 2021 fine lavori (1° lotto).

124. Comparto Stazioni, Varese
Project team: OBR, Arcode, Milan Ingegneria, Systematica, Studio Corbellini, Franco Giorgetta, Marco Parmigiani
OBR design team: Paolo Brescia, Tommaso Principi, Andrea Casetto, Anna Graglia, Michele Marcellino, Paola Berlanda, Pietro Blini, Gabriele Boretti, Francesco Cascella, Paride Falcetti, Chiara Gibertini, Nayeon Kim
Committente: Comune di Varese
Luogo: Varese
Programma: parco urbano, passeggiata pubblica, centro diurno, mercato coperto
Dimensioni: area di intervento 48.000 mq; sup. costruita 5.330mq
Cronologia: 2016 concorso di progettazione (1° premio); 2017 progetto preliminare e progetto definitivo; 2018 progetto esecutivo; 2019 inizio lavori.

125. Parco Centrale, Prato
Project team: OBR, Artelia, Michel Desvigne Paysagiste
OBR design team: Paolo Brescia, Tommaso Principi, Paola Berlanda, Francesco Cascella, Andrea Casetto, Paride Falcetti, Chiara Gibertini, Manon Lhomme, Elisa Siffredi, Edita Urbanaviciute, Marianna Volsa
Committente: Comune di Prato
Luogo: Prato
Programma: parco urbano e padiglione pubblico
Dimensioni: area di intervento 33.000 mq; sup. costruita 4.209 mq
Cronologia: 2016 concorso di progettazione (1° premio) e progetto preliminare; 2017 progetto definitivo; 2019 progetto esecutivo.

126. Sports Center, Tenero
Project team: OBR, A2BC
OBR design team: Paolo Brescia, Tommaso Principi, Edoardo Allievi, Anna Graglia, Francesco Cascella, Paride Falcetti
Committente: UFCL Confederazione Svizzera
Luogo: Tenero
Programma: centro sportivo
Dimensioni: area di intervento 104.791 mq; sup. costruita 6.696 mq
Cronologia: 2016 concorso di progettazione.

127. Caserma De Sonnaz, Torino
Project team: OBR, CityO, GAD, GAe Engineering,
Michel Desvigne Paysagiste, Sintecna
OBR design team: Paolo Brescia, Tommaso Principi,
Andrea Casetto, Edoardo Allievi, Paola Berlanda,
Francesco Cascella
Committente: CDP Investimenti SGR S.p.A.
Luogo: Torino
Programma: atelier, didattica, uffici, residenze
Dimensioni: area di intervento 6.275 mq; sup. costruita 16.000 mq
Cronologia: 2016 concorso di progettazione; 2017 progetto
preliminare.

128. Yacht Club Italiano, Portofino
Project team: OBR, Giacomo Bertullo, Valerio Assereto,
Anna Oddino, Enrico Puppo
OBR design team: Paolo Brescia, Tommaso Principi,
Andrea Casetto, Edoardo Allievi, Biancamaria Dall'Aglio,
Paride Falcetti, Michele Marcellino
Committente: Yacht Club Italiano
Luogo: Portofino
Programma: club nautico
Dimensioni: area di intervento 100 mq
Cronologia: 2016 progetto preliminare; 2017 progetto definitivo;
2018 direzione lavori; 2019 fine lavori.

129. PUO A.R.T.E., Quarto
Project team: OBR, Atelier di Architettura,
P&M Planning & Management
OBR design team: Paolo Brescia, Tommaso Principi,
Andrea Casetto, Paola Berlanda, Alice Branchi, Francesco Cascella
Committente: Azienda Regionale Territoriale per l'Edilizia della
Provincia di Genova
Luogo: Quarto
Programma: riuso polifunzionale, residenze
Dimensioni: area di intervento 73.793 mq; sup. costruita mq 6.501 mq
Cronologia: 2016 progetto preliminare e PUO.

130. Via Anzani 7, Milano
OBR design team: Paolo Brescia, Tommaso Principi, Simona Oberti,
Sidney Bollag
Committenti: Beatrice Masi e Giampiero Miccoli
Luogo: Milano
Programma: residenza
Dimensioni: sup. costruita 170 mq
Cronologia: 2016 progetto preliminare, progetto definitivo e progetto
esecutivo; 2017 fine lavori.

131. Complesso Sant'Agostino, Genova
Project team: OBR, GAD, Manens-Tifs, Milan Ingegneria,
PM Ingegneria
OBR design team: Paolo Brescia, Tommaso Principi,
Andrea Casetto, Edoardo Allievi, Paola Berlanda, Gabriele Boretti,
Francesco Cascella, Riccardo De Vincenzo, Chiara Gibertini,
Zeinab Hassani, Nayeon Kim, Francesco Tiné, Nika Titova,
Victoria Tverdokhlib, Edita Urbanaviciute, Mariana Volsa
Committente: Fondazione Bruschettini per l'Arte Islamica e Asiatica
Luogo: Genova
Programma: museo
Dimensioni: area di intervento 4.600 mq
Cronologia: 2017 progetto preliminare.

132. Stadio Calcio, Pisa
Project team: OBR, Scau, Arup Italia, Carlo Cocchi, Systematica
OBR design team: Paolo Brescia, Tommaso Principi,
Andrea Casetto, Paola Berlanda, Francesco Cascella,
Chiara Gibertini, Anna Graglia, Ipsita Mahajan, Simona Oberti
Committente: Innovation Real Estate (IRE)
Luogo: Pisa
Programma: arena sportiva, commercio, ristorante, museo
Dimensioni: area di intervento 24.300 mq; sup. costruita 12.504 mq
Cronologia: 2017 concorso di progettazione (2° premio) e progetto
preliminare.

133. Noah Ethnographic District, Yerevan
Project team: OBR, Arup
OBR design team: Paolo Brescia, Tommaso Principi,
Paola Berlanda, Francesco Cascella, John Sedhom
Committente: Municipalità di Yerevan
Luogo: Yerevan
Programma: centro etnografico
Dimensioni: area di intervento 100.000 mq
Cronologia: 2017 studio di prefattibilità.

134. Piazza del Vento, Genova
Project team: OBR, Artkademy, Enter Studio, Matteo Orlandi
Architettura, Roberto Pugliese, Rina Consulting, Valter Scelsi,
Ivan Tresoldi
OBR design team: Paolo Brescia, Tommaso Principi,
Edoardo Allievi, Paola Berlanda, Gabriele Boretti,
Francesco Cascella, Andrea Casetto, Biancamaria Dall'Aglio,
Riccardo De Vincenzo, Paride Falcetti, Chiara Gibertini,
Alessio Granata, Lisa Henderson, Martina Mongiardino
Committente: I Saloni Nautici S.r.l.
Luogo: Genova
Programma: installazione urbana
Dimensioni: area di intervento 500 mq; sup. costruita 500 mq
Cronologia: 2017 progetto preliminare, progetto esecutivo e fine
lavori.

135. Bucharest Multiuse Complex, Teheran
Project team: OBR, Artelia
OBR design team: Paolo Brescia, Tommaso Principi,
Edoardo Allievi, Biancamaria Dall'Aglio, Giulia D'Angeli, Nayeon Kim,
Derya Murali
Committente: Mehdi Kardan, Artelia S.p.A.
Luogo: Teheran
Programma: uffici, commercio
Dimensioni: area di intervento 1.807 mq; sup. costruita 28.366 mq
Cronologia: 2017 progetto preliminare; 2018 direzione artistica
progetto esecutivo; 2021 inizio lavori.

136. Elahiyeh Multiuse Complex, Teheran
Project team: OBR, Artelia
OBR design team: Paolo Brescia, Tommaso Principi,
Edoardo Allievi, Biancamaria Dall'Aglio, Giulia D'Angeli,
Ksenia Gritsenko, Nayeon Kim,
Derya Murali
Committente: Mehdi Kardan
Luogo: Teheran
Programma: uffici, commercio
Dimensioni: area di intervento 1.473 mq; sup. costruita 20.615 mq
Cronologia: 2017 progetto preliminare; 2018 direzione artistica
progetto esecutivo.

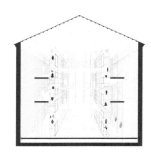

137. Ex Caserma Sani, Bologna
Project Team: OBR, Deerns Italia, Giuseppe Marinoni,
Nier Ingegneria, Marco Parmigiani
OBR design team: Paolo Brescia, Tommaso Principi,
Andrea Casetto, Edoardo Allievi, Paola Berlanda, Gabriele Boretti,
Francesco Cascella, Chiara Gibertini
Committente: CDP Investimenti SGR S.p.A.
Luogo: Bologna
Programma: parco urbano, residenze, uffici, scuola, servizi pubblici
Dimensioni: area di intervento 105.540 mq; sup. costruita 53.423 mq
Cronologia: 2017 concorso (2° premio).

138. Museo d'Arte Orientale, Venezia
Project team: OBR, APML, Eugenio Vassallo, Milan Ingegneria,
Manens-Tifs
OBR design team: Paolo Brescia, Tommaso Principi,
Paola Berlanda, Chiara Gibertini, Lisa Henderson
Committente: Invitalia
Luogo: Venezia
Programma: museo
Dimensioni: area di intervento 822 mq
Cronologia: 2017 concorso (1° premio).

139. Bassi Business Park, Milano
Project team: OBR, Favero & Milan Ingegneria, GAe Engineering,
Jacobs Italia, Openfabric
OBR design team: Paolo Brescia, Tommaso Principi,
Andrea Casetto, Maria Bottani, Francesco Cascella, Giulia D'Angeli,
Biancamaria Dall'Aglio, Giorgia De Simone, Paolo Dolceamore,
Francesca Fiormonte
Committente: Generali Real Estate SGR S.p.A.
Luogo: Milano
Programma: uffici
Dimensioni: area di intervento 19.700 mq; sup. costruita 56.000 mq
Cronologia: 2017 studio di prefattibilità; 2018 progetto preliminare e
progetto definitivo; 2019 direzione artistica progetto esecutivo; 2020
inizio lavori; 2021 fine lavori (lotti 1 e 2); 2022 inizio lavori (lotto 3);
2023 inizio lavori (lotto 4).

140. Ex Aura Nervi, Genova
Project team: OBR, Ariatta Ingegneria dei Sistemi, Dodi Moss,
Studio Lybra, Milan Ingegneria, P&M Ingegneria,
Ferrara Palladino lightscape, Ettore Zauli
OBR design team: Paolo Brescia, Tommaso Principi,
Michele Marcellino, Edoardo Allievi, Sebastiano Beni, Pietro Blini,
Nicola Clivati, Biancamaria Dall'Aglio, Maria Elena Garzoni,
Anna Graglia, Andrea Guazzotti, Cristina Testa
Committente: Roseto S.r.l.
Luogo: Genova
Programma: centro sportivo e residenze
Dimensioni: area di intervento 13.860 mq; sup. costruita 21.957 mq
Cronologia: 2019 progetto preliminare e PUO; 2020 progetto
definitivo; 2021 progetto esecutivo, 2022 inizio lavori.

141. Via Delle Orsole, Milano
Project team: OBR, Calzoni architetti, ESA engineering
OBR design team: Paolo Brescia, Tommaso Principi,
Paola Berlanda, Giulia d'Angeli
Committente: Camera di Commercio Milano Monza-Brianza Lodi
Luogo: Milano
Programma: uffici, residenze, commercio
Dimensioni: area di intervento 1.000 mq; area edificata 5.500 mq
Cronologia: 2018 concorso di progettazione.

142. San Senatore, Milano
Project team: OBR, Simona Oberti
OBR design team: Paolo Brescia, Tommaso Principi, Paride Falcetti
Committente: privato
Luogo: Milano
Programma: residenza
Dimensioni: area di intervento 400 mq; sup. costruita 250 mq
Cronologia: 2018 progetto preliminare, progetto definitivo e progetto
esecutivo; 2019 fine lavori.

143. Waterfront, Sanremo
Project team: OBR, GAD, Systematica, Studio Legale Gerbi Massa,
Luca Tarantino
OBR design team: Paolo Brescia, Tommaso Principi,
Andrea Casetto, Paola Berlanda, Francesco Cascella,
Michele Marcellino, Nayeon Kim, Giulia d'Angeli
Committente: Portosole C.N.I.S. S.r.l.
Luogo: Sanremo
Programma: porto urbano, passeggiata pubblica, servizi per la
balneazione
Dimensioni: area di intervento 256.374 mq; sup. costruita 7.373 mq
Cronologia: 2018 progetto preliminare.

144. Waterfront, Ventimiglia
Project team: OBR, Marco Abbo, Studio Alborno Architetti,
Arup Italia, Andrea Diana, Guido Inzaghi, Cristina Loiaconi,
Perelli Consulting, Savills Investment Management
OBR design team: Paolo Brescia, Tommaso Principi,
Edoardo Allievi, Biancamaria D'Aglio, Nayeon Kim
Committente: CFR S.r.l.
Luogo: Ventimiglia
Programma: parco urbano, spazi pubblici, residenze, hotel,
commercio
Dimensioni: area di intervento 60.000 mq; sup. costruita 53.610 mq
Cronologia: 2018 studio di prefattibilità.

145. Deka Pirelli 35, Milano
Project team: OBR, Ariatta Ingegneria dei Sistemi, BMS Progetti,
Faces Engineering, GAe Engineering, Logica: architettura,
Openfabric, Systematica, Transsolar KlimaEngineering
OBR design team: Paolo Brescia, Tommaso Principi,
Andrea Casetto, Paola Berlanda, Francesco Cascella,
Giulia d'Angeli, Biancamaria Dall'Aglio, Chiara Gibertini,
Nayeon Kim, Chiara Gibertini, Michele Marcellino
Committente: Deka Immobilien Investment GmbH
Luogo: Milano
Programma: uffici
Dimensioni: area di intervento 6.936 mq; sup. costruita 45.173 mq
Cronologia: 2018 concorso (1° premio), progetto preliminare e
definitivo.

146. Corso Europa 799, Genova
Project team: OBR, P&M Ingegneria
OBR design team: Paolo Brescia, Tommaso Principi,
Andrea Casetto, Paride Falcetti, Anna Graglia, Andrea Guazzotti,
Michele Marcellino, Maddalena Felis
Committente: Mauro Faccenda
Luogo: Genova
Programma: uffici
Dimensioni: area di intervento 1.325 mq; sup. costruita 1.140 mq
Cronologia: 2018 progetto preliminare e progetto definitivo;
2019 progetto esecutivo; 2022 fine lavori.

147. Museo Mitoraj, Pietrasanta
Project team: OBR, Politecnica, Studio Lumine
OBR design team: Paolo Brescia, Tommaso Principi,
Paola Berlanda, Diego Ballini, Andrea Casetto, Francesco Cascella,
Lorenzo Mellone, Carlo Rivi, Marco Tedesco, Nina Tescari,
Cristina Testa
Committente: Comune di Pietrasanta
Luogo: Pietrasanta
Programma: museo
Dimensioni: area di intervento 6.128 mq; sup. costruita 3.643 mq
Cronologia: 2018 concorso di progettazione (1° premio) e progetto
preliminare; 2019 progetto definitivo e progetto esecutivo;
2022 inizio lavori.

148. Campus Unimore, Modena
Project team: OBR, Openfabric, Politecnica
OBR design team: Paolo Brescia, Tommaso Principi,
Edoardo Allievi, Sebastiano Beni, Paola Berlanda, Andrea Casetto,
Maria Elena Garzoni, Michele Marcellino, Cristina Testa,
Daria Trovato, Anna Veronese
Committente: Unimore Università degli Studi di Modena e
Reggio Emilia
Luogo: Modena
Programma: università
Dimensioni: area di intervento 1.300 mq; sup. costruita 2.946 mq
Cronologia: 2018 concorso di progettazione (1° premio); 2019
progetto preliminare e progetto definitivo; 2020 progetto esecutivo;
2021 inizio lavori.

149. Campus Piave Futura, Padova
Project team: OBR, Arup, GAD, Openfabric,
Studio Tecnico Zangheri & Basso, Systematica
OBR design team: Paolo Brescia, Tommaso Principi,
Edoardo Allievi, Sebastiano Beni, Paola Berlanda,
Francesco Cascella, Cristina Testa
Committente: Università degli Studi di Padova
Luogo: Padova
Programma: università
Dimensioni: area di intervento 51.989 mq; sup. costruita 50.366 mq
Cronologia: 2019 concorso di progettazione (2° premio).

150. Anthropolis, Milano
Project team: OBR, Fresh, Ariatta Ingegneria dei Sistemi,
Le Sommer Environment, Openfabric, Starching
OBR design team: Paolo Brescia, Tommaso Principi,
Edoardo Allievi, Nayeon Kim
Committenti: Dompé Holdings S.r.l., InvestiRE SGR
Luogo: Milano
Programma: studentato
Dimensioni: area di intervento 4.942 mq; sup. costruita 10.885 mq
Cronologia: 2018 progetto preliminare.

151. Palazzo Italia, Como
Project team: OBR, GAD, Milan Ingegneria, Tekser
OBR design team: Paolo Brescia, Tommaso Principi,
Andrea Casetto, Ipsita Mahajan, Simona Oberti, Paola Berlanda,
Francesco Cascella, Biancamaria Dall'Aglio, Giulia D'Angeli,
Paride Falcetti, Chiara Gibertini, Anna Graglia, Nayeon Kim,
Michele Marcellino, Cristina Testa, Anna Veronese
Committente: Lolea S.r.l.
Luogo: Como
Programma: residenze e commercio
Dimensioni: area di intervento 12.000 mq; sup. costruita 12.000 mq
Cronologia: 2019 progetto preliminare.

152. Museo del Mare, Trieste
Project team: OBR, F&M Ingegneria, Manens-Tifs,
Metroarea Architetti Associati
OBR design team: Paolo Brescia, Tommaso Principi,
Edoardo Allievi, Chiara Gibertini, Francesco Cascella
Committente: Comune di Trieste
Luogo: Trieste
Programma: museo
Dimensioni: area di intervento 2.107 mq; sup. costruita 10.500 mq
Cronologia: 2019 concorso di progettazione.

153. Fincantieri, Ancona
Project team: OBR, Studio Zoppi ingegneria & Associati
OBR design team: Paolo Brescia, Tommaso Principi,
Edoardo Allievi, Francesco Cascella
Committente: Fincantieri
Luogo: Ancona
Programma: servizi di supporto
Dimensioni: area di intervento 8.910 mq; sup. costruita 6.300 mq
Cronologia: 2019 progetto preliminare.

154. PGI Polo Gioielleria Italia, Torino
Project team: OBR, Logica: architettura, Logica: ingegneria
OBR design team: Paolo Brescia, Tommaso Principi,
Andrea Casetto, Francesco Cascella, Paola Berlanda,
Giulia D'Angeli, Paolo Dolceamore, Paolo Fang
Committente: PGI S.p.A.
Luogo: Torino
Programma: uffici e laboratorio
Dimensioni: area di intervento 15.000 mq; sup. costruita 10.000 mq
Cronologia: 2019 progetto preliminare; 2020 progetto definitivo;
2021 progetto esecutivo e inizio lavori; 2023 fine lavori.

155. Nautilus, Varazze
Project team: OBR, Giancarlo Cerisola, Luigi Piscitelli
OBR design team: Paolo Brescia, Tommaso Principi,
Andrea Casetto, Maria Elena Garzoni, Michele Marcellino
Committente: La Ducale S.p.A.
Luogo: Varazze
Programma: servizi per la balneazione, centro turistico extra
alberghiero
Dimensioni: area di intervento 12.330 mq; sup. costruita 7.275 mq
Cronologia: 2019 studio di prefattibilità.

156. Piazza Herbert Kilpin, Milano
Project team: OBR, Artkademy, Ivan Tresoldi
OBR design team: Paolo Brescia, Tommaso Principi,
Edoardo Allievi, Francesco Cascella
Committente: A.C. Milan
Luogo: Milano
Programma: installazione pubblica
Dimensioni: area di intervento 100 mq
Cronologia: 2019 progetto preliminare.

157. Turtle Rock, Ulaanbaatar
Project Team: OBR, GAD, SCE Project, Davide Friso
OBR design team: Paolo Brescia, Tommaso Principi,
Simona Oberti, Attilio Bonelli, Francesco Cascella,
Biancamaria Dall'Aglio, Francesco Maria Fratini, Anna Graglia,
Nayeon Kim
Committente: Mabetex Group
Luogo: Ulaanbaatar
Programma: hotel, commercio
Dimensioni: area di intervento 126.568 mq; sup. costruita 35.007 mq
Cronologia: 2019 studio di prefattibilità; 2020 progetto preliminare.

158. Area Flaminio, Roma
Project team: OBR, Populous, Maffeis Engineering, Tekne,
Michel Desvigne Paysagiste, Systematica, Gehl Architects, GAD,
Marzia Marandola, Rita Paris
OBR design team: Paolo Brescia e Tommaso Principi,
Edoardo Allievi, Paola Berlanda, Andrea Casetto, Nicola Clivati,
Lorenzo Mellone, Marco Tedesco, Giulia Todeschini
Committente: CDP Immobiliare S.r.l., Istituto per il Credito Sportivo
Luogo: Roma
Programma: parco dello sport
Dimensioni: area di intervento 198.164 mq; sup. costruita 37.690 mq
Cronologia: 2023 progetto di fattibilità tecnico-economica;
2020 concorso di idee (1° premio).

159. Rotonda della Besana, Milano
Project team: OBR, Rossi Bianchi lighting design, Andrea Bonomi,
GAe Engineering
OBR design team: Paolo Brescia, Tommaso Principi, Simona Oberti,
Biancamaria Dall'Aglio, Francesco Cascella, Francesco Maria Fratini,
Anna Graglia, Marco Tedesco
Committente: Rotonda S.r.l.
Luogo: Milano
Programma: caffetteria
Dimensioni: area di intervento 880 mq; sup.e costruita 363 mq
Cronologia: 2020 progetto preliminare; 2021 progetto definitivo e
progetto esecutivo; 2022 fine lavori.

160. Museo di Storia Naturale, Milano
Project team: OBR, Milan Ingegneria, Tekser, GAe Engineering, GAD
OBR design team: Paolo Brescia, Tommaso Principi, Simona Oberti,
Edoardo Allievi, Francesco Cascella, Biancamaria Dall'Aglio,
Paolo Fang, Francesco Maria Fratini, Nayeon Kim
Committente: First Atlantic Real Estate S.r.l.
Luogo: Milano
Programma: ristorante, bookshop
Dimensioni: area di intervento 970 mq; sup. costruita 693 mq
Cronologia: 2020 progetto preliminare.

161. Residenza privata, Portofino
OBR design team: Paolo Brescia, Tommaso Principi,
Biancamaria Dall'Aglio, Francesco Cascella, Francesco Maria Fratini,
Marco Tedesco
Committente: privato
Luogo: Portofino
Programma: residenza
Dimensioni: area di intervento 100 mq
Cronologia: 2020 progetto preliminare, progetto definitivo e
progetto esecutivo, 2021 fine lavori.

162. MIND Innovation Hub, Milano
Project team: OBR, BMS Progetti, Deerns Italia, GAe Engineering,
GAD
OBR design team: Paolo Brescia, Tommaso Principi,
Paola Berlanda, Sara Bianco, Francesco Cascella, Andrea Casetto,
Amr Elhadari, Chiara Gibertini, Luca Marcotullio, Giorgia Marigo,
Simona Oberti, Federico Salvalaio, Giulia Todeschini
Committente: Lendlease S.r.l.
Luogo: Milano
Programma: uffici, coworking, commercio
Dimensioni: area di intervento 7.871 mq; sup. costruita 10.868 mq
Cronologia: 2020 concorso di progettazione (1° premio);
2021 progetto preliminare e progetto definitivo; 2022 progetto
esecutivo.

163. PUO Waterfront di Levante, Genova
Project team: OBR, Starching, MIC Mobility in Chain
OBR design team: Paolo Brescia, Tommaso Principi,
Edoardo Allievi, Francesco Cascella, Giulia D'Angeli
Committente: CDS Holding S.p.A.
Luogo: Genova
Programma: residenze, studentato, uffici, commercio, servizi
pubblici, arena sportiva, parco urbano, passeggiata pubblica
Dimensioni: area di intervento 122.000 mq; sup. costruita 113.000 mq
Cronologia: 2020 piano urbanistico attuativo.

164. Padiglione S, Genova
Project team: OBR, Starching, AG&P greenscape,
MIC Mobility in Chain
OBR design team: Paolo Brescia, Tommaso Principi,
Edoardo Allievi, Francesco Cascella, Giulia D'Angeli, Paolo Fang,
Maddalena Felis, Giorgia Marigo,
Committente: CDS Holding S.p.A.
Luogo: Genova
Programma: arena sportiva, commercio, parco urbano, passeggiata
pubblica
Dimensioni: area di intervento 40.000 mq; sup. costruita 53.000 mq
Cronologia: 2020 progetto preliminare e progetto definitivo; 2021
direzione artistica progetto esecutivo; 2022 inizio lavori.

165. Waterfront di Levante, Genova
Project team: RPBW, OBR, Starching, AG&P greenscape
OBR design team: Paolo Brescia, Tommaso Principi, Edoardo
Allievi, Paolo Dolceamore, Paolo Fang, Maddalena Felis, Chiara
Gibertini, Michele Marcellino, Luca Marcotullio, Giorgia Marigo,
Lorenzo Mellone, Silvia Pellizzari
Committente: CDS Waterfront Genova S.r.l.
Luogo: Genova
Programma: residenze, studentato, uffici, servizi pubblici,
parco urbano, passeggiata pubblica
Dimensioni: area di intervento 122.000 mq; sup. costruita 60.000 mq
Cronologia: 2020 progetto preliminare; 2021 progetto definitivo
(lotto 3); 2022 progetto esecutivo e inizio lavori (lotto 3).

166. Nuovo Paesaggio Bagnoli, Napoli
Project team: OBR, Landworks Studio, Aidna, Ar Project,
Carlo Gasparrini, Geomed, In.Co.Se.T., Ingema, Iniziativa Cube,
Lab.I.R.Int. Architettura, Singena, Rino Boriello, Silvia Capasso,
Mariarosaria Giuliano, Ernesto Ortega De Luna, Michele Candela,
Valeria D'Ambrosio, Giovanna Ferramosca, Mario Losasso,
Enrica Morlicchio, Francesco Stefano Sammarco
OBR design team: Paolo Brescia, Tommaso Principi,
Giacomo Ambrosini, Gaia Calegari, Giulia Todeschini
Committente: Invitalia S.p.A.
Luogo: Napoli
Programma: waterfront con giardini tematici, residenze, servizi per
la balneazione, parco dello sport
Dimensioni: area intervento 236.890.000 mq; sup. costruita 536.000 mq
Cronologia: 2020 concorso di progettazione.

167. Monte Rosa 93, Milano
Project team: OBR, Ariatta Ingegneria dei Sistemi, BMS Progetti,
Faces Engineering, GAD, GAe Engineering, 3-im
OBR design team: Paolo Brescia, Tommaso Principi,
Andrea Casetto, Paola Berlanda, Francesco Cascella,
Chiara Gibertini, Giulia Todeschini
Committente: COIMA Res S.p.A. SIIQ
Luogo: Milano
Programma: uffici
Dimensioni: area di intervento 9.515 mq; sup. costruita 25.967 mq
Cronologia: 2020 concorso di progettazione.

168. Tocqueville 13, Milano
Project team: OBR, CEAS, ESA, GAD, GAe Engineering
OBR design team: Paolo Brescia, Tommaso Principi,
Andrea Casetto, Mariagrazia Acconciamessa, Pietro Blini, Paolo
Dolceamore, Giacomo Ambrosini, Paola Berlanda, Francesco
Cascella,
Chiara Gibertini, Michele Marcellino, Giulia Todeschini
Committente: COIMA Res SIIQ
Luogo: Milano
Programma: uffici, commercio
Dimensioni: area di intervento 3.928 mq; sup. costruita 15.876 mq
Cronologia: 2020 concorso di progettazione (1° premio);
2021 progetto preliminare; 2022 progetto definitivo.

169. Porta Nuova 19, Milano
Project team: OBR, BMS Progetti, ESA, Openfabric
OBR design team: Paolo Brescia, Tommaso Principi, Carlo Rivi,
Giacomo Ambrosini, Chiara Gibertini, Carlotta Pellegrini,
Giulia Todeschini
Committente: Kryalos SGR S.p.A.
Luogo: Milano
Programma: uffici
Dimensioni: area di intervento 5.600 mq; sup. costruita 28.800 mq
Cronologia: 2020 concorso di progettazione.

170. Waterfront, Chiavari
Project team: OBR, AG&P greenscape
OBR design team: Paolo Brescia, Tommaso Principi,
Edoardo Allievi, Maddalena Felis, Michele Marcellino,
Giorgia Marigo, Silvia Pellizzari
Committente: Comune di Chiavari
Luogo: Chiavari
Programma: parco urbano, passeggiata pubblica
Dimensioni: area di intervento 48.000 mq
Cronologia: 2020 studio di prefattibilità.

171. Palazzo Galliera, Genova
Project team: OBR, CityO, Università degli Studi di Genova,
Stefano Musso, Planning & Management
OBR design team: Paolo Brescia, Tommaso Principi, Silvia Pellizzari,
Aaryaman Maithel, Michele Marcellino
Committente: Spim Genova S.p.A.
Luogo: Genova
Programma: residenze
Dimensioni: area intervento 3.650 mq (sup. lorda); 708 mq (sup. coperta)
Cronologia: 2020 studio di prefattibilità.

172. Piazza Giosuè Carducci, Pietrasanta
Project team: OBR, Carlo Rivi, Rossi Bianchi lighting design
OBR design team: Paolo Brescia, Tommaso Principi,
Edoardo Allievi, Nicola Clivati, Lorenzo Mellone
Committente: Comune di Pietrasanta
Luogo: Pietrasanta
Programma: piazza pubblica
Dimensioni: area di intervento 2.700 mq
Cronologia: 2020 progetto preliminare, progetto definitivo e
progetto esecutivo; 2021 fine lavori.

173. Residenza Via Turati, Milano
Project team: OBR, Faces Engineering, Andrea Bonomi
OBR design team: Paolo Brescia, Tommaso Principi,
Biancamaria Dall'Aglio, Marco Tedesco, Francesco Maria Fratini
Luogo: Milano
Committente: Privato
Programma: residenza
Dimensioni: sup. costruita 449 mq
Cronologia: 2020 progetto preliminare; 2021 progetto definitivo;
2022 progetto esecutivo e inizio lavori.

174. MIND CoSo, Milano
Project team: OBR, Deerns Italia, BMS Progetti, GAe, GAD
OBR design team: Paolo Brescia, Tommaso Principi,
Paola Berlanda, Sara Bianco, Luca Marcotullio, Giorgia Marigo,
Committente: Lendlease S.r.l.
Luogo: Milano
Programma: auditorium, commercio, uffici, palestra, clinica
Dimensioni: area di intervento 2.581 mq; sup. costruita 4.100 mq
Cronologia: 2021 concorso di progettazione (1° premio); 2022
progetto preliminare.

175. Casa Vela, Genova
Project team: OBR, Ariatta Ingegneria dei Sistemi, Milan Ingegneria, GAD, Geologo Debellis
OBR design team: Paolo Brescia, Tommaso Principi, Edoardo Allievi, Ludovico Basharzad, Viola Bentivogli, Pietro Blini, Gaia Calegari, Francesco Cascella, Andrea Casetto, Luigi Di Marino, Paolo Dolceamore, Giacomo Fabbrica, Paolo Fang, Maddalena Felis, Aaryaman Maithel, Michele Marcellino, Luca Marcotullio, Giorgia Marigo, Clemente Nativi, Giulia Ragazzi, Silvia Pellizzari
Committente: Comune di Genova, Porto Antico di Genova S.p.A.
Luogo: Genova
Programma: Centro Federale FIV, passeggiata pubblica
Dimensioni: area di intervento 15.000 mq; sup. costruita 2.400 mq
Cronologia: 2021 studio di prefattibilità; 2022 progetto preliminare; 2023 progetto di fattibilità tecnico-economica.

176. Casa BFF, Milano
Project team: OBR, CEAS, Deerns Italia, GAe, GAD
OBR design team: Paolo Brescia, Tommaso Principi, Andrea Casetto, Mariagrazia Acconciamessa, Biancamaria Dall'Aglio, Hadrien Delanglade, Paolo Dolceamore, Federico Iannarone, Giorgia Marigo
Committente: BFF Bank S.p.A.
Luogo: Milano
Programma: uffici, museo
Dimensioni: area di intervento 3.100 mq; sup. costruita 17.500 mq
Cronologia: 2021 concorso di progettazione (1° premio), 2022 progetto preliminare, definitivo, esecutivo, 2023 inizio lavori.

177. Centro Culturale Fondazione Tassara MITA, Brescia
Project team: OBR, GAD, Lombardini22
OBR design team: Paolo Brescia, Tommaso Principi, Andrea Casetto, Edoardo Allievi, Pietro Blini, Biancamaria Dall'Aglio, Paolo Dolceamore, Maddalena Felis, Francesco Maria Fratini, Giorgia Marigo, Marco Tedesco, Silvia Pellizzari, Giulia Todeschini
Committente: MITA S.r.l. Impresa Sociale
Luogo: Brescia
Programma: centro culturale, spazio espositivo
Dimensioni: area di intervento 1.346 mq; sup. costruita 969 mq
Cronologia: 2021 studio di prefattibilità; 2022 progetto preliminare, definitivo, esecutivo, inizio lavori.

178. Riva Trigoso, Sestri Levante
Project team: OBR, Giovanni Glorialanza, Caarpa Architettura Paesaggio, Codda Ingegneria di Matteo Codda, Studio Faletti-Zenucchi
OBR design team: Paolo Brescia, Tommaso Principi, Edoardo Allievi, Maddalena Felis, Giorgia Marigo
Committente: Comune di Sestri Levante
Luogo: Sestri Levante
Programma: Waterfront
Dimensioni: area di intervento 8.500 mq
Cronologia: 2022 progetto preliminare, progetto definitivo, progetto esecutivo.

179. Brenta 24, Milano
Project team: OBR, Antonio Rognoni, Legnano Project System, Studio tecnico Fumagalli, Lybra Ambiente e Geologia, GAe, Torrani Incorvai
OBR design team: Paolo Brescia, Tommaso Principi, Andrea Casetto, Ludovico Basharzad, Biancamaria Dall'Aglio, Maddalena Felis, Michele Marcellino, Giorgia Marigo
Committente: Setha Group
Luogo: Milano
Programma: residenze
Dimensioni: area di intervento 2.068 mq; sup. costruita 3.501 mq
Cronologia: 2022 progetto preliminare e progetto definitivo.

180. Riqualificazione Area ex Enichem, Sesto San Giovanni
Project team: OBR, Esa Engineering, GAe
OBR design team: Tommaso Principi, Paolo Brescia, Andrea Casetto, Michele Marcellino, Clemente Nativi
Committente: Sesto 2022 S.r.l.
Luogo: Sesto San Giovanni
Programma: residenze, commercio, parcheggio pubblico di interscambio
Dimensioni: area di intervento 15.787 mq; sup. costruita 14.404 mq
Cronologia: 2022 progetto preliminare.

Biografie
Bibliografia
Crediti

Biografie

Georges Amar

Ingegnere, scrittore, artista, Georges Amar si occupa di *prospective* ed è esperto di mobilità urbana. È ricercatore associato presso l'École des Mines di Parigi nella cattedra *Théories et Méthodes de la Conception innovante*. Ha diretto la sezione Prospective della RATP (Régie autonome des transports parisiens) ed è co-fondatore del Centre géopoétique de Paris. È autore di: *Homo Mobilis*; *Aimer le futur, une poétique de l'inconnu*; *Ars Mobilis*; *Mobilités urbaines*; *Subitement: voir*; *Art poétique élémentaire*; *L'Inde danse*; *Manhattan et autres poèmes urbains*; *Ville et géopoétique*; *Le génie de la marche*. Ha inoltre contribuito a pubblicazioni collettive con numerosi articoli, tra cui: "Pour une écologie urbaine des transports"; "Polymathie et illumination. Arthur Rimbaud et le génie poétique"; "Notes cursives sur la joie de l'existence, la grâce des apparences, l'art géopoétique, et ce diable d'homme de Marcel Duchamp"; "Du surréalisme à la géopoétique"; "Complexes d'échanges urbains. Du concept au projet, le cas de La Défense". Infine, porta avanti una ricerca in ambito artistico.

Giovanna Borasi

Architetta, redattrice e curatrice, Giovanna Borasi è entrata al Canadian Centre for Architecture di Montréal (CCA) nel 2005, e ne è Direttrice dal 2020. Il suo lavoro affronta la pratica architettonica contemporanea, esaminando come quest'ultima risponda e sia plasmata da questioni ambientali, politiche e sociali. Ha studiato architettura al Politecnico di Milano, ha lavorato come redattrice di *Lotus International* (1998-2005) e *Lotus Navigator* (2000-2004) ed è stata vice-caporedattrice di *Abitare* (2001-2013). *What It Takes to Make a Home* (2019), il suo ultimo progetto curatoriale, è il primo di una serie di tre documentari che prende in considerazione le definizioni mutevoli di casa (e della sua mancanza) come un risultato di pressioni urbane ed economiche.

Paolo Brescia

Si laurea in Architettura al Politecnico di Milano con Pierluigi Nicolin nel 1996 dopo gli studi presso l'Architectural Association di Londra. Lavora con Renzo Piano fino al 2000, quando insieme a Tommaso Principi fonda OBR con l'idea di indagare i nuovi modi dell'abitare, creando una rete tra Milano, Londra e Mumbai. Con OBR sviluppa progetti urbani, promuovendo – attraverso l'architettura – il senso della comunità e delle identità individuali. È invitato a tenere lecture presso diversi atenei come la Aalto University di Helsinki, l'Academy of Architecture of Mumbai e la FIU University di Miami. Con OBR Paolo è stato premiato con la menzione d'onore AR Award Emerging Architecture al RIBA, Europe 40 Under 40 a Madrid, WAN Residential Award di Londra, Overall Winner LEAF Award di Londra e l'American Architecture Prize di New York.

Michel Desvigne

Architetto paesaggista riconosciuto internazionalmente per i suoi progetti rigorosi e contemporanei, e per l'originalità e la pertinenza del suo lavoro di ricerca. Ha sviluppato progetti in oltre venticinque paesi, nei quali il suo impegno contribuisce a valorizzare i paesaggi, a renderli visibili, a comprendere i meccanismi che danno loro forma, e ad agire su questi meccanismi per trasformarli e infonderli di significato. Tra i premi più importanti conseguiti da Michel Desvigne figurano l'Equerre d'Argent – catégorie Espaces publics et paysagers 2020, l'AIA Honor Award 2019 per l'East Riverfront Framework Plan di Detroit, l'European Prize for Urban Public Space 2014 e il Grand prix de l'urbanisme de France 2011 per il suo contributo continuo alla riflessione sulla città e sul territorio esteso.

Roni Horn

Vive e lavora a New York.
La sua ricerca, prevalentemente concettuale,
abbraccia fotografia, scultura, libri e disegno.
Dal 1975 ha viaggiato a lungo nei paesaggi più
remoti dell'Islanda: queste esperienze solitarie
hanno avuto un'importante influenza sulla sua
vita e sul suo lavoro. La letteratura e la vasta
cultura letteraria di Roni Horn hanno avuto un
impatto altrettanto profondo sul suo lavoro,
attraverso diversi media. Le sue sculture sono
spesso accoppiate o raddoppiate, così come
lo sono i suoi disegni e fotografie. Tra le sue
mostre personali figurano: Tate Modern (London),
Whitney Museum of American Art (New York),
Centre Pompidou (Paris), Kunsthalle Bregenz,
Kunsthalle Hamburg, Kunsthalle Basel, Fundació
Joan Miró (Barcelona), De Pont Foundation
(Tilburg), Fondation Beyeler (Basel), Glenstone
Museum (Potomac), Pinakothek der Moderne
(München) e il Menil Drawing Institute della Menil
Collection (Houston).

Tommaso Principi

Si laurea in Architettura all'Università degli
Studi di Genova con Enrico Davide Bona nel 1999.
Lavora con Renzo Piano fino al 2000, quando
insieme a Paolo Brescia fonda OBR con l'idea
di indagare i nuovi modi dell'abitare nelle aree di
confluenza tra architettura, società e ambiente,
creando una rete tra Milano, Londra e Mumbai.
Con OBR sviluppa progetti urbani, promuovendo
– attraverso l'architettura – il senso della comunità
e delle identità individuali. È invitato come guest
professor presso diversi atenei, tra cui Kent
State University, Politecnico di Milano, Università
di Messina, CUHK Chinese University Hong
Kong. Con OBR Tommaso è stato premiato con
la menzione d'onore AR Award for Emerging
Architecture al RIBA, Europe 40 Under 40 a
Madrid, WAN Residential Award di Londra, Overall
Winner LEAF Award di Londra e l'American
Architecture Prize di New York.

Bibliografia

One < > Many

Barney, Matthew, Iwona Blazwick, Anne Carson, Hélène Cixous, et al., *Roni Horn aka Roni Horn*, Göttingen e London, Steidl Verlag e Tate Modern, 2009.

Cooke, Lynne, Thierry De Duve, Roni Horn, Louise Neri, *Roni Horn*, London, Phaidon Press, 2000.

Deleuze, Gilles, *L'immagine-movimento. Cinema 1*, Milano, Ubulibri, 1989.

Elliott, Fiona (a cura di), *Roni Horn*, Riehen e Berlin, Fondation Beyeler e Hatje Cantz, 2016.

Herkenhoff, Paulo, Jonas Storsve, *Roni Horn. Drawings*, Paris, Centre Pompidou, 2003.

Hollein, Max, Kristin Schrader (a cura di), *Roni Horn. Portrait of an Image*, Monaco, Hirmer Publishers, 2014.

Horn, Roni, collezione *Ísland. To Place*: *Bluff Life* (1990) *Folds* (1991), *Lava* (1992), *Pooling Waters* (1994), *Verne's Journey* (1995), *Haraldsdóttir* (1996), *Arctic Circles* (1998), *Becoming a Landscape* (2001), *Doubt Box* (2006) e *Haraldsdóttir Part Two* (2011), Göttingen, Steidl, 1990-2011.

Horn, Roni, *This is Me, This is You*, Göttingen, Steidl, 2002.

Horn, Roni, Frida Björk Ingvarsdóttir, James Lingwood, *Some Thames/Haskólínn á Akureyri*, Göttingen, Steidl, 2003.

Horn, Roni, *Another Water*, Göttingen, Steidl, 2011.

Horn, Roni, *Island Zombie. Iceland Writings*, Princeton, NJ e Oxford, UK, Princeton University Press, 2020.

Schulz-Hoffmann, Carla, *Roni Horn. Pi*, München e Köln, Staatsgalerie Moderner Kunst e Hatje Cantz, 1999.

White, Michelle, *Roni Horn. When I Breathe, I Draw*, Houston, The Menil Collection, 2019.

Common < > Public

Calvino, Italo, "I mille giardini", in *Collezione di sabbia*, Milano, Garzanti, 1984.

Corner, James, Gilles-A Tiberghien, *Natures Intermédiaires. Les paysages de Michel Desvigne*, Basel, Birkhäuser, 2008.

Fromonot, Françoise, *Transforming Landscapes. Michel Desvigne Paysagiste*, Basel, Birkhäuser, 2020.

Imbert, Dorothée (a cura di), *A Landscape Inventory. Michel Desvigne Paysagiste*, San Francisco, Oro Editions, 2018.

Nicolin, Pierluigi, "I due giardini", in *Lotus International*, n. 88, Milano, Elemond, 1996.

Museum < > Culture

Bernardi, Erica (a cura di), *Franco Russoli. Senza utopia non si fa realtà. Scritti sul museo (1952-1977)*, Milano, Skira, 2017.

Borasi, Giovanna, Mirko Zardini (a cura di), *Sorry, Out of Gas. Architecture's Response to the 1973 Oil Crisis*, Montreal, Canadian Centre for Architecture, 2008.

Borasi, Giovanna, Mirko Zardini (a cura di), *Actions. What You Can Do With the City*, Montreal, Canadian Centre for Architecture, 2009.

Borasi, Giovanna, Mirko Zardini (a cura di), *Imperfect Health. The Medicalization of Architecture*, Montreal, Canadian Centre for Architecture, 2012.

Borasi, Giovanna (a cura di), *The Other Architect*, Leipzig e Montreal, Spector Books e Canadian Centre for Architecture, 2015.

Borasi, Giovanna, Albert Ferré, Francesco Garutti, Jayne Kelley, Mirko Zardini, *The Museum Is Not Enough*, Berlin, Sternberg Press, 2019.

Bratishenko, Lev, Mirko Zardini (a cura di), *It's All Happening So Fast. A Counter-History of the Modern Canadian Environment*, Prinsenbeek e Montreal, Jap Sam Books e Canadian Centre for Architecture, 2016.

Garutti, Francesco (a cura di), *The Things Around Us. 51N4E and Rural Urban Framework*, Berlin e Montreal, JOVIS Verlag e Canadian Centre for Archiecture, 2021.

Loud, Patricia C., *The Art Museums of Louis I. Kahn*, Durham, Duke University Press, 1989.

Rabinow, Paul (a cura di), *The Foucault Reader*, London, Penguin Books, 1986.

Trione, Vincenzo, "I musei sono palestre per formare cittadini", intervista ad Alberto Garlandini, in "la Lettura", *Corriere della Sera*, 5 luglio 2020.

World-City < > City-World

Amar, Georges, *Aimer le futur,* Limoges, FYP Éditions, 2013.

Amar, Georges*, Ars Mobilis. Repenser la mobilité comme un art. Pour une nouvelle économie du mouvement,* Limoges, FYP Éditions, 2014.

Amar, Georges, *Homo Mobilis. Une civilisation du mouvement*, Limoges, FYP Éditions, 2016.

Amar, Georges, Rachel Bouvet, Jean-Paul Loubes, *Ville et géopoétique*, Paris, L'Harmattan, 2016.

Butler, Judith, *Questione di genere. Il femminismo e la sovversione dell'identità*, Bari, Editori Laterza, 2013.

Corbin, Alain, *Le territoire du vide. L'Occident et le désir du rivage*, Paris, Flammarion, 2018.

Deleuze, Gilles, *L'immagine-movimento. Cinema 1*, Milano, Ubulibri, 1989.

Goethe, Johann Wolfgang von, *Faust*, Milano, BUR Rizzoli, 2013.

Heidegger, Martin, "Costruire, abitare, pensare" in Gianni Vattimo (a cura di), *Martin Heidegger. Saggi e discorsi*, Milano, Mursia, 1976.

Latour, Bruno, *Tracciare la rotta. Come orientarsi in politica*, Milano, Raffaello Cortina Editore, 2018.

Lévy, Jacques, "Vers le concept géographique de ville", in *Villes en Parallèle*, n. 7, 1983.

Crediti

Fotografie

Atelier XYZ: 225, 228, 229.

Mariela Apollonio: 001, 002, 003, 004, 005, 006, 007, 008, 009, 010, 011, 018, 019, 020, 021, 022, 023, 024, 025, 026, 052, 053, 054, 055, 056, 137, 141, 142, 143, 144, 145, 146, 147, 148, 149, 150, 151, 160, 161, 162, 235, 236, 237, 284, 285, 286, 287.

Alighiero Boetti by SIAE 2023: 060.

Studio Borlenghi: 041, 042, 043, 047, 048.

Maurizio Grosso: 045.

Gianluca di Ioia: 172, 173.

MAXXI museo nazionale delle arti del XXI secolo: 270.

Carola Merello: 044, 046, 072, 156, 157, 158, 159, 203, 204, 205, 206, 207, 208, 209, 210, 211, 212.

Michele Nastasi: 170, 171, 174, 175, 176, 177, 178, 179, 180, 181, 182, 183, 184.

OBR: 059, 061, 063, 064, 065, 075, 090, 091, 268, 282.

Mattia Zoppellaro: 288, 289, 290, 291.

Render

Arte Factory: 249, 250, 251, 252.

Michel Desvigne Paysagiste: 127, 222.

Engram: 125, 199, 200.

Stefano Farina: 227.

Flooer: 031, 032, 034.

Liraat: 058, 062, 077, 190, 191, 192, 193, 241, 242, 265, 280.

OBR: 071, 073, 074, 078, 096, 097, 098, 128, 129, 134, 135, 136, 139, 140, 212, 218, 219, 220, 226, 227, 245, 257, 266, 269, 275, 278, 279, 283.

RPBW Renzo Piano Building Workshop: 082.

Beatrice Piola: 080, 088, 089.

Mammutlab: 033, 076, 079, 081, 084, 085, 102, 104, 105, 109, 110, 111, 112, 113, 138, 241, 244.

Disegni

Artiva: 276.

Paolo Brescia: 012.

Michel Desvigne Paysagiste: 126, 130, 131, 256.

Maria Lezhnina: 267.

OBR: 013, 014, 015, 016, 017, 027, 028, 029, 030, 035, 036, 037, 038, 039, 040, 049, 050, 051, 057, 066, 067, 068, 069, 070, 086, 087, 092, 093, 094, 095, 099, 100, 101, 103, 106, 107, 108, 114, 115, 116, 117, 118, 119, 120, 121, 122, 123, 124, 132, 133, 152, 153, 154, 155, 163, 164, 165, 166, 167, 168, 169, 184, 185, 186, 187, 188, 189, 194, 195, 196, 197, 198, 201, 202, 212, 213, 214, 215, 216, 217, 223, 230, 231, 232, 233, 234, 238, 239, 240, 246, 247, 248, 253, 254, 255, 258, 259, 260, 261, 262, 263, 265, 271, 272, 273, 274, 275, 280.

RPBW Renzo Piano Building Workshop: 083.

Tommaso Principi: 264.

Autori:
Paolo Brescia, Tommaso Principi

A cura di:
Nina Tescari

Idea e testi di:
Paolo Brescia, Tommaso Principi, Nina Tescari

Dialoghi con:
Georges Amar, Giovanna Borasi,
Michel Desvigne, Roni Horn

Revisione:
Barbara Carrara

Coordinamento per OBR:
Viola Bentivogli, Michela D'Agostino,
Silvia Pellizzari, Nina Tescari

Coordinamento per Birkhäuser:
Katharina Kulke, Alexander Felix

Contributi di:
Luna Adriaensens, Gioele Andriani,
Ludovico Basharzad, Floria Bruzzone,
Francesco Cascella, Giacomo Fabbrica,
Chiara Gibertini, Michele Marcellino,
Giorgia Marigo, Clemente Nativi, Giulia Ragazzi,
Alessandro Rota, Emanuele Stefanini

Produzione Birkhäuser:
Anja Haering

Progetto grafico e copertina:
Artiva® Design
Daniele De Batté, Davide Sossi
www.artiva.it

Impaginazione:
OBR

Carta:
Munken Polar 150 g/m²

Stampa e editing immagini:
DZA Druckerei zu Altenburg GmbH, Altenburg

Titolo:
Open Building Research

Library of Congress Control Number:
2023947515

ISBN 978-3-0356-2257-7

e-ISBN (PDF) 978-3-0356-2260-7

English Print-ISBN 978-3-0356-2258-4

© 2024 Birkhäuser Verlag GmbH, Basel
Im Westfeld 8, 4055 Basilea, Svizzera
Società del gruppo Walter de Gruyter GmbH
Berlin/Boston

www.birkhauser.com